武汉理工大学"十三五"规划教材

遥感图像处理与分析
（ERDAS 2020 教程）（第 2 版）

主　编　詹云军

副主编　袁艳斌　黄解军　杨树文　周　晗

电子工业出版社
Publishing House of Electronics Industry
北京·BEIJING

内 容 简 介

ERDAS 以先进的图像处理技术，友好、灵活的用户界面和操作方式，受到广大用户的欢迎。版本从初期的 7.X 发展到 20 世纪 90 年代的 8.X、2005 年后的 9.X，2010 年发布了全新的版本。2010 年至 2021年，相关系列版本虽有改动，但其功能模块设计和操作界面保持了一致的风格，所以本书适用于 2010年后发布的 ERDAS 软件的学习。本书基于编者一直从事的遥感应用实践和遥感课程教学，以及多年的教学经验编写而成，系统地介绍了 ERDAS 软件的基本数据操作、遥感图像投影变换与几何校正、遥感图像增强处理、实用分析、遥感图像融合、大气校正、高光谱遥感数据处理、无人机遥感测量、遥感图像分类、混合像元分解、矢量数据编辑、遥感解译与制图、空间建模等内容。

本书由"武汉理工大学本科教材建设专项基金项目"资助出版，每章操作都附有详尽的练习数据，便于读者自主学习和教师实践教学。

本书可作为高等学校遥感科学与技术、地理信息科学、测绘工程、城乡规划、地理学等专业本科和研究生的实验教材，也可作为相关领域研究人员、应用工程技术人员的学习用书。

图书在版编目（CIP）数据

遥感图像处理与分析：ERDAS 2020 教程 / 詹云军主编. —2 版. —北京：电子工业出版社，2022.4
ISBN 978-7-121-43239-2

Ⅰ. ①遥… Ⅱ. ①詹… Ⅲ. ①遥感图像－数字图象处理－应用软件－高等学校－教材 Ⅳ. ①TP751.1

中国版本图书馆 CIP 数据核字（2022）第 056447 号

责任编辑：戴晨辰　　　特约编辑：田学清
印　　刷：保定市中画美凯印刷有限公司
装　　订：保定市中画美凯印刷有限公司
出版发行：电子工业出版社
　　　　　北京市海淀区万寿路 173 信箱　　　邮编 100036
开　　本：787×1 092　　1/16　　印张：18.75　　字数：416 千字
版　　次：2016 年 11 月第 1 版
　　　　　2022 年 4 月第 2 版
印　　次：2022 年 4 月第 1 次印刷
定　　价：59.80 元

凡所购买电子工业出版社图书有缺损问题，请向购买书店调换。若书店售缺，请与本社发行部联系，联系及邮购电话：（010）88254888，88258888。
质量投诉请发邮件至 zlts@phei.com.cn，盗版侵权举报请发邮件到 dbqq@phei.com.cn。
本书咨询联系方式：dcc@phei.com.cn。

前 言

● ● ● ● ● ● ● ●

ERDAS 以其强大的遥感图像处理与分析功能在众多的遥感图像处理软件中脱颖而出，成为成功的专业遥感图像处理软件，多年来在全球遥感图像处理软件市场中处于领先地位。ERDAS 的用户界面和操作方式友好、灵活，产品模块面向的应用领域广阔，具有服务于不同层次用户的模型开发工具及高度的 RS/GIS（遥感/地理信息系统）集成功能，为遥感及相关应用领域的用户提供了内容丰富且功能强大的图像处理工具。

ERDAS 在 2010 年改版后，各模块功能和界面菜单改动较大，为了方便读者学习，我们根据多年来的 ERDAS 教学经验和遥感应用研究，于 2016 年出版了《ERDAS 遥感图像处理与分析》。该书自出版发行以来收到了众多读者的反馈意见与建议，于是我们根据 ERDAS 2020 版并结合读者的建议编写了第 2 版教程。在第 2 版教程中，我们制作了与书中完全一致的全新的练习数据，方便读者在自学该软件时进行操作练习，也解决了教师在教学中找不到相应实例数据的烦恼。

第 2 版教程以 ERDAS 2020 为基础，将遥感图像处理理论和 ERDAS 操作相结合，并介绍了 ERDAS 的一些新功能。本书可作为高等学校遥感科学与技术、地理信息科学、测绘工程、城乡规划、地理学等专业本科和研究生的实验教材，也可作为相关领域研究人员、应用工程技术人员的学习用书。

本书共 15 章，系统地介绍了 ERDAS 软件的基本数据操作、遥感图像投影变换与几何校正、遥感图像增强处理、实用分析、遥感图像融合、大气校正、高光谱遥感数据处理、无人机遥感测量、遥感图像分类、混合像元分解、矢量数据编辑、遥感解译与制图、空间建模等内容。第 1 章介绍遥感及遥感数据，内容包括遥感数据的概念、格式、特征，以及电磁辐射和地物波谱，主要为遥感数据处理做理论铺垫；第 2 章主要介绍遥感数据处理软件 ERDAS 的基本模块和个性化设置，私人定制的设置让操作更便利；第 3 章介绍 ERDAS 基本操作，内容包括数据输入/输出、AOI 编辑、数据格式转换、图像裁剪、图像镶嵌等；第 4 章介绍遥感图像投影变换与几何校正，内容包括重新定义投影信息、投影变换、几何校正的基本原理与步骤、多项式几何校正操作；第 5 章介绍遥感图像增强处理，内容包括辐射增强处理、空间域增强处理、频率域增强处理、彩色增强处理、光谱增强处理；第 6 章介绍实用分析，内容包括代数运算、函数分析、图像掩膜、形态学计算、变化检测；第 7 章介绍遥感图像融合，内容包括遥感图像融合原理及功能模块、分辨率融合、IHS 融合、HPF 融合、小波变换融合；第 8 章介绍大气校正，内容包括大气校正模块概述、云雾去除、ATCOR-2、ATCOR-3；第 9 章介绍高光谱遥感数据处理，内容包括高光谱遥感技术、基础高光谱分析、高级高光谱分析；第 10 章介绍无人机遥感测量，内容包括 LPS 工程管理器、无人机数据处理流程、数据准备、无人机图像数据处理、空中三角测量、提取 DEM、正射校正和图像镶嵌；第 11 章介绍遥感图像分类，包括遥感图像分类简介、非监督分类、监督分类、面向对象的分类和分类后处理；第 12 章介绍混合像元分类，内容包括混合像元分类概述、混合像元分类方法、感兴趣像元分类实例；第 13 章介绍矢量数据编辑，内容包括矢量数据与矢量模块概述，矢量图层基本操作，创建、编辑矢量图层，注记的创建与编辑，矢量图层管理，Shapefile 文件操作；第 14 章介绍遥感解译与制图，内容包括遥感解译的方法与步骤、地图编制；第 15 章介绍空间建模，内容包括空间建模模块概述、空间建模过程。

本书包含配套教学资源，读者可登录华信教育资源网（www.hxedu.com.cn）注册后免费下载。

本书由武汉理工大学的詹云军担任主编，袁艳斌、黄解军、杨树文、周晗担任副主编。第 1 章由詹云军、黄解军和邓安鑫编写；第 2 章由詹云军、杨树文和罗越编写；第 3～5章由詹云军、邓安鑫、余晨、朱捷缘编写；第 6 章由詹云军、罗越和陈狄编写；第 7 章由詹云军、黄解军、陈狄、隋林桐、朱捷缘编写；第 8 章由詹云军、周晗和罗越编写；第 9章由詹云军、余晨、陈狄编写，第 10 章由詹云军、陈狄、罗越编写，第 11 章由詹云军、黄解军、邓安鑫、隋林桐编写；第 12 章由詹云军、罗越、陈狄编写；第 13 章由詹云军、袁艳斌、周晗、陈狄编写；第 14 章由詹云军、袁艳斌、周晗、邓安鑫编写；第 15 章由詹云军、杨树文、罗越编写。全书由詹云军负责统稿、校对。同步的实验数据由詹云军、罗越和陈狄制作完成。此外，罗越、隋林桐、陈狄对书中实验进行了检查和测试。

感谢"武汉理工大学本科教材建设基金项目"对本书出版的资助。

在本书的编写过程中得到了北京天图科技有限公司的吴英总经理、许永芳副总经理和宗秀影副总经理的支持和帮助，在此致以衷心的感谢。

本书在编写的过程中反复验证实验，数易其稿，但由于编者水平有限，书中难免有疏漏和不足之处，恳请读者批评指正。

读者在阅读时请注意以下两点约定及说明：①本书中出现的 ERDAS、ERDAS IMAGINE 都是指 ERDAS 软件；②编者为读者制作了练习数据，与本书中使用的数据完全一致，在使用前请将从华信教育资源网下载的数据复制到本软件安装盘的 examples 文件夹中。

编　者
2021 年 10 月于南湖

目　录

第 1 章

遥感及遥感数据

●●●●●●●●

本章的主要内容：

◆ 遥感数据的概念、格式、特征

◆ 电磁辐射和地物波谱

遥感，顾名思义是指遥远地感知，广义的遥感泛指一切无接触的远距离探测，包括对电磁场、力场、机械波（声波、地震波）等的探测，但作为一门学科的定义缺乏严格性。国际摄影测量与遥感学会（ISPRS）对遥感的定义：用非接触成像或其他传感器系统，通过记录、测量、分析和表达，获取地球及其环境，以及其他物体和过程的可靠信息的工艺、科学和技术。狭义的遥感是指根据电磁波的理论，应用各种传感仪器对远距离目标所辐射和反射的电磁波信息进行收集、处理，最后成像，从而对地面各种景物进行探测和识别的一种综合技术。

遥感技术能动态地、周期地获取地表信息，能够以低廉的价格快速提供各种遥感数字图像。遥感数字图像可以作为 GIS 数据库中的重要数据源，从中可以获取不同的专题数据，更新 GIS 数据库中的地学专题图像。遥感技术广泛用于军事侦察、导弹预警、军事测绘、海洋监视和气象观测等。在民用方面，遥感技术广泛用于地球资源普查、植被分类、土地利用规划、农作物病虫害和作物产量调查、环境污染监测、地震监测等。遥感按常用的电磁谱段不同可分为可见光遥感、红外遥感、多谱段遥感、紫外遥感和微波遥感。

（1）可见光遥感：应用比较广泛。对波长为 0.4～0.7μm 的可见光遥感一般采用感光胶片（图像遥感）或光电探测器作为感测元件。可见光摄影遥感具有较高的地面分辨率，但只能在晴朗的白昼使用。

（2）红外遥感：分为近红外或摄影红外遥感，波长为 0.7～1.5μm，用感光胶片直接感测；中红外遥感，波长为 1.5～5.5μm；远红外遥感，波长为 5.5～1000μm。中、远红外遥感通常用于遥感物体的辐射，具有昼夜工作的能力。常用的红外遥感器是光学机械扫描仪。

（3）多谱段遥感：利用几个不同的谱段同时对同一地物（或地区）进行遥感，从而获得与各谱段相对应的各种信息。将不同谱段的遥感信息加以组合，可以获取更多的有关物体的信息，有利于识别和解译。常用的多谱段遥感器有多谱段相机和多光谱扫描仪。

（4）紫外遥感：对波长为 0.3～0.4μm 的紫外光的主要遥感方法是紫外摄影。

（5）微波遥感：对波长为 1～1000mm 的电磁波（微波）的遥感。微波遥感具有昼夜工作的能力，但空间分辨率低。雷达是典型的主动微波系统，常采用合成孔径雷达作为微波遥感器。

1.1　遥感数据的概念、格式、特征

1.1.1　遥感数据的概念和格式

遥感数据就是记录了遥感器所获取的地物电磁辐射信息的数值。这些辐射信息包括辐射亮度或辐射功率、波长、偏振、相位，以及与具体探测单元相联系的时间和位置，但并不是每种遥感器的数据都包括这些信息的。可以形式化地把遥感数据定义为这样一个数据集合：

$$RD_S=\{L,\lambda,P_0,P_h,t,x,y\}$$

式中，L、λ、P_0、P_h、t 和 x、y 分别表示辐射亮度或辐射功率、波长、偏振、相位、时间和位置；RD_S 表示具体传感器 S 的数据。

遥感数据的格式是指数据在存储介质中的逻辑组织形式，目前遥感数据的格式大体上可以分为以下几类。

（1）工业标准格式：EOSAT、LGSOWG CCRS、LGSOWG SPIM、CEOS、HDF 等。

（2）商用遥感软件的遥感图像格式：ERDAS 的*.img、PCI 的*.pix、ER Mapper 的*.ers 等。

（3）通用图像文件格式：GeoTIFF、TIFF、JPEG 等。

各种格式的数据内容及组织方式有所不同，但一般包含对遥感数据的说明性信息（如坐标范围、空间分辨率、波段数目、投影类型等）和遥感数据本身两大部分。不同数据格式之间可以通过数据格式转换模块进行转换。

1.1.2　遥感数字图像

遥感数字图像是以数字形式记录的 2D 及 3D 遥感信息，其内容是通过遥感手段获得的，通常是地物不同波段的电磁波谱信息，如图 1-1 和图 1-2 所示。其中的像素值被称为亮度值（或灰度值、DN 值）。常用的遥感图像有 Landsat MSS、Landsat TM、Landsat ETM+、NOAA/AVHRR、SPOT/HRV、HRVIR、HRG、HRS、IKONOS、QuickBird、OrbView、FY（风云）、GF（高分）、SuperView（高景）等。

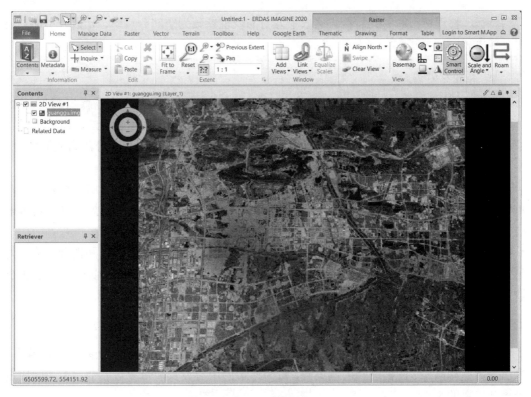

图 1-1　遥感图像

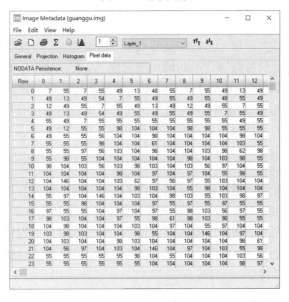

图 1-2　遥感图像（图 1-1）的数字表示（只显示部分）

1.1.3　遥感数据的特征

遥感平台和传感器系统的技术参数决定了遥感数据的特征，可以归纳为三个方面，即几何特征、物理特征和时间特征。这三个方面的表现参数为空间分辨率、光谱分辨率、辐射分辨率和时间分辨率。

1. 空间分辨率

空间分辨率是指传感器所能分辨的最小目标的测量值，或者传感器瞬时视场（Instantaneous Field of View，IFOV）成像的地面面积，或者每像素所表示的地面的直线尺寸。它们均反映对两个非常靠近的目标物的识别、区分能力，有时也称分辨力或解像力，一般有以下两种表示方法。

（1）像元（Pixel）：是指单个采样点所对应的地面面积 $n \times n$ 大小，常用边长来表示，单位为 m 或 km。像元是扫描图像的基本单元，是成像过程中或用计算机处理时的基本采样点，用亮度值表示。

（2）瞬时视场（IFOV）：是指遥感器内单个探测元件的受光角度或观测视野，单位为毫弧度（mrad）。瞬时视场越小，最小分辨单元越小，空间分辨率越高。瞬时视场的大小取决于遥感光学系统和探测器的大小，一个瞬时视场内的信息表示一个像元。

2. 光谱分辨率

光谱分辨率是指传感器在接收目标辐射的波谱时能分辨的最小波长间隔，间隔越小，光谱分辨率越高。传感器选择的通道数、每个通道的中心波长和带宽这三个因素共同决定光谱分辨率的大小。

3. 辐射分辨率

辐射分辨率是指对光谱信号强弱的敏感程度、区分能力，即探测器的灵敏度——传感器感测元件在接收光谱信号时能分辨的最小辐射度差，或者对两个不同辐射源的辐射量的分辨能力。每个波段传感器接收辐射数据，记录数据的比特位数决定了对辐射数据的量化分级。例如，以 8 比特位数记录的数据，每个像元的亮度值的取值范围为 $0\sim255$（$2^8=256$）。显然，记录数据采用的比特位数越高，传感器获取数据的辐射精度就越高。

4. 时间分辨率

时间分辨率是指对同一地点进行遥感采样的时间间隔，即采样的时间频率，也称采样周期。时间分辨率对动态监测尤为重要，天气预报、灾害监测等需要短周期的时间分辨率，故常以"小时"为单位；作物的长势估测需要以"旬"或"日"为单位；城市扩展、河道变迁、土地利用变化等多以"年"为单位。总之，要根据不同的遥感目的，采用不同的时间分辨率。

1.2 电磁辐射和地物波谱

遥感是利用各种物体辐射不同波长电磁波信息的特性，通过探测目标的电磁波信息，获取目标信息，进行远距离物体识别的技术。地表目标反射、发射的电磁辐射能与大气、地表相互作用后，被各种传感器所接收并记录下来，成为解释目标性质和现象的原始信息。

1.2.1　电磁辐射与电磁波谱

由电磁振源产生的电磁波脱离振源而传播的过程或现象称为电磁波的辐射，简称电磁辐射。现代科学技术已证明，γ射线、X射线、紫外线、可见光、红外线、微波、无线电波、低频电波等都是电磁波，只是频率或波长不同而已。任何物体都是辐射源，不仅能够吸收其他物体的辐射，而且能够向外辐射。因此，对辐射源的认识不仅限于太阳、炉子等发光、发热的物体，能够发出紫外线、X射线、微波等的物体也是辐射源。电磁波传递就是电磁能量的传递，电磁辐射的微观机理是带电粒子的加速运动。

当电磁辐射入射到地物表面时，将会出现三个过程：一部分入射能量被地物反射；一部分入射能量被地物吸收，成为地物本身内能或部分再发射出来；一部分入射能量被地物透射。如果一个物体对于任何波长的电磁辐射都全部吸收，则这个物体是绝对黑体。物体的温度或入射电磁波波长不同，都会导致不同的吸收率和反射率，而绝对黑体的吸收率 $\alpha(\lambda,T)\equiv1$，反射率 $\rho(\lambda,T)\equiv0$，与物体的温度或电磁波波长无关。

若将电磁波按在真空中传播的波长或频率递增或递减排列，则构成了电磁波谱。由于各波段电磁波的产生方法和测量方法颇为不同，其特征和应用又有明显差异，因此分波段命名电磁波，以示区别。目前，遥感应用的主要波段是紫外线、可见光、红外线、微波，星级空间遥感（观测宇宙学）还要用到γ射线和X射线等波段。在真空状态下，频率 f 与波长 λ 之积等于光速 c。电磁波谱区段的界限是渐变的，一般按电磁波的产生方法或测量方法来划分。

1.2.2　地球辐射与地物波谱

对地遥感以地球为探测对象，因此有必要了解地球的电磁辐射环境和特点。地球辐射环境中有两个重要的辐射源，即地球本身和太阳。太阳是一个近似黑体的巨大辐射源，地球能量的绝大部分来源于太阳辐射，太阳也是太阳系中的主要光源和热源。太阳光谱是连续光谱，可见光波段辐射最强且最稳定。太阳辐射通过大气层后，各波段受大气的影响不一，到达地面后，总辐射经大气的吸收等作用后衰减了许多。

太阳辐射近似温度为 6000K 的黑体辐射，而地球辐射则接近温度为 300K 的黑体辐射。太阳辐射在途经地球大气层时，被大气中的气体分子、气溶胶和云散射、反射和吸收，之后约有 50%到达地表。到达地表的太阳辐射中的大部分，尤其是长波辐射，被地球吸收，被地球吸收的辐射使地表增温。按照维恩位移定律，温度低于 300K 的地表主要以长波辐射形式向外空间辐射而降温。当两者平衡后，地球温度就保持不变的状态，这个温度被称为地球的平衡温度，为 255K。但地表实际平均温度为 288K，这是由地球大气的温室效应所导致的。

太阳辐射主要集中在可见光和近红外波段。可见光和近红外辐射入射到地表后，一部分入射能量被地表吸收或以光化学反应等形式转换为地球的能量，另一部分入射能量被地表反射出去。太阳的长波辐射能量主要被地表和大气吸收，以热能的形式使地表和大气增温（其中有一部分消耗于物态转换），地表和大气又主要以热辐射（长波辐射）的形式向外辐射。地球在可见光和近红外波段的短波发射辐射可以忽略。所以，地球无论是作为太阳辐射的二次辐射源还是作为初次辐射源，其发射辐射都以长波为主。在反射和发射之间的过渡区，既有对太阳辐射的反射，又有自身的热辐射。

地表辐射测量是遥感的基础工作。物体的辐射量（包括发射量和反射量）是波长 λ、热力学温度 T 及物体本身性质等多种因素的函数，我们把地物的辐射量随波长变化而变化的函数关系称为地物波谱。不同的地物有不同的波谱。地物除有自身的发射辐射以外，还有对太阳辐射的反射、吸收和透射，相应地，地物波谱分为发射波谱、反射波谱、吸收光谱和透射波谱，一般用发射率 $\varepsilon(\lambda)$、反射率 $\rho(\lambda)$、吸收率 $\alpha(\lambda)$、透射率 $\tau(\lambda)$ 来表示。由于遥感器一般是在地物的上方接收辐射的，因此一般讨论地物的发射波谱和反射波谱。以波长为横坐标，以发射率或反射率为纵坐标绘制波谱的关系曲线，该曲线称为地物波谱曲线，如图 1-3 所示。一般来说，同类地物有相同或相似的波谱特征，不同地物有不同的波谱特征。地物的类别差异越大，如植被和水，波谱特征的差异就越大；类别差异越小，如针叶林与阔叶林，波谱特征的差别就越小。但由于环境因素和随机因素，如湿度、温度、光照等的影响，同类地物也可能会呈现不同的波谱特征，称为同物异谱现象，而不同地物也可能呈现相同或相近的波谱特征，称为异物同谱现象。地物波谱的测量对于遥感是十分重要的，人们希望通过大量的地物波谱实测，寻找地物波谱规律，并建立波谱数据库供大家使用。

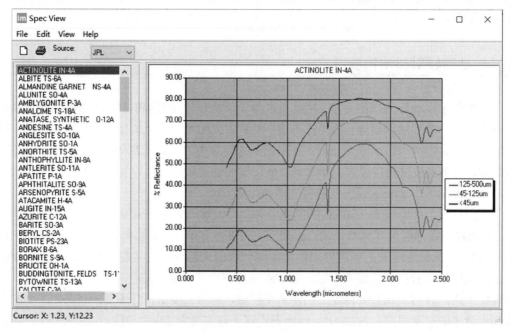

图 1-3　地物波谱曲线

1.2.3　大气对辐射的影响

从遥感探测对象的角度来看，大气对辐射的影响主要产生两方面的作用：一是以地物为探测对象，因携带地物信息的地表辐射穿过地球大气层后将发生改变，故大气对其有不利影响，需要进行大气校正；二是以大气本身为探测对象，因大气对辐射的吸收、反射、散射和发射作用直接携带了大气的信息，故对其进行测量和分析可监测大气温度、压力、成分等参数的空间分布，此时的大气辐射特性正是要加以利用的，称为大气遥感。

大气对遥感产生影响的效应有吸收、散射、折射和湍流四大类。在多数情况下，吸收和散射是最主要的效应。

1. 吸收

当太阳辐射穿过大气层时，大气分子对电磁波的某些波段有吸收作用。这种吸收作用使辐射能量转变为分子的内能，从而引起这些波段太阳辐射强度的衰减，甚至某些波段的电磁波完全不能通过大气层，形成电磁波的某些缺失带。

2. 散射

辐射在传播过程中遇到小微粒会使其传播方向改变，并向各个方向散开，这种现象称为散射。散射使原传播方向的辐射减弱，而向其他各方向的辐射增强。

3. 折射

电磁波在穿过大气层时，除发生吸收和散射以外，还会发生传播方向的改变，即发生折射。大气的折射率和大气密度相关，密度越大，折射率越大。折射改变了太阳辐射的方向，但并不改变太阳辐射的强度。因此，就辐射强度而言，太阳辐射通过大气层后，主要是反射、吸收和散射的共同作用衰减了辐射强度，剩余部分为透射的部分，基于此，通常把电磁波通过大气层时较少的被反射、吸收和散射的且透过率较高的波段称为大气窗口。大气窗口的光谱波段主要有紫外线、可见光、近红外光、中红外光、远红外光、微波。

思考与练习

1. 遥感图像的特点是什么？
2. 影响遥感图像质量的因素有哪些？

第 2 章

ERDAS 简介与个性化设置

●●●●●●●●

本章的主要内容：

◆ ERDAS 概述
◆ ERDAS 功能模块
◆ ERDAS 可视化界面
◆ ERDAS 个性化设置
◆ ERDAS 界面常用功能

2.1 ERDAS 概述

ERDAS 是由美国 ERDAS 公司开发的一款遥感图像处理软件。它以先进的图像处理技术，友好、灵活的用户界面和操作方式，面向广阔应用领域的产品模块，服务于不同层次用户的模型开发工具，以及高度的 RS/GIS（遥感/地理信息系统）集成功能，为遥感及相关应用领域的用户提供了内容丰富且功能强大的图像处理工具，代表了遥感图像处理软件的发展趋势。该软件功能强大，是在该行业中应用最广泛的一款软件。ERDAS 具有如下特点。

1. 功能全面

ERDAS 是容易使用的、以遥感图像处理为主要目标的图像处理软件。不管使用者的图像处理经验或专业背景如何，通过该软件都能从图像中提取出重要的信息。ERDAS 提供大量的工具，支持对各种遥感数据源，包括航空、航天、全色、多光谱、高光谱、雷达、激光雷达等图像的处理。呈现方式从打印地图到 3D 模型，ERDAS 针对遥感图像及图像处理需求，为使用者提供全面的解决方案。ERDAS 简化了操作，在保证精度的前提下，可节省大量的时间、金钱和资源。

2．3S 集成

ERDAS 是业界唯一一款 3S 集成的企业级遥感图像处理软件，主要应用方向侧重于遥感（RS）图像处理，同时与地理信息系统（GIS）紧密结合，并且具有与全球定位系统（GPS）集成的功能。ERDAS 与 GIS 结合体现在以下几方面。ERDAS 与 ArcGIS 软件系列直接集成，主要表现在数据格式的无缝兼容上，ERDAS 可以直接读取、查询、检索 ArcGIS 的 Coverage、GRID、Shapefile、SDE 矢量数据，并且可以直接编辑 Coverage、Shapefile 数据；全面支持 ArcGIS 9.2 及以前版本的 ERSI Geodatabase；ERDAS 可以作为 ArcSDE 客户端，读取关系数据库中的矢量与图像数据；通过 ArcIMS 可发布.img 格式的图像；可实现矢量和栅格数据之间的转换。同时，ERDAS 可以从 GPS 设备中直接获取实时信息。

3．面向企业化

ERDAS 9 及以上版本引入了面向企业的图像处理理念，它提供的三个模块都具有面向企业的处理能力。这三个模块分别是 IMAGINE Essentials、IMAGINE Enterprise Loader 和 IMAGINE Enterprise Editor。其中，IMAGINE Essentials 提供对数据库的只读访问，访问数据库中的栅格和矢量数据，全面支持 ERSI 的 ArcSDE 及 Oracle Spatial 10g 管理的海量数据，同时 IMAGINE Essentials 可以作为某些服务器的客户端，访问并下载它们提供的数据，如 IWS、LIM、OGC Web Services 等。IMAGINE Enterprise Loader 和 IMAGINE Enterprise Editor 两个扩展模块分别用于向 Oracle Spatial 导入空间数据和编辑、创建 Oracle Spatial 格式的矢量数据。

4．无缝集成

ERDAS 简化了分类、正射、镶嵌、重投影、图像解译、图形化建模、智能化信息提取和变化检测等图像处理功能，同时与不断更新的多种 GIS 数据格式很好地集成，包括 ESRI Geodatabase 和 Oracle Spatial 10g。直观的 ERDAS 界面按流程化的工作模式设计，可节省工作时间，强大的算法和数据处理功能在后台完成工作，使操作者能集中精力进行数据分析。在 IMAGINE Geospatial Light Table（GLT）中进行了地理关联的窗口具有快速显示并对多个数据集进行操作的能力，大大节省了需要手工关联不同来源数据的时间。除功能、数据的无缝集成以外，ERDAS 还能很好地与数据库（关系数据库通过 ArcSDE、Oracle Spatial 连接）、图像发布与管理系统（如 IWS、LIM）及基于 OGC 标准的 Web Service 等系统无缝集成。

5．工程一体化

ERDAS 通过将遥感、遥感应用、图像处理、摄影测量、雷达数据处理、GIS 和 3D 可视化等技术结合在一个系统中，实现了地学工程一体化结合，不需要做任何格式和系统的转换就可以建立和实现整个地学相关工程。ERDAS 呈现完整的工业流程，为用户提供计算速度更快、精度更高、数据处理量更大、面向工程化的新一代遥感图像处理与摄影测量解决方案。

2.2 ERDAS 功能模块

ERDAS 是以模拟化的方式供用户使用的，用户可以根据自己的应用要求、资金情况合理地选择不同功能模块及其组合，对系统进行裁剪，充分利用软硬件资源，以最大限度地满足自己的专业应用要求。ERDAS 对于系统的扩展功能采用开放的体系结构，以 IMAGINE Essentials、IMAGINE Advantage、IMAGINE Professional 的形式为用户提供了低、中、高三种级别的产品架构，并且有丰富的扩展模块供用户选择，使产品功能模块的组合具有极大的灵活性。

（1）IMAGINE Essential（基本版）。

IMAGINE Essential 是一款具有制图和可视化核心功能的图像处理软件。借助 IMAGINE Essential 可以完成 2D/3D 显示、数据输入、排序与管理、地图配准、专题制图及简单的分析；可以集成使用多种数据类型，并在保持相同的、易于使用和裁剪的界面下升级到其他的 ERDAS 产品。

（2）IMAGINE Advantage（增强版）。

IMAGINE Advantage 是建立在 IMAGIE Essential 的基础上，增加了更丰富的栅格图像 GIS 分析和单张航片下正射校正等强大功能的软件。IMAGINE Advantage 为用户提供了灵活、可靠，用于栅格分析、正射校正、地形编辑及图像镶嵌的工具。

（3）IMAGINE Professional（专业版）。

IMAGINE Professional 面向从事复杂分析、需要最新和最全面的处理工具、经验丰富的专业用户。IMAGINE Professional 在 IMAGINE Advantage 的基础上包含更全面的图像分析、雷达分析和高级分类工具，其提供的地理空间数据模型是分析地理数据的特有工具。IMAGINE Professional 拥有构建和执行图像分类的专家系统、密度分割工具、空间建模工具、高光谱分析工具、子像元分类器等模块，这些模块构成一个完整的遥感图像处理系统。

ERDAS 的功能体系如图 2-1 所示。

此外，ERDAS 提供了功能丰富的扩展模块供用户选择，使产品功能模块的组合具有极大的灵活性，可最大限度地满足用户的要求。用户可以根据自己的应用要求、资金情况选择不同功能模块及其组合。ERDAS 由如下功能模块组成。

（1）IMAGINE AutoSync（图像自动配准模块）。

IMAGINE AutoSync 提供的图像自动配准工具可使具有不同技术水平的用户都能够方便地完成专业的配准工作，包括图像边缘匹配和地理参考图像配准，即实现校正图像间的相互自动配准，或者由原始图像到已校正图像的快速配准。

（2）IMAGINE EasyTrace（智能矢量化模块）。

IMAGINE EasyTrace 提供高效的矢量要素半自动提取工具，提高了整个矢量要素提取过程的效率，最大限度地减少了用户单击鼠标的次数，极大地加快了数字化工作进程。

（3）IMAGINE DeltaCue（智能变化检测模块）。

IMAGINE DeltaCue 以面向对象的工作流程来管理数据预处理、变化检测、变化滤波、变化结果查看及解译这些过程。标准的自动数据预处理过程、一系列强大的变化算法及可灵活使用的工具使得 IMAGINE DeltaCue 能满足用户的各种特殊的变化检测要求。此外，它提供一系列方便的处理程序，用于大范围图像的变化分析。同时，定位于定点监测的可视化工具提供详细的分析功能和简洁的用户化变化浏览界面，以保证用户能输出各种格式的、精确的变化结果到 GIS 和其他数据库中。

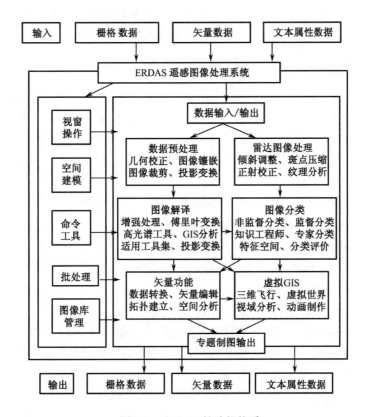

图 2-1　ERDAS 的功能体系

（4）IMAGINE Vector（矢量数据处理模块）。

ERDAS 除支持内置的矢量数据以外，还提供专业的矢量数据处理模块，即 IMAGINE Vector。该模块由 ESRI 和 ERDAS 两个公司合作开发，能够导入和导出矢量数据，建立、显示、编辑和查询 ArcInfo 的 Coverage 和 ArcView Shape 矢量数据，完成拓扑关系的生成和修改，以及矢量图形和栅格图像的双向转换等，能够读取 SDE 数据。

（5）IMAGINE Virtual GIS（3D 可视化分析模块）。

IMAGINE Virtual GIS（虚拟 GIS）是强大的、容易使用的 3D 可视化分析模块，它的功能超越了简单的 3D 显示或简单的飞行穿行观察（Fly-Through）。该模块使用户能在真实的模拟地理信息环境中进行交互处理，既能增强或查询叠加在 3D 表面的图像的像元值及相关属性，又能可视化、风格化（Stylize）和查询地图矢量层的属性信息。

（6）IMAGINE Stereo Analyst（立体分析模块）。

IMAGINE Stereo Analyst 可在立体环境中进行 3D 信息的采集，可方便、精确地提取高程信息、高度信息，为 3D 建筑物自动添加纹理。

（7）IMAGINE Objective（面向对象信息提取模块）。

IMAGINE Objective 提供一系列全新的特征提取工具。该模块引入了基于面积、周长等几何特性，以及纹理、正交性、相关性、熵等空间特性的面向对象的分类方法，可从高分辨率遥感图像中提取相应的地物特征；结合专家知识的训练方法和可继承的层次结构，提供真正地面向对象的特征提取环境；包含大量的矢量处理操作，最大限度地降低矢量的后处理操作的工作量。IMAGINE Objective 通过像元级和对象级的处理，结合了传统的图像处理方式和计算机视觉。

（8）ATCOR（大气校正和云雾去除模块）。

ATCOR 用于校正地物光谱反射的变化，可对成像地区相对平坦的图像进行校正，也可对成像地区高差变化较大的图像进行校正，此时需要有成像地区的 DEM。气象和太阳高度角的变化会造成大气条件的变化，这必然会影响与改变地物的光谱反射。这种改变使得卫星图像中用户感兴趣的表面和要素的真实光谱表现加了一层光罩，从而阻止了用户直接比较不同时相或传感器的图像，应用 ATCOR 所提供的大气校正功能可以去除这些干扰。该模块包括 ATCOR-2（2D）和 ATCOR-3（3D）两个子模块。

（9）IMAGINE Radar Interpreter（基本雷达模块）。

IMAGINE Radar Interpreter 包括斑点压缩、纹理分析、图像融合及常用的正射校正和几何校正功能，可用于增强 SAR 图像。IMAGINE Radar Interpreter 的功能与数据源无关，即用户可以分析任何来源的 SAR 图像。

（10）IMAGINE OrthoRadar（雷达正射校正模块）。

IMAGINE OrthoRadar 根据卫星轨道和图像信息参数重建 SAR 传感器模型、SAR 利用传感器模型和 DEM 数据，对 SAR 图像进行精确的编码校正或正射校正。IMAGINE OrthoRadar 校正的结果精度是相当高的，剔除了雷达数据内在的扭曲，可与其他数据源联合使用。该模块非常便于对 GCP、DEM 和地图投影进行处理，并且支持现有商业雷达图像，如 ERS1/2、RadarSat1/2、TerraSAR、COSMOSkyMed、EnviSAT、PALSAR 等。

（11）IMAGINE StereoSAR DEM（雷达立体像对 DEM 提取模块）。

IMAGINE StereoSAR DEM 用于对 SAR 立体像对进行相关处理，并创建 DEM。该模块的功能获得了 RADARSAT International 的认可。

（12）IMAGINE SAR Interferometry（干涉雷达处理模块）。

IMAGINE SAR Interferometry 是 ERDAS 的新增模块，集成了 IMAGINE 高级干涉雷达处理能力。即使是雷达数据处理的初学者，也可以通过这个模块快速生成高质量的 DEM，利用雷达数据进行厘米级的地面变形检测。IMAGINE SAR Interferometry 包括 InSAR DEM 提取、Coherence Change Detection（CCD）变化检测、Differential Interferometric SAR（D-InSAR）处理几部分功能，支持现有商业雷达图像，如 ERS1/2、RadarSat1/2、TerraSAR、COSMOSkyMed、EnviSAT、PALSAR 等。

（13）IMAGINE LIDAR Analyst（激光雷达信息提取模块）。

IMAGINE LIDAR Analyst 可处理 LIDAR 数据，利用 LIDAR 数据自动提取 2D 和 3D

地理空间要素。该模块是自动提取地形、建筑物、树木等要素的工具，也是自动提取建筑物高度、建筑物面积、建筑物周长、屋顶类型、树冠宽度、树木胸径等属性信息的工具，还是对提取结果进行优化的工具。

（14）IMAGINE Enterprise Loader（企业级数据加载模块）。

IMAGINE Enterprise Loader 允许用户将矢量和栅格数据导入 Oracle Spatial 10g 及以上版本的数据库系统，以使终端用户能最大限制地使用和访问数据。图像能够作为单独的地理栅格数据导入数据库，IMAGINE Enterprise Loader 能够在相关联的 ERDAS 中自动把多光谱图像融合为一个地理栅格数据来使用。数据一旦被导入数据库，所有 ERDAS 和 LPS 都能访问、浏览和分析该数据。

（15）IMAGINE Enterprise Editor（企业级数据编辑模块）

IMAGINE Enterprise Editor 集成了完整的 Oracle 技术组件，为基于 Web 或直接连接到 Oracle Spatial 的用户提供了一个全面、强大、基于标准的 Oracle Spatial 编辑的解决方案。该模块支持通过网络环境更新 Oracle Spatial 中的几何实体、拓扑关系及属性数据，同时支持基于网络环境在企业内对图像进行访问和管理。IMAGINE Enterprise Editor Web 客户端支持 Oracle GeoRaster 数据。

2.3　ERDAS 可视化界面

ERDAS 20XX 系列中的可视化界面与 ERDAS 9.2 的差别比较大。本节主要介绍显示栅格图像、矢量图形、注记文件、AOI 等数据层的主要窗口——视窗（Viewer）。每次启动 ERDAS 时，系统都会弹出一个界面，如图 2-2 所示。

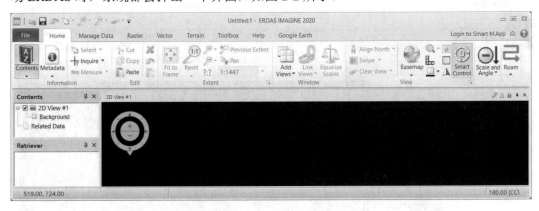

图 2-2　ERDAS 主界面（打开图像之前）

ERDAS 主界面在默认设置下主要包括左侧最上方的快捷访问工具栏及其下方的功能区，显示窗口（Window）、内容视窗（Contents）、检索视窗（Retriever），以及最下方的状态条。状态条中包含投影、海拔、旋转方向等信息。

另外，用户在操作过程中也可以随时打开新的视窗。操作过程如下：在 ERDAS 主界面的 File 菜单下选择 New 选项，并在之后出现的四个子选项（地图视窗、特殊模型、2D

视窗、3D 视窗）中选择需要的视窗，如图 2-3 所示，或者单击 Home 菜单下的 Add Views 下拉按钮，并选择需要的视窗类型。

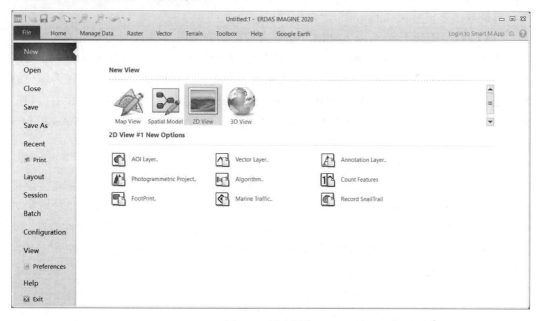

图 2-3　新建视窗

为了表述方便，在本书后面的介绍中，主要使用 2D 视窗。如图 2-4 所示，当视窗处于系统默认状态时，视窗的各个组成部分都出现在视窗中，用户可以重新设置各个组成部分是否出现、出现的位置和是否固定。

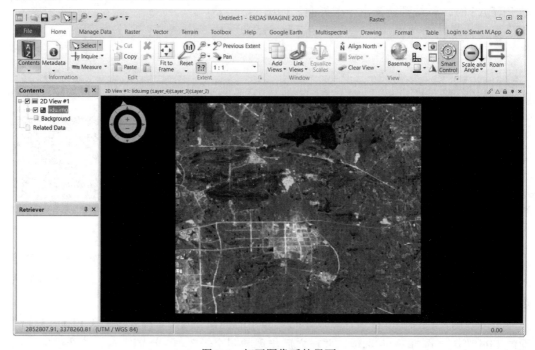

图 2-4　打开图像后的界面

2.3.1 视窗菜单与功能

如图 2-3 所示，视窗菜单栏中共有 9 个菜单，视窗菜单对应的功能如表 2-1 所示。

表 2-1　视窗菜单对应的功能

菜　　单	功　　能
File	文件操作
Home	主页操作
Manage Data	数据管理操作
Raster	栅格操作
Vector	矢量操作
Terrain	地形操作
Toolbox	工具箱操作
Help	联机帮助
Google Earth	连接 Google Earth

另外，ERDAS 2020 还会根据用户在视窗中打开的文件类型而增加新的功能。例如，图 2-4 中的扩展功能区就是根据打开的栅格图层而自动生成的，其中包括多光谱功能（Multispectral）、绘图功能（Drawing）、格式功能（Format）、表格功能（Table）。常见扩展功能区的类型及扩展功能如表 2-2 所示。

表 2-2　常见扩展功能区的类型及扩展功能

类　　型	扩展功能
AOI 图层	绘图功能、格式功能
栅格图层	多光谱功能、绘图功能、格式功能、表格功能
矢量图层	绘图功能、格式功能、表格功能
注记图层	绘图功能、格式功能、表格功能
地形模型图层	无

这些扩展功能可以让用户更加方便、快捷地进行操作，从而大大提升的工作效率。另外，鼠标指针悬停在功能区中任何一个图标上都会显示该图标的用法，以方便初学者进行操作。

在实际操作中，栅格工具的使用频率最高。在加载了栅格图像之后，Raster 扩展功能区便会出现四个功能菜单，如图 2-5 所示。

图 2-5　Raster 扩展功能区

其中，绘图功能（Drawing）、格式功能（Format）、表格功能（Table）与其他格式数据相差不大，唯有多光谱功能（Multispectral）是栅格数据独有的。在此功能下，又有以下 8 个功能模块。

（1）增强模块（Enhancement）：包括基本的对比度设置，如直方图补偿、断点设置及离散动态范围调整等工具。

（2）亮度与对比度设置模块（Brightness Contrast）：可以对图像的亮度与对比度进行调整，既可以通过按钮一级一级地调整，也可以通过滑轮直接调整到需要的状态。

（3）锐化模块（Sharpness）：同亮度与对比度设置类似，ERDAS 2020 也可以直接对锐度进行设置，并且可以直接运用预定义的模板对图像进行边缘探测或边缘增强处理，十分方便。

（4）波段设置模块（Bands）：可以针对传感器与彩色合成方式对波段进行选择，也可以自行选择通过各个通道的波段。

（5）视窗设置模块（View）：包含两个工具，一个用于选择重采样方式，可以选择最邻近像元法或双线性内插法等；另一个用于择像素的透明与否，以便在叠加显示时方便观察。

（6）常用模块（Utilities）：此模块具有四大工具，包括剪切和掩膜工具、光谱剖面工具、矢量计算工具、金字塔计算与统计工具。

（7）转换与校正模块（Transform & Orthocorrect）：可以利用此模块对图像进行重新投影或对视窗中的图像进行校正并检查其精确度。

（8）编辑模块（Edit）：包含填充、偏移、插值等常用工具。

2.3.2　快捷菜单功能

只要在显示窗口中右击，就会弹出快捷菜单。快捷菜单中共有 25 项命令，其对应的功能如表 2-3 所示。

表 2-3　快捷菜单命令及其对应的功能

菜　单　命　令	功　　能
Open Raster Layer	打开栅格图层
Open Vector Layer	打开矢量图层
Open AOI Layer	打开 AOI 图层
Open Annotation Layer	打开注记图层
Open TerraModel Layer	打开地形模型图层
Three Layer Arrangement	打开一个 3 波段图像
New AOI Layer	新建 AOI 图层
New Annotation Layer	新建注记图层
New Vector Layer	新建矢量图层
Create 3D view from content	以当前的 3D 视图中的所有内容创建 3D 视图
Start imagine drape with content	基于当前内容的以 DEM 为基础的 3D 图像显示
Blend	混合显示工具
Swipe	卷帘显示工具
Flicker	闪烁显示工具
Clear view	清除视窗中的内容
Close Top Layer	关闭顶层图层
Fit to Frame	按照视窗大小显示图像
Fit View to Data Extent	按照数据范围设置视窗大小
Zoom	缩放显示工具

菜 单 命 令	功 能
Drive Other 2D Views	将其他 2D 视图中心平移到当前视图
Inquire	开启屏幕光标查询功能
Inquire Box	开启方框区域查询功能
Background Color	设置背景颜色
Resampling Method	设置重采样方式
Scroll Bars	设置视窗滑动条显示与否

2.4 ERDAS 个性化设置

2.4.1 偏好设置

在使用 ERDAS 进行数据处理前，可通过对 ERDAS 的相关参数设置进行修改，以适应使用者的个人需求，设置方法如下。

以 ERDAS 2020 为例，在 ERDAS 主界面视窗菜单栏中单击 File 菜单按钮，在弹出的界面左侧的选项栏中单击 Preferences 即可打开偏好编辑窗口，如图 2-6 所示。

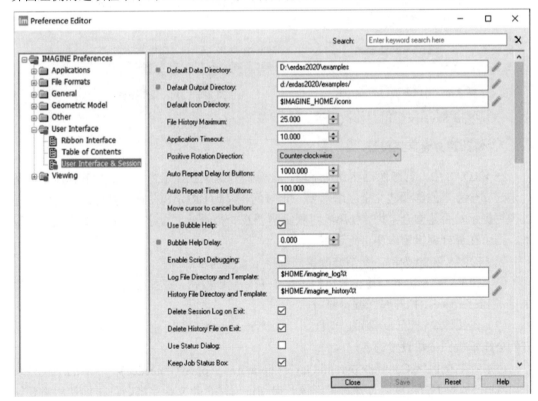

图 2-6　偏好编辑窗口

1．默认工作路径设置

遥感软件常常需要对数据使用多种工具分步进行处理，每次读取或输出数据时都需要手动选择数据存放的路径，较为烦琐且耗时久，并且可能会出现输出数据时忘记设置路径从而找不到输出数据的状况。针对数据集存储的需要，可以将默认数据读取和输出路径设置到常用的文件夹下，这样在读取数据时可直接进入工作文件夹，在输出数据时默认输出到常用文件夹内，从而提高工作效率。

以 ERDAS 2020 为例，介绍设置默认工作路径的操作步骤。

（1）在 ERDAS 主界面视窗菜单栏中单击 File 菜单按钮，在弹出的界面左侧的选项栏中单击 Preference，打开偏好编辑窗口。

（2）在偏好编辑窗口左侧的选项栏中单击 User Interface 展开其子栏，然后单击 User Interface & Session，如图 2-7 所示，其右侧会显示用户界面参数设置的各选项。

（3）设置默认数据读取路径，单击 Default Data Directory 输入框后的编辑按钮可打开 Windows 文件管理器窗口，定位到常用文件路径所在的父文件夹，选中该父文件夹并单击 OK 按钮，默认数据读取路径即修改到该文件夹下，如图 2-8 所示。

（4）设置默认数据输出路径，单击 Default Output Directory 输入框后的编辑按钮可打开 Windows 文件管理器窗口，定位到常用文件路径所在的父文件夹，选中该父文件夹并单击 OK 按钮，默认数据输出路径即修改到该文件夹下，如图 2-8 所示。

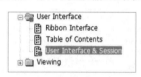

图 2-7　用户界面设置菜单栏

图 2-8　默认工作路径

（5）单击 Save 按钮保存修改内容。

2．修改建立金字塔设置

在 ERDAS 中，若影像已建立金字塔，则可提升影像在显示窗口中的加载速度，但是为未建立金字塔的影像建立金字塔需要一定时间，因此 ERDAS 在首次打开影像时默认通过弹窗提示是否建立金字塔，使用者可根据需要选择是否建立金字塔。若需要修改这项设置，则可在偏好编辑窗口中进行设置。

以 ERDAS 2020 为例，介绍修改建立金字塔设置的步骤。

（1）在 ERDAS 主界面视窗菜单栏中单击 File 菜单按钮，在弹出的界面左侧的选项栏中单击 Preference，打开偏好编辑窗口。

（2）在偏好编辑窗口左侧的选项栏中单击 Viewing 展开其子栏，然后单击 Viewer，其右侧会显示视图参数设置的各选项。

（3）在右侧区域 Compute pyramid layers upon image open (if needed)栏右侧的下拉列表中可选择是/询问/否，默认打开每幅影像时自动询问是否建立金字塔，可根据使用需要修改建立金字塔设置，如图 2-9 所示。

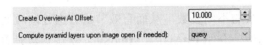

图 2-9　建立金字塔设置

（5）单击 Save 按钮保存修改内容。

3．使用 Windows 文件管理器

ERDAS 默认的文件管理器（见图 2-10）仅支持在一个文件夹下批量选择影像数据，而大部分卫星影像是分景存储的，不同影像存放在各自的文件夹下。因此，ERDAS 提供 Windows 文件管理器进行文件管理，使用者在修改完偏好设置后，可直接使用 Window 文件管理器批量加载数据，如图 2-11 所示。

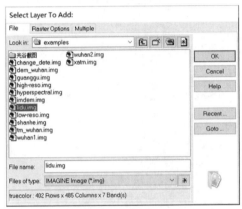

图 2-10　ERDAS 默认的文件管理器

图 2-11　Windows 文件管理器

以 ERDAS 2020 为例，介绍 Windows 文件管理器启用步骤。

（1）在 ERDAS 主界面视窗菜单栏中单击 File 菜单按钮，在弹出的界面左侧的选项栏中单击 Preference，打开偏好编辑窗口。

（2）在偏好编辑窗口左侧的选项栏中单击 User Interface 展开其子栏，单击 User Interface & Session，其右侧会显示用户界面参数设置的各选项。

（3）在右侧区域 Use the Windows File Dialog 栏后有复选框，勾选该复选框后可启用 Windows 文件管理器加载数据，可根据使用需要进行选择，如图 2-12 所示。

图 2-12　Windows 文件管理器启用栏

（5）单击 Save 按钮保存修改内容。

4．IMAGINE AutoSync 默认参数设置

在使用 IMAGINE AutoSync 的向导式工作流进行批量数据校正时，对于待校正的每景数据都需要建立一个工程，设置相关的校正参数，但是对于同一批数据，通常情况下大多数校正参数都是一样的，因此可以通过偏好设置将相同的校正参数设置为默认参数，在

处理数据时仅需设置其余的不同参数，从而有效节约数据处理时间。

以 ERDAS 2020 为例，介绍 IMAGINE AutoSync 默认参数设置步骤。

（1）在 ERDAS 主界面视窗菜单栏中单击 File 菜单按钮，在弹出的界面左侧的选项栏中单击 Preference，打开偏好编辑窗口。

（2）在偏好编辑窗口左侧的选项栏中单击 Applications 展开其子栏，单击 IMAGINE AutoSync，其右侧会显示图像自动配准参数设置的各选项，这里仅介绍常见修改项，如图 2-13 所示。

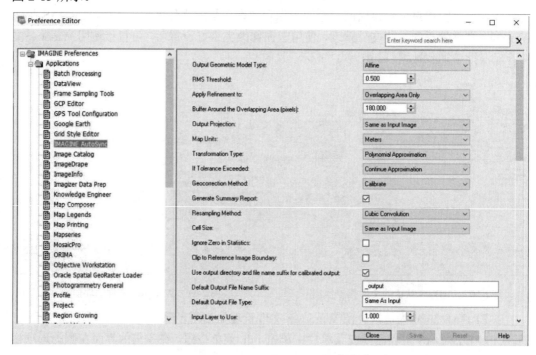

图 2-13　IMAGINE AutoSync 设置区域

（3）修改默认输出投影，在右侧区域找到 Output Projection 栏，在其右侧下拉列表中可选择和输入图像相同/和参照图像相同/用户规定，默认选择和输入图像相同，可按需要进行修改，如图 2-14 所示。

（4）修改默认几何校正方式，在右侧区域找到 Geocorrection Method 栏，在其右侧下拉列表中可选择直接校正/重采样，默认选择直接校正，即直接在原始文件上校正，重采样则是指生成新文件，如图 2-15 所示。

图 2-14　输出投影设置　　　　　　　图 2-15　几何校正方式设置

（5）修改统计时是否默认忽略零值，在右侧区域找到 Ignore Zero in Statistics 栏，默认不勾选其右侧的复选框，若勾选该复选框，则在统计时会直接忽略零值，如图 2-16 所示。

（6）修改默认输出文件参数，在右侧区域找到 Default Output File Name Suffix 栏，在其右侧输入框内可设置输出文件后缀。在该栏下一项，即 Default Output File Type 栏右侧输入框内可修改输出文件类型，默认与输入文件类型相同，可按需要修改为其他类型，如图 2-17 所示。

图 2-16　忽略零值设置　　　　　　　　　图 2-17　输出文件参数设置

（7）修改同名点搜索参数，可在对应输入框中设置开始搜索的行/列、搜索距离、结束搜索的行/列，如图 2-18 所示。

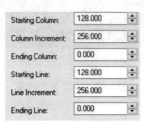

图 2-18　同名点搜索参数设置

（8）修改背景区域排除选项，在右侧区域找到 Exclude Background Area 栏，默认排除背景区域，即勾选该栏右侧的复选框，可根据需要确定是否勾选，如图 2-19 所示。

（9）修改控制点颜色，在右侧区域找到 Default GCP Color 栏，默认为白色，单击右侧下拉按钮可修改为其他颜色，如图 2-20 所示。

图 2-19　背景区域排除选项设置　　　　　图 2-20　控制点颜色设置

（10）单击 Save 按钮保存修改内容。

2.4.2　界面定制

ERDAS 的默认界面是统一的英文界面，且所有功能都排列在功能区，对 ERDAS 不熟悉的用户会遇到找不到功能的情况，或者在进行数据处理时不知道操作流程具体的步骤。因此，ERDAS 提供了界面定制功能，允许用户按需调整工具组件，定制工作流。

以 ERDAS 2020 为例，介绍界面定制的方法。

1. 自定义工作流

（1）在 ERDAS 主界面中的任意功能按钮上右击，在弹出的快捷菜单中选择 Add to "My Workflow" Tab 选项，可将该功能按钮添加到主界面中的 My Workflow 菜单下。根据需要可将不同位置的功能按钮添加至同一工作流，如图 2-21 所示。

（2）在 My Workflow 菜单下单击 Tab Editor 可打开工作流管理区域，如图 2-22 所示，在该区域中可将功能按钮按使用习惯或数据处理流程进行分组排序，并对各组进行重命名。

图 2-21　添加至工作流

图 2-22　打开工作流管理区域

2. 自定义 Ribbon 控件

（1）在 ERDAS 主界面中的任意功能按钮上右击，在弹出的快捷菜单中选择 Customize the Ribbon 选项，打开自定义 Ribbon 窗口，如图 2-23 所示。

图 2-23　自定义 Ribbon 窗口

（2）在自定义 Ribbon 窗口内可自定义功能、图标及分组。在 Type（类型）下拉列表中选择 Common 选项，可在窗口右下区域根据使用需要插入 ERDAS 主界面新标签和新选项组，同时可以通过拖动选项组至不同栏，调整其在主界面显示的位置，如图 2-23 所示。

（3）若仅需显示自定义的标签，则在 Type 下拉列表中选择 Common 选项，取消勾选所有默认标签前的复选框，这样即可隐藏 ERDAS 主界面默认工具栏。

（4）在 ERDAS 主界面视窗菜单栏中单击 File 菜单按钮，在弹出的界面左侧的选项栏中单击 Save As，在右侧区域可单击 Layout 按钮将自定义界面另存为.ixw 格式的文件。

3．将空间模型添加至界面

除 ERDAS 自带的工具以外，如果用户通过空间建模工具新建了算法工具，那么 ERDAS 会提供将空间模型添加至界面的方法，可用于完善自定义的工作流。

以 ERDAS 2020 为例，介绍将空间模型添加至界面的步骤。

（1）在 ERDAS 主界面中的任意功能按钮上右击，在弹出的快捷菜单中选择 Customize the Ribbon 选项，打开自定义 Ribbon 窗口，如图 2-23 所示。

（2）在自定义 Ribbon 窗口内可新建标签和选项组，右击自定义的选项组，在弹出的快捷菜单中选择 Add Button 选项，打开文件管理器加载空间模型，如图 2-24 所示。

（3）加载空间模型后，该空间模型工具自动加载到 ERDAS 主界面相应菜单的自定义选项组下，如图 2-25 所示，单击图标可使用该空间模型工具处理数据。

图 2-24　选择 Add Button 选项　　　　　　　图 2-25　空间模型工具

（4）在 ERDAS 主界面视窗菜单栏中单击 File 菜单按钮，在弹出的界面左侧的选项栏中单击 Save As，在右侧区域可单击 Layout 按钮将自定义界面另存为.ixw 格式的文件。

4．加载自定义界面

自定义界面在重启软件后需要重新加载，以 ERDAS 2020 为例，介绍加载自定义界面的步骤。

（1）在 ERDAS 主界面视窗菜单栏中单击 File 菜单按钮，在弹出的界面左侧的选项栏中单击 Open，在右侧区域单击 Layout 按钮，打开 Windows 文件管理器加载.ixw 格式的自定义界面，如图 2-26 所示。

图 2-26　加载自定义界面

（2）返回 ERDAS 主界面，自定义界面和工具项等加载完成。

2.5　ERDAS 界面常用功能

1. ShoeBox 空间数据管理

在同时处理某项目的多个文件时，图像数据查找、管理比较烦琐，可通过 ShoeBox 对工程图像文件进行有效管理，在实际使用数据时，不需要每次都加载数据，直接在数据管理箱中把图像文件拖动至数据窗口，即可实现数据漫游和数据查询。

以 ERDAS 2020 为例，介绍使用 ShoeBox 的步骤。

（1）在 ERDAS 主界面左下角 Retriever 区域内右击，在弹出的快捷菜单中选择 Add New ShoeBox 选项，添加新的空间数据管理箱，如图 2-27 所示。

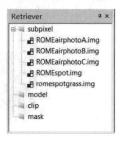

图 2-27　空间数据管理箱

（2）右击新建的空间数据管理箱，在弹出的快捷菜单中选择 Rename 选项进行重命名。

（3）右击空间数据管理箱，在弹出的快捷菜单中选择 Add New Group 选项添加分组，按照相同的步骤右击分组并根据使用需要进行重命名。

（4）右击自定义的分组，在弹出的快捷菜单中选择 Add File 选项，在分组内加入图像文件。

（5）右击空间数据管理箱，将空间数据管理箱保存为.ixp 格式的文件。

2. 添加工具至快速启动栏

在使用 ERDAS 处理数据时，若用户使用特定工具的频率较高，则可以将这些工具添加至快速启动栏。快速启动栏内的工具在任何数据处理界面均可直接启动使用，避免了使用该工具需要切换标签页和查找的烦琐操作。

在 ERDAS 主界面工具图标上右击，在弹出的快捷菜单中选择 Add to Quick Access Toolbar 选项，可将该工具添加至快速启动栏，如图 2-28 所示。

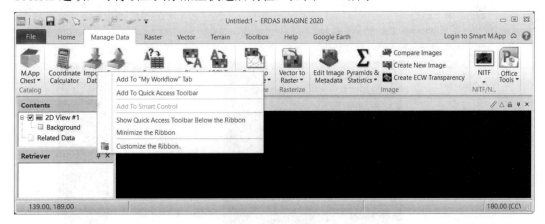

图 2-28　添加工具至快速启动栏

3. 添加多类型视窗

在打开 ERDAS 时默认会新建一个 2D 视窗，但在几何校正、正射校正等数据处理过程中，同时打开多个 ERDAS 视窗分别加载数据，可以避免在文件目录中频繁调整图层的操作，查看图像信息更加方便。ERDAS 除提供 2D 视窗以外，还提供地图视窗、3D 视窗等多种视窗。

在 ERDAS 主界面默认的 Home 菜单下查看 Window 选项组，单击 Add Views 下拉按钮，在 Add Views 栏内选择插入视图类型后，ERDAS 默认在原视窗区域插入新视窗，如图 2-29 所示。在 Layer Mode 栏可自动调整视窗布局，有纵向布局、横向布局、网格布局三种布局方案。

4. 多视窗链接、同步

当在 ERDAS 的不同视窗中加载了相同区域的图像数据时，可通过 ERDAS 地理链接工具链接多个视窗，实现在其中一个视窗内浏览、移动图像时，在其他链接视窗内会自动生成该视窗的范围框，显示浏览区域所在位置。多视窗链接、同步的浏览方式适用于大范围影像的查看，使用一个视窗查看图像细节，同时在另一视窗内浏览全局。

以 ERDAS 2020 为例，介绍多视窗链接、同步的步骤。

（1）在 ERDAS 主界面默认的 Home 菜单下查看 Window 选项组，单击 Add Views 下拉按钮，在 Add Views 栏内选择插入 2D 视窗。

（2）右击视窗，分别在多个视窗中加载相同区域的图像数据。

（3）在 ERDAS 主界面默认的 Home 菜单下查看 Window 选项组，单击 Link Views 按钮可快捷链接多个视窗，也可通过单击 Link Views 下拉按钮，在下拉列表中选择 Link Views 选项进行视窗链接。

（4）单击 Link Views 下拉按钮，在下拉列表中选择 Sync Views 选项可实现视窗同步，如图 2-30 所示。

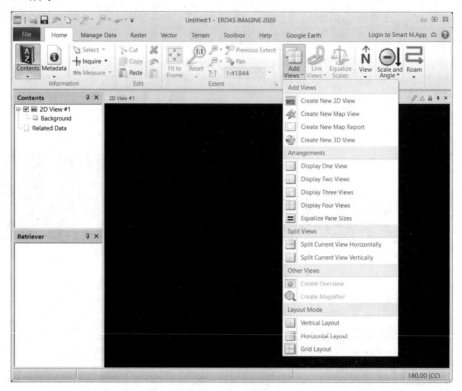

图 2-29　插入新视窗

图 2-30　多视窗链接、同步

5．图层管理

ERDAS 支持在同一个视窗中加载多幅图像数据，数据之间的图层顺序可快捷调整，并且通过 Blend/Swipe/Flicker 工具可对同一个视窗中的数据进行叠加查看。

在 ERDAS 显示窗口中右击，在弹出的快捷菜单中选择 Blend/Swipe/Flicker 选项可进行图像数据叠加，如图 2-31 所示。

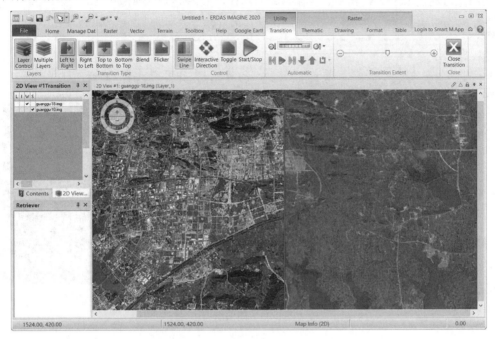

图 2-31　图像数据叠加查看

6. 在加载数据时快速搜索

使用 ERDAS 默认的文件管理器进行数据加载，有时不会显示全部数据，如.til 格式的数据。若需要快速定位并加载特定格式的数据，则可采用 ERDAS 快速搜索方法，快速筛选符合格式要求的数据并加载。

以.ovr 格式的文件为例，在 ERDAS 默认的文件管理器窗口内的文件选择框中输入 *.ovr 后，可快速将该文件夹下全部.ovr 格式的文件搜索出来，如图 2-32 所示。

图 2-32　在加载数据时快速搜索

7. 图像渲染

ERDAS 提供图像彩色调整、增强等处理功能，用于专题图像等效果渲染输出，处理后的图像可通过 Layer As Image 保存为新的图像，如图 2-33 所示。

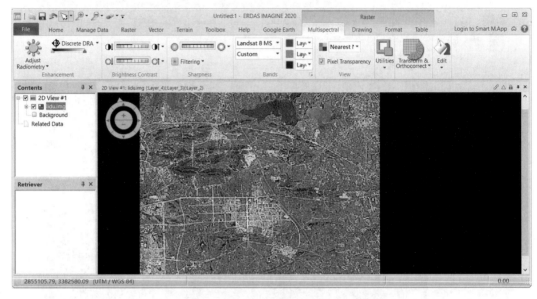

图 2-33　图像渲染

思考与练习

1. 熟悉常用的 ERDAS 功能模块的菜单与工具。
2. 根据自己的偏好设置界面和控件。

第 3 章

ERDAS 基本操作

●●●●●●●●

本章的主要内容：

◆ 数据输入/输出

◆ AOI 编辑

◆ 数据格式转换

◆ 图像裁剪

◆ 图像镶嵌

3.1 数据输入/输出

ERDAS 的数据输入/输出（Import/Export）功能允许用户输入多种格式的数据供 IMAGINE 使用，同时可以将 IMAGINE 的文件转换成多种数据格式。ERDAS 2020 又新增和改进了多种数据格式，包括常见与常用的栅格和矢量数据格式，具体的输入/输出格式均罗列在数据输入/输出对话框中。

数据输入/输出的一般操作过程如下。启动 ERDAS 2020 后，单击 Manage Data 菜单下的 Import Data/Export Data 按钮，如图 3-1 所示，即可弹出数据输入/输出对话框。以如图 3-2 所示的数据输入对话框为例，在此对话框中，用户通常只需要进行以下设置。

图 3-1　Import Data/Export Data 按钮

图 3-2　数据输入对话框

（1）在 Format 下拉列表中选择数据的格式。

（2）确定输入数据文件（Input File）。

（3）确定输出数据文件（Output File）。

3.1.1 单波段二进制图像数据输入

用户从遥感卫星地面站购置的 TM 图像数据或其他图像数据，往往是经过转换以后的普通单波段二进制图像数据，外加一个说明头文件。对于这种数据，必须按照 Generic Binary 格式来输入，而不能按照 TM 图像或 SPOT 图像来输入。下面详细介绍单波段二进制图像数据的输入过程。

在处理单波段数据时，首先要将各波段数据（Band Data）依次输入，转化为 ERDAS 系统的 IMG 文件。

（1）在如图 3-2 所示的数据输入对话框中，在 Format 下拉列表中选择普通二进制（Generic Binary）。

（2）确定输入数据文件路径和文件名（Input File）。

注：example 文件夹中并没有对应的单波段二进制图像数据，需要使用其他数据。

（3）确定输出数据文件路径和文件名（Output File）。

（4）单击 OK 按钮（关闭数据输入对话框）。此时，ERDAS 2020 会自动弹出 Import Generic Binary Data 对话框，如图 3-3 所示。

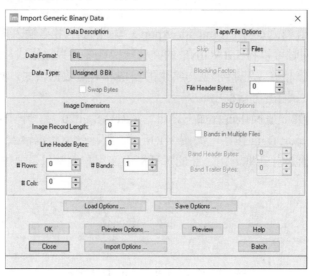

图 3-3　Import Generic Binary Data 对话框

（5）在 Import Generic Binary Data 对话框中定义以下参数。

① 确定数据格式（Data Format）：BIL。

② 确定数据类型（Data Type）：Unsigned 8 Bit。

③ 确定图像记录长度（Image Record Length）：0。

④ 确定头文件字节数（Line Header Bytes）：0。

⑤ 确定数据文件行数（Rows）：512。

⑥ 确定数据文件列数（Cols）：512。

⑦ 确定文件波段数量（Bands）：1。

⑧ 保存参数设置：单击 Save Options 按钮，打开 Save Options File 对话框。

⑨ 定义参数文件名（Filename）：*.gen。

⑩ 单击 OK 按钮，关闭 Save Options File 对话框。

（6）预览图像效果：单击 Preview 按钮，此时 ERDAS 会打开一个窗口显示输入图像。

（7）如果预览图像正确，那么说明参数设置正确，可以执行输入操作。

（8）单击 OK 按钮，关闭 Import Generic Binary Data 对话框，此时会出现数据转换进程条，如图 3-4 所示。

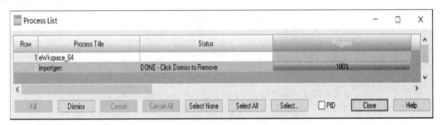

图 3-4　数据转换进程条

（9）单击 OK 按钮，关闭数据转换进程条，完成数据输入。

重复上述部分过程，依次将多个波段数据全部输入，转化为 IMG 文件。

3.1.2　组合多波段图像

3.1.1 节介绍的数据输入只是将普通单波段二进制图像数据文件转化成 ERDAS 系统的 IMG 文件，而在实际工作中，对遥感图像的处理和分析都是针对多波段图像进行的，所以还需要将若干单波段图像组合成多波段图像，具体过程如下。

在 ERDAS 主界面视窗菜单栏中选择 Raster 菜单下的 Spectral→Layer Stack 选项，如图 3-5 所示，打开 Layer Selection and Stacking 窗口，如图 3-6 所示。

接着，在 Layer Selection and Stacking 窗口中，依次选择并加载（Add）单波段图像。

（1）输入单波段图像文件（Input File）：选择 Layer1，单击 Add 按钮。

（2）输入单波段图像文件（Input File）：选择 Layer2，单击 Add 按钮。

（3）输入单波段图像文件（Input File）：选择 Layer3，单击 Add 按钮。

（4）重复上述步骤，直到输入完全部所需波段。

（5）定义输出多波段图像文件（Output File）：bandstack.img。

（6）选择输出数据类型（Output Data Type）：Unsigned 8 bit。

（7）波段组合选择（Output Option）：单击 Union 单选按钮。

（8）输出数据统计时忽略零值：勾选 Ignore Zero in Stats.复选框。

（9）单击 OK 按钮，关闭 Layer Selection and Stacking 窗口，执行波段组合操作。

图 3-5　选择 Spectral→Layer Stack 选项

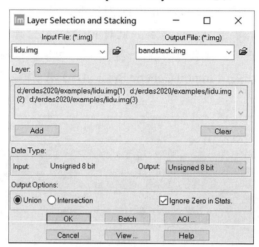

图 3-6　Layer Selection and Stacking 窗口

3.2　AOI 编辑

AOI 是用户感兴趣区域（Area of Interest）的英文缩写。当确定了一个 AOI 后，可以使相关的 ERDAS 命令处理操作针对 AOI 内的像元进行。ERDAS 2020 中的 AOI 可保存成一个文件，以便在以后的多种场合调用，AOI 经常应用于图像分类模板文件的定义。需要说明的是，在一个视窗中只能打开一个 AOI 图层，但是一个 AOI 图层中可以包含若干个 AOI。

3.2.1　创建 AOI 图层

创建 AOI 图层有以下两种方法。

（1）选择绘制工具。在打开任意一个栅格或矢量的图层后，在新增的 Raster（或 Vector）扩展功能区中找到 Drawing 菜单。在功能区偏左处选择需要绘制的形状，再使用鼠标在屏幕视窗或数字化仪上给定一系列数据点，组成 AOI，具体步骤如下。

① 输入一个栅格图像，会新增一个 Raster 扩展功能区，如图 3-7 所示。

② 在新增的 Raster 扩展功能区中选择 Drawing 菜单下的绘制工具，如图 3-8 所示。

③ 在打开的图像中自定义绘制 AOI，如图 3-9 所示。

图 3-7　新增 Raster 扩展功能区

图 3-8　选择绘制工具

图 3-9　自定义绘制 AOI

（2）以给定的种子点为中心，按照所定义的 AOI 种子特征进行区域增长，自动产生任意边形的 AOI。其操作方法是先在 Drawing 菜单下选择 Grow 工具，再在视窗中单击选取种子点，ERDAS 2020 便会自动生成 AOI，具体步骤如下。

① 在 Drawing 菜单下选择 Grow 工具，如图 3-10 所示。

图 3-10　选择 Grow 工具

② 在 Grow 下拉列表中选择 Growing Properties 选项进行属性设置，如图 3-11 所示。

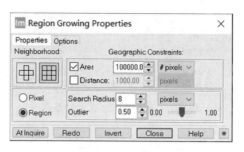

图 3-11　Region Growing Properties 对话框

③ 在 Grow 下拉列表中选择 Grow 选项进行种子点选取，自动绘制 AOI，如图 3-12 所示。

图 3-12　进行种子点选取

3.2.2　使用 AOI 工具面板

在创建了 AOI 图层后，选定该图层，会发现出现了 AOI 扩展功能区。该扩展功能区内有 Drawing 和 Format 两个菜单。这两个菜单下的工具大同小异，主要是 AOI 绘制方面的工具，包括绘制新的 AOI、AOI 的颜色填充（Area Fill）、文字字体和大小设置（Font/Size）工具等。另外，这两个菜单下还有一些工具用于加快绘制 AOI 的速度与提高准确度。例如，前文提到的 Grow 工具就可以依靠种子点自动生成 AOI。EasyTrace 工具的作用是打开捕捉功能，在捕捉功能下，光标会自动捕捉边界线、中心线等特殊位置，可以使 AOI 范围确定得更加准确。单击 Lock 工具后，光标会被锁定在当前功能，即可以连续执行同种类型的操作，熟练运用这个工具可以较大地提高效率。

（1）AOI 的颜色填充：双击 Drawing 菜单下的 Area Fill 工具（见图 3-13），打开 Color Chooser 对话框（见图 3-14），进行颜色设置，设置完成后单击 OK 按钮，可查看 AOI 的颜色设置结果，如图 3-15 所示。

图 3-13　双击 Area Fill 工具

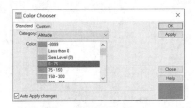

图 3-14　Color Chooser 对话框

图 3-15　AOI 的颜色设置结果

（2）文字字体和大小设置：在 Drawing 菜单下选择文本输入工具 A（见图 3-16），在图像区域进行文本输入（见图 3-17）。选中输入的文本，在 Drawing 菜单下对文字字体和大小进行设置，如图 3-18 所示。

图 3-16　选择文本输入工具

图 3-17　输入文本

图 3-18　对文字字体和大小进行设置

（3）EasyTrace 工具：在 Format 菜单下选择 EasyTrace 工具（见图 3-19），打开 EasyTrace 对话框（见图 3-20），进行属性设置，辅助绘制 AOI（见图 3-21）。

图 3-19　选择 EasyTrace 工具

图 3-20　EasyTrace 对话框

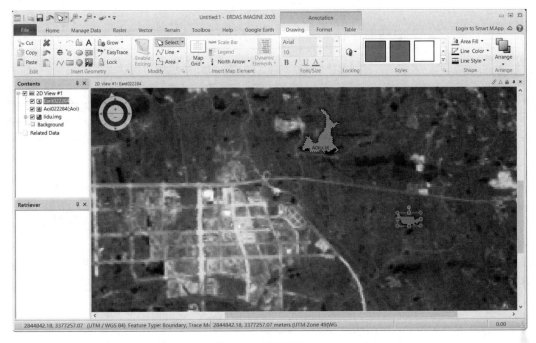

图 3-21　辅助绘制 AOI

3.2.3　定义 AOI 种子特征

在使用 ERDAS 根据种子点自动创建 AOI 时，预先定义 AOI 种子特征是十分必要的。

定义 AOI 种子特征的具体操作步骤如下。单击 Drawing 菜单下的 Grow 下拉按钮，在下拉列表中选择 Growing Properties 选项，弹出 Region Growing Properties 对话框（见图 3-11），其中各参数的具体含义如表 3-1 所示。在实际操作中，根据需要设置好相关参数后，关闭该对话框，之前的设置便会应用到之后的 AOI 创建中。

表 3-1　Region Growing Properties 对话框中各参数的具体含义

参　　　数	含　　　义
Neighborhood	种子增长模式
4 Neighborhood Mode	4 个相邻像元增长模式
8 Neighborhood Mode	8 个相邻像元增长模式
Geographic Constraints	种子增长的地理约束
Area（pixels/hectares/acres/sq.miles）	面积约束（像元个数、公顷、英亩、平方英里）
Distance（pixels/meters/feet）	距离约束（像元个数、米、英尺）
Pixel	以选定种子点自动增长
Spectral Euclidean Distance	光谱欧式距离
Region	在选定范围内增长
Search Radius（pixels/meters/feet）	AOI 搜寻范围（像元个数、米、英尺）
Outlier	离群值敏感性

参　数	含　义
At Inquire	以查询光标作为种子增长
Options	选择项定义
Include Island Polygons	允许岛状多边形存在
Update Region Mean	重新计算 AOI 均值
Buffer Region Boundary	对 AOI 进行缓冲区（Buffer）分析

3.2.4　保存 AOI 种子特征

无论应用哪种方式在视窗中建立了多少个 AOI，它们总是位于同一个 AOI 图层中。我们可以将所有的 AOI 保存在一个 AOI 文件中，以便随后调用。

在 File 菜单下的 Save As 选项后选择 AOI Layer as 命令，或者在目录菜单中右击 AOI 图层，在弹出的快捷菜单中选择 Save as 选项，打开 Save AOI as 对话框（见图 3-22），并进行如下设置。

图 3-22　Save AOI as 对话框

（1）确定文件路径（Look in）：Desktop。

（2）确定文件名称（File name）：example.aoi。

（3）单击 OK 按钮，保存 AOI 文件，关闭 Save AOI as 对话框。

3.3　数据格式转换

在实际应用中，收集到的或现有的数据并不一定能满足要求，可能是因为处理软件不支持现有的数据格式，此时需要进行数据格式转换，将其转换成能够输入的数据格式。数据格式转换是指用一个系统的数据格式读出所需数据，再按另一个系统的数据格式将数据写入文件。但从根本上讲，系统之间的数据格式转换是系统数据模型之间的转换。两个系统能否进行数据转换及转换的效果如何，从根本上取决于两个系统数据模型之间的关系。

ERDAS 的数据转换功能允许用户输入多种格式的数据供 IMAGINE 使用，同时可以将 IMAGINE 的文件转换成多种数据格式。ERDAS 2020 除支持 GeoTIFF、JPEG、MrSID、JPEG2000、NITF、BigTIFF、IMAGINE.img、Shapefile、Arc Coverage 等多种数据格式以外，还新增和改进了一些数据格式，如 COG（Cloud Optimized GeoTIFF）格式、MIE4NITF（由 MIE4NITF 标准进行存储和传输的时间序列数据集）格式、GeoPackage 格式、Luciad Terrain Service（来自 LuciadFusion 的 Luciad 地形服务栅格数据）格式、NetCDF 格式等。

ERDAS 系统内含 ArcInfo Coverage 矢量数据模型，可以不经转换地读取、查询、检索其 Coverage、GRID、Shapefile、SDE 矢量数据，并且可以直接编辑 Coverage、Shapefile 数据。若 ERDAS 再加上扩展功能，则还可实现建立拓扑关系、图形镶嵌、专题分类图像与矢量图像二者相互转换，减少工作流程中令人头疼、费时费力的数据格式转换工作，解决信息丢失问题，大大提高工作效率，使遥感定量化分析更完善。

3.3.1　数据格式转换的目的和原理

空间数据是 GIS 的操作对象，是现实世界经过模型抽象的实质性内容。它是用来表示空间实体的位置、形状、大小及其分布特征等诸多方面信息的数据，是一种用点、线、面及实体等基本空间数据结构来表示人们赖以生存的自然世界的数据。

随着各行各业数字化进程的不断推进，各类 GIS 软件在不同领域的应用日益广泛，空间数据作为其他信息数据的载体与框架，与各行各业、种类多样的专题数据相结合，形成了生机盎然、蓬勃发展的地理信息产业。

然而，获取数据的手段复杂多样，所以会形成多种格式的原始数据。同时，由于 GIS 的使用范围涉及多学科和多部门，因此各部门在开发 GIS 时往往会根据本部门的特定情况采用不同的数据建模方法，选用不同的 GIS 软件，采用不同的空间数据格式。地理信息作为公共基础信息得到广泛发布与应用，因此必须进行空间数据格式的转换。

以遥感数据为例进行介绍。遥感数据的格式有多种，大体上可分为以下几类。

（1）工业标准格式：EOSAT、LGSOWG CCRS、LGSOWG SPIM、CEOS、HDF 等。

（2）商业遥感软件的遥感图像格式：如 ERDAS 的*.img、PCI 的*.pix、ER Mapper 的*.ers 等。

（3）通用图像文件格式：如 GeoTIFF、TIFF、JPEG 等。

各种格式的数据内容及组织方式有所不同，但一般包括对遥感数据的说明性信息（如坐标范围、空间分辨率、波段数目、投影类型等）和遥感数据本身两大部分。不同数据格式之间可以通过数据格式转换模块进行转换。ERDAS 2020 中有用于数据格式转换的功能模块，可用来对数据格式进行转换。

3.3.2　数据格式转换的功能模块和操作流程

ERDAS 的输入/输出模块允许输入/输出多种格式的数据（见表 3-2），由此模块可完成数据格式转换。

表 3-2 ERDAS 常用数据输入/输出格式

数据输入格式	数据输出格式
ArcInfo Coverage E00	ArcInfo Coverage E00
ArcInfo GRID E00	ArcInfo GRID E00
ERDAS GIS	ERDAS GIS
ERDAS LAN	ERDAS LAN
Shape File	Shape File
DXF	DXF
DGN	DGN
IGDS	IGDS
Generic Binary	Generic Binary
Geo TIFF	Geo TIFF
TIFF	TIFF
JPG	JPG
USGS DEM	USGS DEM
GRID	GRID
GRASS	GRASS
TIGER	TIGER
MSS Landsat	DFAD
TM Landsat	DLG
Landsat-7 HDF	DOQ
SPOT	PCX
AVHRR	SDTS
RANDARSAT	VPF

在 ERDAS 主界面视窗菜单栏中选择 Manage Data→Import Data 选项，允许用户输入并转换多种类型的文件到 ERDAS 中使用（见图 3-23），同时选择 Export Data 选项，允许用户将 ERDAS 的标准文件格式（.img）输出为其他所需格式。

在导入图像时，若要将 TIFF 格式的图像转换为.img 格式的图像，则具体的操作步骤如下。

（1）在视窗菜单栏中选择 Manage Data→Import Data 选项，弹出 Import 对话框。

（2）在 Format 下拉列表中选择 TIFF 选项，单击 Input File 栏右侧的☞图标选择路径，选择文件 park.tif。在 Output File 栏中选择输出路径，编辑文件名，默认格式为.img。

在导出.img 格式的图像为其他格式的图像，如 LAN(Erdas 7.x)格式的图像时，具体的操作步骤如下。

（1）在视窗菜单栏中选择 Manage Data→Export Data 选项，弹出 Export 对话框，如图 3-24 所示。

（2）在 Format 下拉列表中选择 LAN(Erdas 7.x)选项，单击 Input File 栏右侧的☞图标选择路径，选择文件 lidu.img。在 Output File 栏中选择输出路径，编辑文件名，默认格式为.lan（见图 3-25），此时可以对导出格式进行设定。

图 3-23　数据格式转换的功能模块

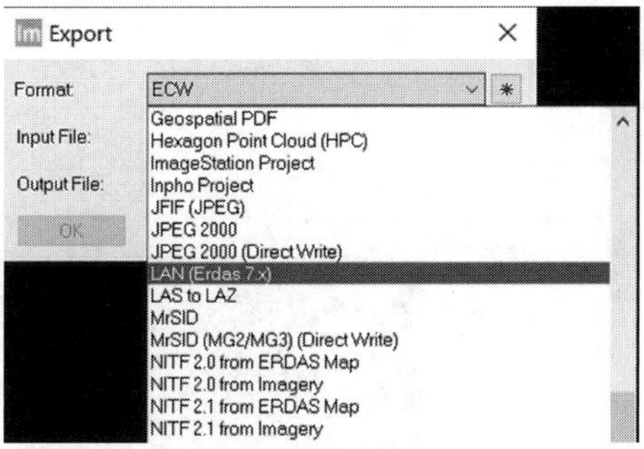

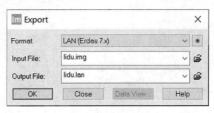

图 3-24　Export 对话框

图 3-25　数据导出格式

在多种遥感数据格式存在的情况下，ERDAS 自带的数据格式转换功能可以更方便地对不同格式的遥感图像进行操作和处理。同时，也更有利于与其他遥感软件的操作进行衔接。

3.4　图像裁剪

在进行遥感图像处理时，如果工作区域较小，只需要一幅遥感图像中的某一部分就可以覆盖该工作区域，则需要进行遥感图像裁剪处理。在实际应用中，往往需要根据实际工作区域范围界线，如行政区域界线、流域分水岭界线等来裁剪图像；也可能因为数据量太大、冗余数据太多需要进行图像裁剪，以精简数据、提高效率。同时，如果用户只关心工作区域之内的图像，而不需要工作区域之外的图像，同样需要按照工作区域边界进行图像裁剪。此外，有时候可能需要对整个工作区域的遥感图像按照标准分幅进行分块裁剪。于是出现了规则裁剪、任意多边形裁剪及分块裁剪等裁剪类型。

在实际工作中，经常需要根据研究工作的范围对图像进行裁剪，根据 ERDAS 实现图像裁剪的过程，可以将图像分幅裁剪分为两种：规则分幅裁剪和不规则分幅裁剪。

3.4.1　规则分幅裁剪

规则分幅裁剪（Rectangle Subset）裁剪图像的边界是矩形的，具体的操作步骤如下。

（1）在 ERDAS 主界面快捷访问工具栏中，单击 图标，打开\examples\lidu.img 图像。

（2）在图像上右击，在弹出的快捷菜单中选择 Inquire Box 选项，并选择需要裁剪的区域，如图 3-26 所示。

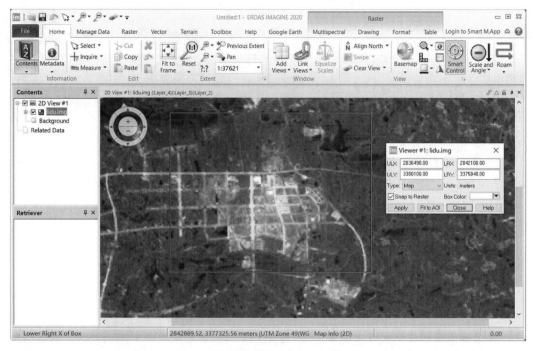

图 3-26　选择需要裁剪的区域示意图

（3）选择 Raster→Subset & Chip→Create Subset Image 选项，打开 Subset 对话框，如图 3-27 所示。

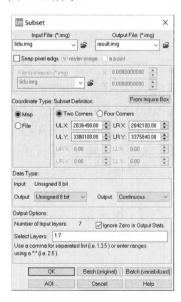

图 3-27　Subset 对话框

（4）输入文件名称（Input File）：lidu.img。

（5）输出文件名称（Output File）：result.img。

（6）坐标类型（Coordinate Type）：单击 Map 单选按钮。

（7）裁剪范围（Subset Definition）：输入 UL X、UL Y、LR X、LR Y 对应的值（意思是输入左上角和右下角的 X、Y 坐标值，如果单击 Four Corners 单选按钮，则需要输入 4 个顶点坐标）。因为前面已经选择了用 Inquire Box 裁剪区域，所以选择 From Inquire Box 可以直接确定裁剪范围。

（8）输出数据类型（Output Data Type）：Unsigned 8 bit。

（9）输出文件类型（Output Layer Type）：Continuous。

（10）输出数据统计时忽略零值：勾选 Ignore Zero in Output Stats.复选框。

（11）输出像元波段（Select Layers）：1∶7（表示选择 1～7 这 7 个波段）。

（12）单击 OK 按钮，关闭 Subset 对话框，执行图像裁剪操作。

裁剪前后对比图如图 3-28 所示。

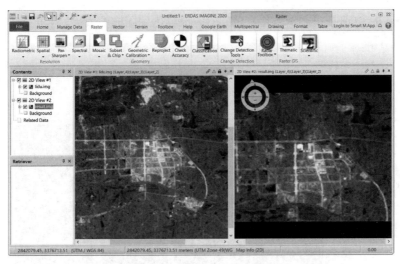

图 3-28　裁剪前后对比图

3.4.2　不规则分幅裁剪

不规则分幅裁剪（Polygon Subset）裁剪图像的边界是任意多边形的，无法通过顶点坐标确定裁剪位置，而必须事先生成一个完整的闭合多边形区域。这个区域可以是一个 AOI 多边形，也可以是 ArcGIS 的一个 Polygon Coverage，根据不同的区域选择不同的裁剪方法。

1. 用 AOI 裁剪

用 AOI 裁剪图标可以使用与规则分幅裁剪类似的方法。首先在加载了原始图像之后在 Drawing 菜单下单击 图标，绘制想要的 AOI，绘制完成后双击结束。然后选择 Raster →Subset & Chip→Create Subset Image 选项，基本设置与规则分幅裁剪类似，但在设置完参数之后要单击 AOI 控件，打开 Choose AOI 对话框（见图 3-29），单击 Viewer 单选按钮，单击 OK 按钮完成设置，进行裁剪。

图 3-29　Choose AOI 对话框

需要注意的是，为了在 Choose AOI 对话框中选择 Viewer 不出错，必须在绘制 AOI（详细内容见 3.2.1 节）时将 AOI 文件显示在视窗内，只有这样裁剪时才能选择 Viewer 选项。如果不想让该文件显示在视窗内，则可以先保存 AOI 文件，再在 Choose AOI 对话框中单击 AOI File 单选按钮并输入保存的路径，也可达到同样的效果。AOI 裁剪结果对比图如图 3-30 所示。

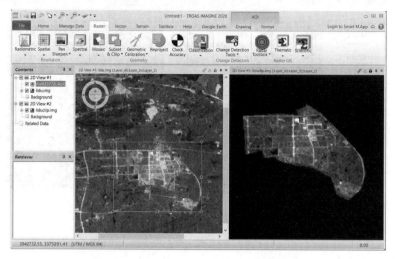

图 3-30　AOI 裁剪结果对比图

2．用 ArcGIS 的多边形裁剪

如果按照行政区域界线或自然区域界线进行图像的分幅裁剪，则往往要先利用 ArcMap 或 ERDAS 的 Vector 模块绘制精确的边界多边形，然后以 ArcMap 的 Polygon 为边界条件进行图像裁剪。对于这种情况，需要调用 ERDAS 其他模块的功能分以下两步完成。

图 3-31　Mask 对话框

（1）转换成栅格图像。在 ERDAS 主界面视窗菜单栏中选择 Vector→Vector to Raster 选项，设置好参数后单击 OK 按钮完成转换。

（2）通过掩膜算法实现图像的不规则裁剪。图像掩膜是指按照一幅图像所确定的区域及区域编码，采用掩膜的方法从相应的另一幅图像中进行选择，产生一幅或若干幅输出图像，具体操作步骤如下。在 ERDAS 主界面视窗菜单栏中选择 Raster→Subset & Chip→Mask 选项，打开 Mask 对话框，如图 3-31 所示，进行参数设置。

① 输入需要裁剪的图像文件名称（Input File）：lidu.img。

② 输入掩膜文件名称（Input Mask File）：lidu.img。

③ 单击 Setup Recode 按钮，设置裁剪区域内 New Value 为 1，区域外 New Value 为 0。

④ 确定掩膜区域做交集运算（Window）：单击 Intersection 单选按钮。

⑤ 确定输出图像文件名称（Output File）：liduclip2.img。

⑥ 确定输出数据类型（Output Data Type）：Unsigned 8 bit。

⑦ 输出数据统计时忽略零值：勾选 Ignore Zero in Output Stats. 复选框。

⑧ 单击 OK 按钮，关闭 Mask 对话框，执行掩膜运算。

3.5　图像镶嵌

如果工作区域较大，需要两幅或多幅遥感图像才能覆盖该工作区域，就需要进行遥感图像镶嵌处理。遥感图像镶嵌的要求：根据专业要求挑选合适的遥感图像，尽可能选择成像时间和成像条件相近的遥感图像；相邻图像的色调要一致；在镶嵌遥感图像之前要进行几何校正，必须全部包括地图的投影信息；要镶嵌的遥感图像的像元大小和投影类型可以不同，但是必须具有相同的波段数。

在进行遥感图像镶嵌时，不同图像的亮度存在差异，对于不同季节的两幅相邻图像，这种情况更为严重。特别是在两幅图像的对接处，这种差异比较明显。为了消除两幅图像在镶嵌时的差异，有必要进行重叠区亮度的调整。确定重叠区亮度的常用方法有三种：一是把两幅图像对应像元的平均值作为重叠区像元点的亮度值；二是把两幅图像中最大的亮度值作为重叠区像元点的亮度值；三是取两幅图像对应像元亮度值的线性加权和作为重叠区像元点的亮度值。对于第三种方法，为了使图像镶嵌效果更好，应尽可能使重叠部分最大。

图像镶嵌（Mosaic Image）是指将具有地理参考的若干相邻图像合并成一幅新的图像。输入图像必须经过几何校正处理或进行校正标定。在进行图像镶嵌时，需要确定一幅标准图像作为输出镶嵌图像的基准，用于决定镶嵌图像的对比度匹配、输出图像的地图投影、像元大小及数据类型。

启动图像镶嵌模块，选择 Raster→Mosaic→MosaicPro 选项，打开 MosaicPro（高级图像镶嵌）视窗，如图 3-32 所示。

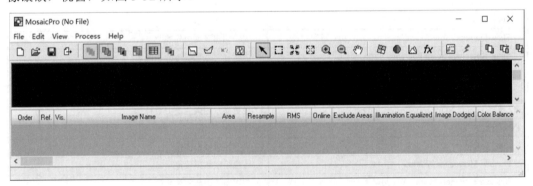

图 3-32　MosaicPro 视窗

MosaicPro 视窗由菜单栏（Menu Bar）、工具栏（Tool Bar）、图形窗口（Graphic View）、状态栏（Status Bar）及图像文件列表窗口（Image Lists）等几个部分组成，其中菜单栏中的菜单命令及其功能表、工具栏中的图标及其功能表分别如表 3-3、表 3-4 所示。

表 3-3　MosaicPro 视窗中菜单栏中的菜单命令及其功能表

菜　单　命　令	功　　　能
File	文件操作
New	打开新的 MosaicPro 视窗
Open	打开图像镶嵌工程文件（*.mop 或*.mos）

菜 单 命 令	功 能
Save	保存当前图像镶嵌工程文件（*.mop）
Save As	重新保存图像镶嵌工程文件
Load Seam Polygons	导入镶嵌线多边形文件（.shp）
Save Seam Polygons	存储镶嵌线多边形文件（.shp）
Load Reference Seam Polygons	导入具有地理参考的镶嵌线多边形文件
Annotation	将镶嵌图像轮廓保存为注记文件
Save to Script	将图像镶嵌工程各参数保存为脚本文件
Close	关闭当前图像镶嵌工程文件
Edit	**编辑操作**
Add Images	向图像镶嵌视窗加载映像
Delete Image(s)	删除图像镶嵌工程文件中的图像
Sort Image	图像文件根据地理相似性或相互重叠度进行分类的开关
Color Corrections	设置镶嵌图像的色彩校正参数
Set Overlap Function	设置镶嵌图像重叠区域数据处理方式
Seams Polygon	镶嵌线多边形文件
Undo Seams Polygon	撤销镶嵌线多边形文件
Output Options	设置输出图像参数
Show Image Lists	是否显示图像文件列表开关
View	**窗口视图**
Show Active Areas	显示激活区域
Show Seam Polygons	显示镶嵌线
Show Rasters	显示栅格图像
Show Outputs	显示输出区域边界线
Show Reference Seam Polygons	显示具有地理参考的镶嵌线
Set Selected to Visible	显示所选择的图像
Set Reference Seam Polygon Color	设置镶嵌线的颜色
Set Maximum Number of Rasters to Display	设置显示图像的最大数目
Process	**处理操作**
Run Mosaic	执行图像镶嵌操作
Preview Mosaic for Window	图像镶嵌效果预览
Delete the Preview Mosaic Window	关闭图像镶嵌效果预览
Help	**联机帮助**
Help for Mosaic Tool	关于图像镶嵌的联机帮助

表 3-4　MosaicPro 视窗中工具栏中的图标及其功能表

图 标	命 令	功 能
D	Open New Mosaic Window	打开一个新的镶嵌窗口
☞	Open	打开图像镶嵌工程文件
🖫	Save	保存当前图像镶嵌工程文件
⊡→	Add Images	向图像镶嵌视窗加载图像

图 标	命 令	功 能
	Display Active Area Boundaries	显示激活区域边界线
	Display the Seam Polygons	显示镶嵌线
	Display Raster Images	显示栅格图像
	Display Output Area Boundaries	显示输出区域边界线
	Show/Hide Image Lists	显示/隐藏图像文件列表
	Make Only Selected Images Visible	只显示选择的图像
	Automatically Generate Seamlines for Intersections	自动产生镶嵌线
	Edit Seams Polygon	编辑镶嵌线
	Delete Seamlines for Intersections	删除镶嵌线
	Used to Select Inputimages	选择一个输入的图像
	Used to Select a Box From Mosaic Preview	从镶嵌预览图中选择一个区域
	Reset Canvas to Fit Display	改变图面尺寸以适合显示
	Scale Viewer to Fit Selected Objects	改变图面比例以适应选择对象
	Zoom Image IN by 2	2 倍放大图像窗口
	Zoom Image OUT by 2	2 倍缩小图像窗口
	Roam the Canvas	影响窗口漫游
	Display Image Resample Option Dialog	显示图像重采样选项对话框
	Display Color Correction Options Dialog	显示图像色彩校正选项对话框
	Set Overlap Function	设置镶嵌图像重叠区域
	Set Output Options Dialog	设置输出图像选项对话框
	Run the Mosaic Process to Disk	运行图像镶嵌过程至桌面
	Send Selected Image(s) to Top	将选中的图像放置在顶端
	Send Selected Image(s) Up One	将选中的图像向上移
	Send Selected Image(s) to Bottom	将选中的图像放置在底端
	Send Selected Image(s) Down One	将选中的图像向下移
	Reverse Order of Selected Images(s)	翻转选中的图像的顺序

在 MosaicPro 视窗下进行镶嵌处理的步骤如下。

（1）加载需要镶嵌的图像。

在 MosaicPro 视窗中的菜单栏中选择 Edit→Add Images 选项，打开 Add Images 对话框，如图 3-33 所示，单击选择快捷工具图标 也能取得相同的效果。

在 Add Images 对话框中选择 examples 文件夹下的 wuhan1.img 文件。

单击 Image Area Options 选项卡，如图 3-34 所示。

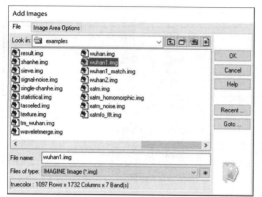

图 3-33　Add Images 对话框

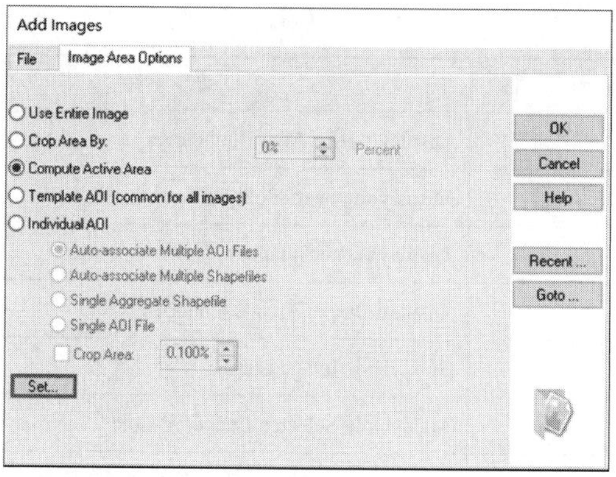

图 3-34　Image Area Options 选项卡

图 3-35　Active Area Options 对话框

单击 Compute Active Area（计算有效图像范围）单选按钮，然后单击 Set 按钮，打开 Active Area Options 对话框，如图 3-35 所示，设置参数。

单击 OK 按钮计算有效图像范围，然后单击 Add Images 对话框中的 OK 按钮完成图像的加载。

采用同样的步骤加载 wuhan2.img 图像，加载该图像后的视窗如图 3-36 所示。

选择 View→Show Rasters 选项或单击工具栏中的 图标，然后在 MosaicPro 视窗底部的属性表中勾选 Vis. 下的复选框即可使图像显示在视窗中，如图 3-37 所示。

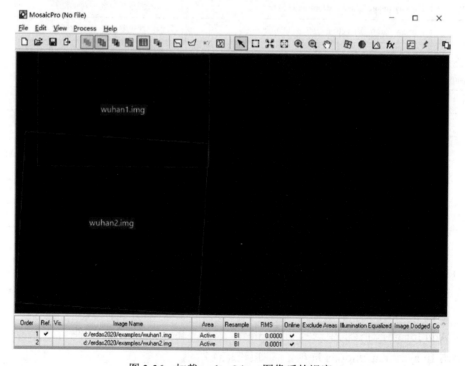

图 3-36　加载 wuhan2.img 图像后的视窗

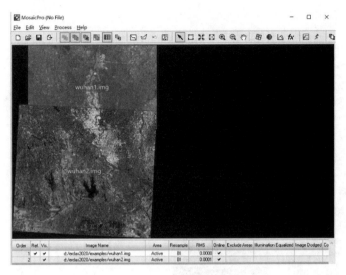

图 3-37　图像显示在视窗中

（2）绘制和编辑镶嵌多边形。

在 Mosaic Pro 视窗中的工具栏中单击 ⊠ 图标，在弹出的 Seamline Generation Option 对话框中单击 Most Nadir Seamline 单选按钮，单击 OK 按钮。也可以单击 ⊠ 图标，绘制并编辑镶嵌多边形，编辑后的展示图如图 3-38 所示。

（3）调整图像色彩。

在 MosaicPro 视窗中的菜单栏中选择 Edit→Color Corrections 选项或在工具栏中单击 ⊠ 图标，可打开 Color Corrections 对话框，勾选 Use Color Balancing 复选框，单击右侧的 Set 按钮，打开 Set Color Balancing Method 对话框，如图 3-39 所示。

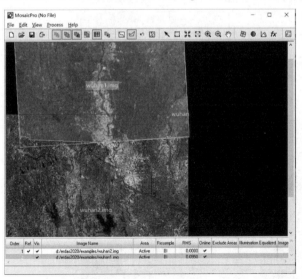

图 3-38　编辑后的展示图

图 3-39　Set Color Balancing Method 对话框

单击 Manual Color Manipulation 单选按钮并单击右侧的 Set 按钮，打开 Mosaic Color Balancing 窗口，如图 3-40 所示。

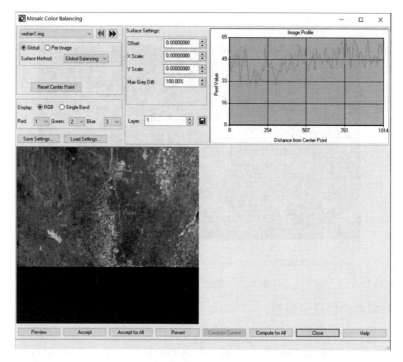

图 3-40　Mosaic Color Balancing 窗口

　　单击左上角的 Reset Center Point 按钮，单击 Per Image 单选按钮，在 Surface Method 下拉列表中选择 Linear 选项，然后单击底部的 Compute Current 按钮，单击 Preview 按钮进行预览，如图 3-41 所示。

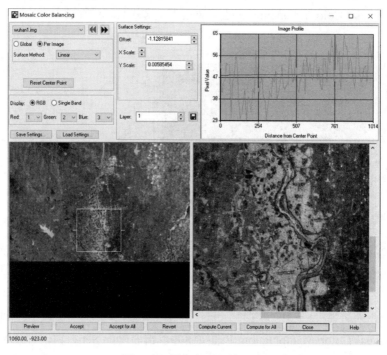

图 3-41　图像色彩调整预览

单击 Accept 按钮，接受设置的参数。

单击左上角的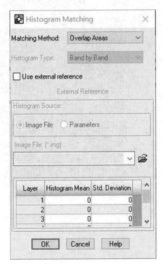图标，切换到 wuhan2.img 图像，重复上述步骤进行色彩调整。调整之后单击 Close 按钮关闭 Mosaic Color Balancing 窗口，然后单击 OK 按钮，关闭 Set Color Balancing Method 对话框，完成色彩调整工作。

（4）匹配直方图。

在 Color Corrections 对话框中勾选 Use Histogram Matching 复选框，单击右侧的 Set 按钮，打开 Histogram Matching 对话框，如图 3-42 所示，在 Matching Method（匹配方法）下拉列表中选择 Overlap Areas 选项，单击 OK 按钮关闭 Histogram Matching 对话框，接着单击 OK 按钮，关闭 Color Corrections 对话框。

图 3-42　Histogram Matching 对话框

（5）预览镶嵌图像。

在 MosaicPro 视窗中的工具栏中单击▣图标，选择需要预览的区域，选择 Process→Preview Mosaic for Window 选项，当任务达到 100%时，即可看到预览图，如图 3-43 所示。预览结束后，选择 Process→Delete the Preview Mosaic Window 选项，删除预览区域。

（6）设置镶嵌线功能。

在 MosaicPro 视窗中的工具栏中单击▨图标，打开 Set Seamline Function 对话框，如图 3-44 所示，单击 No Smoothing（不进行平滑处理）单选按钮，单击 Feathering（羽化）单选按钮并设置 Distance 为 5，这个距离的单位是地图单位（Map Units），即 meters。单击 OK 按钮，完成设置工作并关闭 Set Seamline Function 对话框。

（7）定义输出图像。

在 MosaicPro 视窗中的工具栏中单击▤图标，打开 Output Image Options 对话框，如图 3-45 所示，选择 Define Output Map Area(s)（定义地图区域输出）的 Method（方法）为 Union of All Inputs，单击 OK 按钮，完成定义。

（8）运行图像镶嵌功能。

在 MosaicPro 视窗中的菜单栏中选择 Process→Run Mosaic 选项，打开 Output File

Name 对话框，设置好 File Name 和路径，切换到 Output Options 选项卡（见图 3-46），设置参数。

单击 OK 按钮，完成图像镶嵌，图像镶嵌进度条如图 3-47 所示。

（9）显示图像镶嵌结果。

在 ERDAS 中加载镶嵌后的图像，结果如图 3-48 所示。

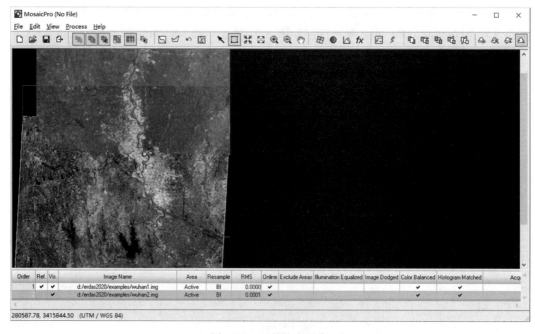

图 3-43　预览镶嵌图像

图 3-44　Set Seamline Function 对话框

图 3-45　Output Image Options 对话框

图 3-46　Output File Name 对话框

图 3-47　图像镶嵌进度条

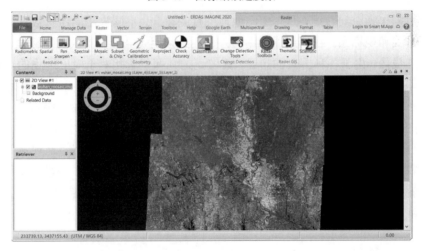

图 3-48　图像镶嵌结果

思考与练习

1．遥感图像多波段特性的意义是什么？

2．在遥感应用中为什么要进行波段组合？其意义是什么？

3．为什么波段组合顺序不同会导致不同的色彩显示效果？以 TM 图像为例进行实验分析。

4．尝试利用 Microsoft 自带的截图工具从 Google Earth 上截取不同时间、相邻、有一定重复的两幅图像，将其转换为.img 格式的图像并做镶嵌处理。

5．什么是遥感图像镶嵌？镶嵌遥感图像的意义是什么？

6．在镶嵌遥感图像时，如果两幅图像的亮度差异较大，应做何处理？

7．请以某一行政区域界线为裁剪线裁剪一幅图像。

第 4 章

遥感图像投影变换与几何校正

● ● ● ● ● ● ● ●

本章的主要内容：

◆ 遥感图像投影变换

◆ 遥感图像几何校正

遥感数据作为空间数据，具有空间地理位置的概念，不同来源的遥感数据都会采用相应的投影方式和坐标系。在应用遥感图像之前，必须明确其投影方式和坐标系。另外，地物经过遥感成像，由于各种因素的影响，其像元的几何位置相对于对应地物的真实位置可能会产生偏离，造成几何误差，消除几何误差的过程就称为遥感图像校正，也称几何校正（Geometric Correction）。在空间分析中，多源遥感图像必须具有相同的投影方式与坐标系，因此遥感图像的几何校正是遥感信息处理过程中的一个重要环节。随着遥感技术的发展，不同空间分辨率、光谱分辨率和不同时相的多源遥感数据形成了空间对地观测的图像金字塔。在许多遥感图像处理中，需要对这些多源数据进行比较和分析，如进行图像融合、混合像元分解、动态变化检测、统计模式识别、三维重构和地图修正等，都要求多源图像之间必须保证在几何上是相互配准的。

4.1 遥感图像投影变换

一个地物在不同的图像上只有位置一致，才可以进行图像融合、图像镶嵌、动态变化监测等。对于同一地区不同时间的遥感图像，不能把它们归纳到同一个坐标系中，图像中还存在变形，对这样的图像是不能进行融合、镶嵌和比较的，因此在进行几何校正前必须先进行遥感图像的投影变换操作。投影变换的目的是把图像变换到所需要的投影方式下，如有一幅图像采用的是兰伯特投影方式，但我国使用的是高斯克里格投影方式，这时就需要把该图像的投影方式转换成高斯克里格投影。在具有多幅图像的情况下，当每幅图像的投影方式不一样时，就无法对图像做叠加的相关处理，也无法进行镶嵌，需要以其中一幅图像的投影作为标准，把其他所有图像都变换到这一投影方式下。本节所用数据为 lidu.img。

ERDAS 2020 中提供的常用投影变换方法有多项式近似拟合变换（Polynomial Approximation）和严格按照投影模型的变换（Rigorous Transformation）。

4.1.1 重新定义投影信息

在某些情况下，我们获取的数据投影信息不正确或被损坏甚至没有投影信息，因此需要重新定义投影信息。

（1）如果是数据投影信息不正确或被损坏的情形，则需要先删除投影信息。在 ERDAS 主界面视窗菜单栏中选择 File→Open→Raster Layer 选项，或者在显示窗口中右击，在弹出的快捷菜单中选择 Open Raster Layer 选项，打开需要校正的图像 lidu.img。在 ERDAS 主界面视窗菜单栏中选择 Home→Metadata→ View/Edit Image Metadata 选项，打开 Image Metadata 窗口，如图 4-1 所示，可以看到图像的投影信息。单击 Edit 菜单按钮，选择 Delete Map Model 选项，在弹出的 Attention 对话框（见图 4-2）中单击 Yes 按钮，即可删除投影信息。

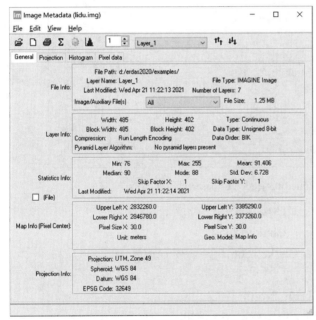

图 4-1 Image Metadata 窗口

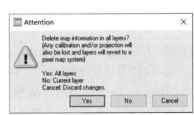

图 4-2 Attention 对话框

（2）单击 Edit 菜单按钮，选择 Change Map Model 选项，在弹出的 Change Map Info 对话框（见图 4-3）中定义如下参数。

① 左上角 X 坐标（Upper Left X）：233085。左上角 Y 坐标（Upper Left Y）：3807070。

② 像元大小（Pixel Size）：X 为 30，Y 为 30。

③ 投影类型（Projection）：UTM。

④ 单位（Units）：Meters。

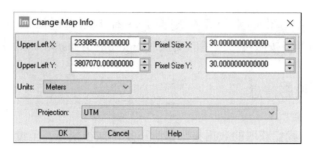

图 4-3 Change Map Info 对话框

单击 OK 按钮，在弹出的确认对话框中单击 Yes 按钮。

（3）单击 Edit 菜单按钮，选择 Add/Change Projection 选项，在弹出的(Edited)Projection Chooser 对话框（见图 4-4）中定义如下参数。

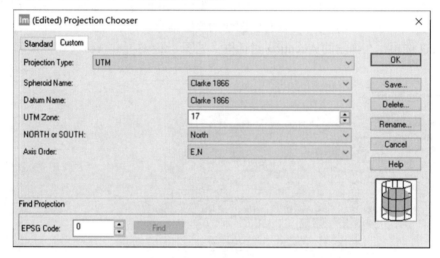

图 4-4 (Edited)Projection Chooser 对话框

① 投影类型（Projection Type）：UTM。

② 参考椭球体（Spheroid Name）：Clarke 1866。

③ 大地基准面（Datum Name）：Clarke 1866。

④ 投影带（UTM Zone）：17。

⑤ 南北半球（NORTH or SOUTH）：North。

单击 OK 按钮，在弹出的确认对话框中单击 Yes 按钮。

完成投影信息定义后，便可以重新打开数据，查看它的 ImagInfo，可以看到修改好的投影信息。

4.1.2 投影变换

在遥感应用中为了统一投影方式往往需要对图像进行投影变换，即使图像从某一种投影模型变换到另一种投影模型。投影变换的具体操作步骤如下。

（1）在 ERDAS 主界面视窗菜单栏中选择 Raster→Reproject→Reproject Images 选项，打开 Reproject Images 对话框，如图 4-5 所示。

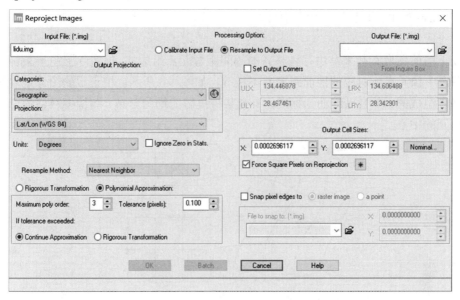

图 4-5　Reproject Images 对话框

（2）定义输入图像文件（Input File）：lidu.img。

（3）定义输出图像文件（Output File）：reproject.img。

（4）定义输出图像投影类型（Output Projection）：包括投影类型和投影参数。

①定义投影类型（Categories）：UTM Clarke 1866 North。

②定义投影参数（Projection）：UTM Zone 50（Range 114E-120E）。

（5）定义输出图像单位（Units）：Meters。

（6）输出数据统计时忽略零值：勾选 Ignore Zero in Stats.复选框。

（7）定义输出像元大小（Output Cell Sizes）：X 为 0.5，Y 为 0.5。

（8）选择重采样方法（Resample Method）：Nearest Neighbor。

（9）定义转换方法：单击 Polynomial Approximation（应用多项式近似拟合实现变换）单选按钮。

（10）多项式最大次方（Maximum poly order）：3。

（11）定义像元误差（Tolerance(pixels)）：0.1。

（12）单击 OK 按钮，执行投影变换操作。

4.2　遥感图像几何校正

遥感图像几何校正是指将原始图像投影到某一选定的参考坐标系下并消除原始图像存在的几何误差，产生一幅符合某种地图投影或图形表达要求的新图像的过程。完成这一过程主要分为两步：一是像元坐标的转换，即将图像坐标转换为地图投影坐标或地面坐标；

二是对坐标转换后的图像进行重采样。本节所用数据为 guanggu.img。

4.2.1 几何校正的基本原理与步骤

校正前的图像看起来是由行列整齐的等间距像元点组成的,但实际上由于某种几何畸变,图像中像元点所对应的地面距离并不相等,如图 4-6 所示。校正后的图像是由等间距的网格点组成的,并且以地面为标准,符合某种投影的均匀分布,图像中网格的交点可以看作像元的中心。

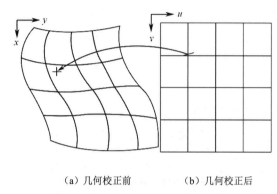

(a) 几何校正前   (b) 几何校正后

图 4-6   几何校正前后图像的像元对应关系

几何校正的基本原理如下。

(1)找到一种数学关系,建立几何校正前图像坐标(x, y)与几何校正后图像坐标(u, v)的关系,通过每个几何校正后图像的中心位置(u 代表行数,v 代表列数,均为整数)计算出几何校正前对应的图像坐标点(x, y)。(u, v)一般不在原始图像像元的中心处。计算几何校正后图像中每个像元点所对应原图像中的位置(x, y)。在计算时按逐行逐点计算,每行结束后进入下一行计算,直到全图计算结束。

(2)计算每个点的亮度值。由于计算后的(x, y)多数不在原始图像像元的中心处,因此必须重新计算新位置的亮度值。

几何校正的操作流程主要有以下两个环节。

(1)像元点坐标的变换——解决位置问题。

(2)图像重采样——解决亮度问题。

遥感图像的几何校正操作流程如图 4-7 所示。

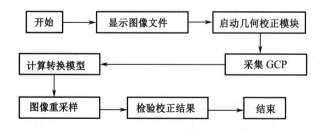

图 4-7   遥感图像的几何校正操作流程

几何校正方法有多种，如多项式方法、共线方程方法、随机场内插方法等。其中，多项式方法的应用最为普遍。

遥感图像几何校正分为两种：① 针对引起几何畸变的原因而进行的几何粗校正；② 利用地面控制点（Ground Control Points，GCP）进行的几何精校正。几何精校正实质上是用数学模型来近似描述遥感图像几何畸变的过程，利用畸变的遥感图像与标准地图或图像之间的一些对应点（GCP 数据对）求得这个几何畸变模型，然后利用此模型进行几何畸变的校正，这种校正不考虑引起几何畸变的原因。多项式几何校正流程如下。

（1）选择多项式校正模型。

多项式的阶数一般以一阶、二阶、三阶为宜。一阶多项式可以消除 X、Y 方向的平移，X、Y 方向的比例尺变形，以及倾斜和旋转变形，可以满足大多数遥感图像的几何校正要求。只有当图像变形严重而校正精度要求很高时，才采用高阶多项式校正方法。

（2）确定 GCP。

GCP 就是相应点的图像坐标和地面坐标，可用于建立几何校正模型。一般来说，GCP 应选取图像上易分辨且较精细的特征点，这样的点很容易通过目视方法辨别，如道路交叉点、河流弯曲或分叉处、海岸线弯曲处、湖泊边缘、飞机场边缘、城郭边缘等，并且应多选在特征变化大的区域。对图像边缘部分一定要选取控制点，以避免外推。此外，要尽可能满幅均匀选取，对特征实在不明显的大面积区域（如沙漠），可用求其延长线交点的办法来弥补，但应尽可能避免这样做，以免造成人为误差。

另外，在基于多项式数学模型的校正方法中，多项式的系数是利用 GCP 建立的方程组来求解的。一个 GCP 可以构成 x 和 y 的各一个多项式方程，因此若多项式的阶数是 n，则其系数的个数是 $(n+1)(n+2)/2$，则其 GCP 的个数至少也是 $(n+1)(n+2)/2$，根据误差理论的最小二乘法原理，应尽量多采用一些 GCP 数据（一般为 GCP 最少个数的 2 倍），求出系数的最佳解。

（3）读取 GCP 坐标。

在图像或地图上分别读出各个 GCP 在图像上的像元坐标 (x, y) 及其在标准地图上的坐标 (u, v)。

（4）几何校正的精度分析。

GCP 的数量、分布和精度直接影响几何校正效果，因此要计算每对 GCP 的均方根误差 RMSerror：

$$\text{RMSerror} = \sqrt{(u-x)^2 + (v-y)^2} \tag{4-1}$$

同时得到总均方根误差。当 GCP 的实际总均方根误差超过用户指定可以接受的最大总均方根误差时，需要调整或删除误差大的 GCP，然后重新计算多项式系数和 RMSerror。重复上述步骤，直到满足精度要求为止。

（5）图像重采样。

经多项式变换后的图像，每个像元都有了对应于实际地面或无几何畸变图像的坐标，此时需要对它们赋予新的亮度值。因为数字图像是对客观连续世界或图像的离散化采样结果，非采样点上的亮度值需要由采样点（已知像元）内插得到，这个过程称为图像重采样或内插。然后建立新的图像矩阵。插值的基本思想是考虑插值点邻域内若干像元对所插之值的加权贡献。

注：常用的图像重采样方法有三种，即最邻近像元法（Nearest Neighbor）、双线性内插法（Bilinear Interpolation）和三次卷积法（Cubic Convolution），其插值原理示意图依次如图 4-8、图 4-9、图 4-10 所示。

① 最邻近像元法：将采样点最近的像元亮度值作为该像元的值，可视最邻近像元的权值为 1，其他像元的权值为 0。

优点：简单易用，计算量小。

缺点：最大可产生半个像元的位置偏移，处理后的图像的亮度具有不连续性，从而会影响精确度。

② 双线性内插法：用像元点周围最近的 4 个像元值做内插。

优点：精度明显提高，对亮度不连续现象或线状特征的块状现象有明显改善。

缺点：计算量增加，同时对图像起到平滑作用，从而使对比明显的分界线变模糊。

③ 三次卷积法：用像元点周围 16 个像元值确定输出的像元值，用三次卷积函数对内插点进行内插。

优点：校正后图像质量更高，细节表现更清楚。

缺点：计算量大。

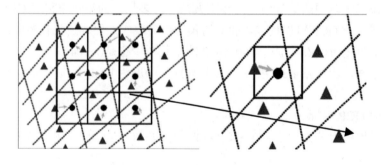

图 4-8　最邻近像元法插值原理示意图

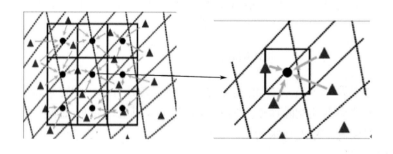

图 4-9　双线性内插法插值原理示意图

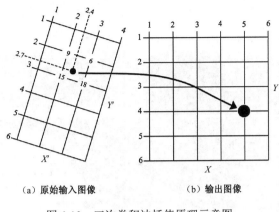

（a）原始输入图像　　　　　（b）输出图像

图 4-10　三次卷积法插值原理示意图

4.2.2　多项式几何校正操作

多项式几何校正操作的具体步骤如下。

1．显示图像文件

在 ERDAS 的视窗中打开需要校正的图像 guanggu.img。

2．启动几何校正模块

在 ERDAS 的主界面中选择 Thematic→Control Points→Set Geometric Model 选项，打开 Set Geometric Model 对话框，如图 4-11 所示，在右侧的选项栏中选择多项式几何校正模型 Polynomial，单击 OK 按钮，弹出 Multipoint Geometric Correction 窗口和 GCP Tool Reference Setup 对话框，如图 4-12 所示。

图 4-11　Set Geometric Model 对话框

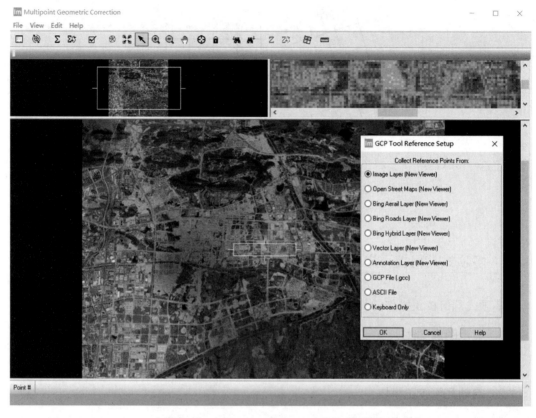

图 4-12　GCP Tool Reference Setup 对话框

在 GCP Tool Reference Setup 对话框中单击 Image Layer(New Viewer)单选按钮，然后单击 OK 按钮，弹出 Reference Image Layer 对话框，选择 wuhan.img 作为参考图像，单击 OK 按钮，弹出 Reference Map Information 对话框，如图 4-13 所示，单击 OK 按钮，弹出 Polynomial Model Properties 窗口，如图 4-14 所示，在 Polynomial Order 文本框中输入 2，单击 Apply 按钮，然后单击 Close 按钮，弹出 guanggu.img-Multipoint Geometric Correction 窗口，如图 4-15 所示。

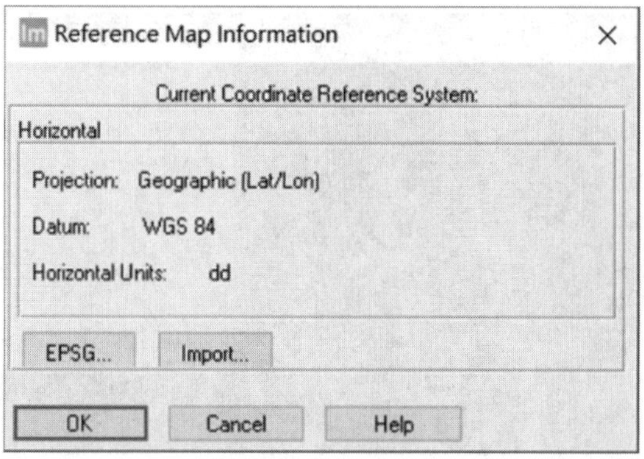

图 4-13　Reference Map Information 对话框

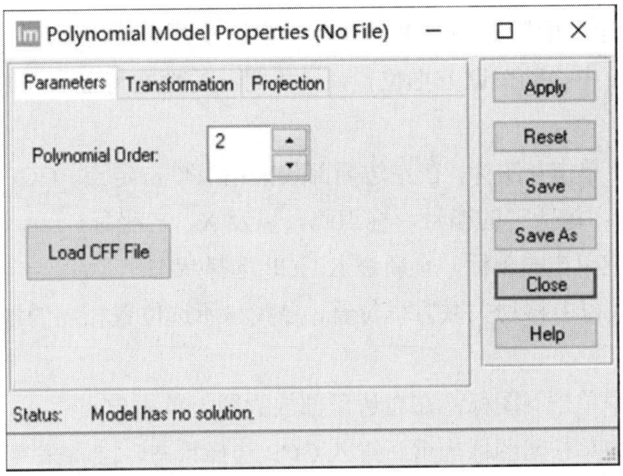

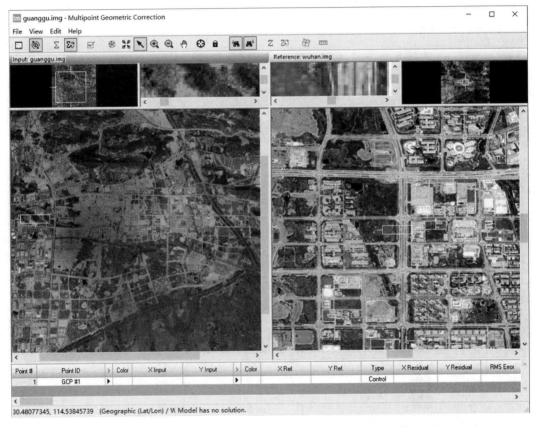

图 4-14 Polynomial Model Properties 窗口

图 4-15 guanggu.img-Multipoint Geometric Correction 窗口

3. 采集 GCP

（1）在 guanggu.img-Multipoint Geometric Correction 窗口中单击工具栏中的图标，进入 GCP 选择状态。

（2）在下面的属性表中设置 GCP 的颜色，建议设置显眼的颜色以便查找。

（3）在左边视窗中移动关联方框位置，寻找明显的地物特征点（如道路交叉点）作为输入 GCP。

（4）在工具栏中单击⊕图标，在左边局部放大图上单击定点，GCP 属性表中间生成一个输入的 GCP 信息，包括它的编号、标识码，以及 X、Y 坐标。

（5）在工具栏中单击◥图标，重新进入 GCP 选择状态。

（6）在右边的视窗中移动关联方框位置，寻找与所选位置相同的地物特征点作为参考GCP。

（7）在工具栏中单击⊕图标，在右边局部放大图上单击定点。

（8）在工具栏中单击◥图标，重新进入 GCP 选择状态，准备采集下一个输入 GCP。

重复上述步骤，采集至少 6 个 GCP，要求采集的 GCP 在地图中分布均匀，满足所选的几何校正模型，如图 4-16 所示。

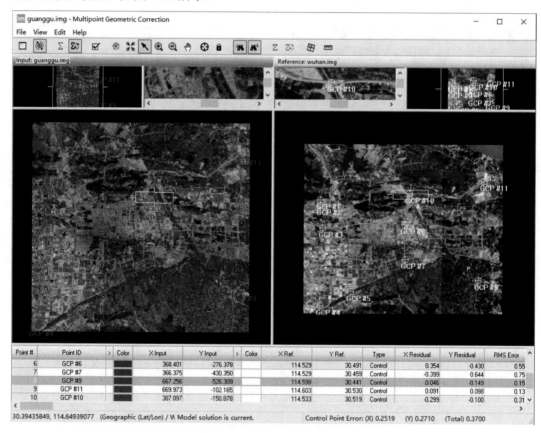

图 4-16 采集的 GCP

4. 图像重采样

在 guanggu.img-Multipoint Geometric Correction 窗口的工具栏中单击▣图标，打开

Resample 对话框，如图 4-17 所示，定义如下图像重采样参数。

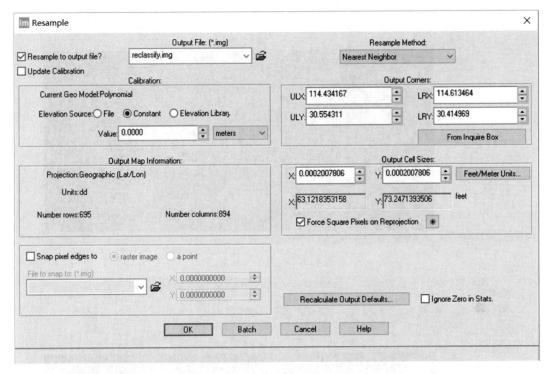

图 4-17　Resample 对话框

（1）设置输出图像文件名（Output File）：reclassify.img。

（2）设置重采样方法（Resample Method）：Nearest Neighbor。

（3）设置输出像元大小（Output Cell Sizes）：X 为 30，Y 为 30。

（4）输出数据统计时忽略零值：勾选 Ignore Zero in Stats.复选框。

（5）单击 OK 按钮，启动重采样进程，关闭 Resample 对话框。

5．检验校正结果

在一个视窗中打开两幅图像：一幅是校正后的图像；另一幅是当时的参考图像。进行定性检验的具体过程如下。

（1）在 ERDAS 主界面视窗菜单栏中选择 File→Open→Raster Options 选项，选择参考图像文件 wuhan.img，再次选择 File→Open→Raster Options 选项，选择校正后的图像 reclassify.img，如图 4-18 所示。

（2）选择 Home→Swipe 选项，单击 Transition 菜单下的 Start/Stop 控件，进行自动滑动定性检验，如图 4-19 所示。

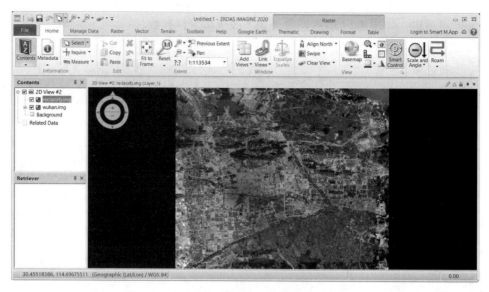

图 4-18　检验校正结果

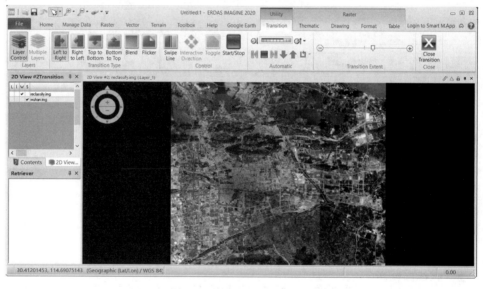

图 4-19　自动滑动定性检验

思考与练习

1. 简述遥感图像几何校正的步骤。
2. 简述遥感图像多项式校正的原理。
3. 在遥感图像多项式校正中，GCP 采集的基本原则是什么？
4. 在遥感图像多项式校正中，GCP 个数与多项式阶数有何关系？
5. 何谓遥感图像配准？
6. 试验比较几何校正前后图像的差异。

第 5 章

遥感图像增强处理

● ● ● ● ● ● ● ●

本章的主要内容：

◆ 辐射增强处理

◆ 空间域增强处理

◆ 频率域增强处理

◆ 彩色增强处理

◆ 光谱增强处理

在遥感图像获取过程中，受大气或气象条件的影响会产生图像模糊、对比度不够、所需信息不够突出等问题。遥感图像增强是指通过对图像进行各种变换，调整、变换图像密度或色调，得到符合人们预期效果的新图像。这种效果对于遥感图像来说主要是指改变图像的视觉效果和突出图像中人们感兴趣的信息，增强图像中的有用信息。它可以是一个失真的过程，其目的是针对给定图像的应用场合，有目的地强调图像的整体或局部特征，使原来不清晰的图像变得清晰，或强调某些人们感兴趣的特征，扩大图像中不同物体特征之间的差别，抑制人们不感兴趣的特征，改善图像质量，丰富信息量，加强图像判读和识别效果，满足某些特殊分析的需要。遥感图像增强处理的内容包括改变图像的灰度级、提高图像的对比度、消除噪声，平滑图像、突出边缘或线状地物，锐化图像、合成彩色图像等。

ERADS 2020 用于进行遥感图像增强处理的功能模块主要有 4 个：辐射增强（Radiometric）模块、空间域增强（Spatial）模块、光谱增强（Spectral）模块、科学化（Scientific）模块，如图 5-1 所示。这些功能模块在使用过程中都需要选择下一层或下下一层工具，然后选择所需处理的遥感图像并设置相关参数，多数功能都借助模型生成器（Model Maker）建立了图形模型算法，容易调用或编辑。其中，彩色增强处理，如彩色变换、彩色逆变换、自然彩色变换等操作是在光谱增强模块下进行的；科学化模块主要用于频率域增强处理中的傅里叶变换和傅里叶逆变换。本章主要介绍辐射增强处理、空间域增强处理、频率域增强处理、彩色增强处理和光谱增强处理的基本操作过程。

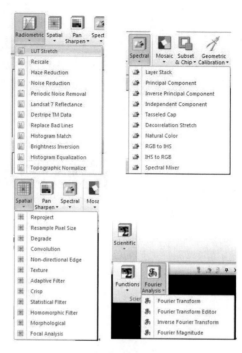

图 5-1　ERDAS 2020 用于进行遥感图像增强处理的 4 个功能模块

5.1　辐射增强处理

进入传感器的辐射强度反映在图像上就是亮度值（灰度值）。辐射强度越大，亮度值就越大。辐射增强是一种通过直接改变图像中的像元灰度值的分布形态来改变图像对比度，从而改善图像视觉效果的处理方法，主要以图像的灰度直方图为分析处理的基础。常用的辐射增强方法有线性拉伸、线性压缩、分段线性变化、对数变换、指数变换、直方图均衡化、直方图规定化等。

ERDAS 2020 提供了几种辐射增强功能：查找表拉伸（LUT Stretch）、直方图均衡化（Histogram Equalization）、直方图匹配（Histogram Match）、亮度反转（Brightness Inverse）、去霾（Haze Reduction）、去条带（Destripe TM Data）及降噪（Noise Reduction）等。

5.1.1　查找表拉伸

查找表拉伸是遥感图像对比度拉伸的总和，通过修改图像查找表（Look up Table）使输出图像值发生变化。根据对查找表进行定义，可以实现线性拉伸、分段线性拉伸和非线性拉伸等。查找表拉伸属于灰度拉伸的范畴，以像素为单位来改变图像像元的亮度值，提高图像的对比度，并且这种改变需要符合一定的数学规律，即在变换过程中有一个变换函数。如果变换函数是线性的，则这种拉伸为线性拉伸；若只在一些亮度段进行拉伸，在另一些亮度段进行压缩，则这种拉伸为分段线性拉伸。如果变换函数是非线性的，则这种拉伸为非线性拉伸，常用的非线性变换函数有指数函数、对数函数。

查找表拉伸功能是由空间模型（LUT_stretch.gmd）支持运行的，用户可以根据自己的需要随时修改查找表（在 LUT Stretch 对话框中单击 View 按钮，打开模型生成器窗口，双击查找表进入编辑状态），实现遥感图像的查找表拉伸。本节所用数据为 shanhe.img。在 ERDAS 2020 中进行查找表拉伸处理的操作步骤如下。

（1）选择 Raster→Radiometric→LUT Stretch 选项，打开 LUT Stretch 对话框，如图 5-2 所示。

（2）确定输入文件（Input File）：shanhe.img。

（3）定义输出文件（Output File）：stretch.img。

（4）文件坐标类型（Coordinate Type）：Map。

（5）处理范围确定（Subset Definition）：在 UL X/Y、LR X/Y 微调框中输入需要的数值（默认状态为整幅图像范围，可以应用 Inquire Box 定义子区）。

（6）输出数据类型（Output Data Type）：Unsigned 8 bit。

（7）确定拉伸选择（Stretch Options）：RGB（多波段图像、红绿蓝）或 Gray Scale（单波段图像）。

（8）单击 View 按钮，打开模型生成器窗口（图略），浏览 Stretch 功能的空间模型。

（9）双击 Custom Table，进入查找表编辑状态（图略），根据需要修改查找表。

（10）单击 OK 按钮（关闭查找表定义对话框，退出查找表编辑状态）。

（11）选择 File→Close All 选项，关闭模型生成器窗口。

（12）单击 OK 按钮，关闭 LUT Stretch 对话框，进行查找表拉伸处理。查找表拉伸处理结果如图 5-3 所示。

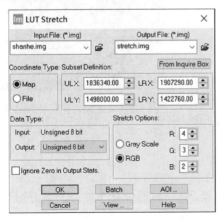

图 5-2　LUT Stretch 对话框

图 5-3　查找表拉伸处理结果

5.1.2　直方图均衡化

直方图均衡化是指对原始图像中的像素灰度做某种映射变换，使变换后图像灰度的概率密度是均匀分布的，即变换后图像是一幅灰度级均匀分布的图像。直方图均衡化的实质是对图像进行非线性拉伸，重新分配像元值，使一定灰度范围内像元的数量大致相等，原始图像频率小的灰度级被合并，频率高的灰度级被拉伸，因此可以使亮度集中的图像得到改善，增强图像上大面积地物与周围地物的反差。直方图均衡化后的每个灰度级的像素频率理论上是相等的，其直方图顶部形态应为直线。本节所用数据为 lidu.img。在 ERDAS 2020 中进行直方图均衡化处理的操作步骤如下。

（1）选择 Raster → Radiometric → Histogram Equalization 选项，打开 Histogram Equalization 对话框，如图 5-4 所示。

（2）确定输入文件（Input File）：lidu.img。

（3）定义输出文件（Output File）：equalization.img。

（4）文件坐标类型（Coordinate Type）：Map。

（5）处理范围确定（Subset Definition）在 UL X/Y、LR X/Y 微调框中输入需要的数值（默认状态为整幅图像范围，可以应用 Inquire Box 定义子区）。

（6）输出数据分段（Number of Bins）：256（可以小一些）。

（7）输出数据统计时忽略零值：勾选 Ignore Zero in Stats.复选框。

（8）单击 View 按钮，打开模型生成器窗口（图略），浏览 Equalization 功能的空间模型。

（9）选择 File→Close All 选项，关闭模型生成器窗口。

（10）单击 OK 按钮，关闭 Histogram Equalization 对话框，进行直方图均衡化处理。直方图均衡化处理结果如图 5-5 所示。

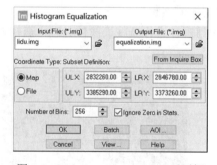 

图 5-4　Histogram Equalization 对话框　　　图 5-5　直方图均衡化处理结果

5.1.3　直方图匹配

直方图匹配是指对图像查找表进行数学变换，使一幅图像某个波段的直方图与另一幅图像对应波段的直方图类似，或者使一幅图像所有波段的直方图与另一幅图像所有对应波段的直方图类似。直方图匹配经常作为相邻图像镶嵌或应用多时相遥感图像进行动态变化研究的预处理手段，通过直方图匹配可以部分消除由太阳高度角或大气影响造成的相邻图像的效果差异。直方图匹配的原理是对两个直方图都做均衡化处理，使其变成归一化的均匀直方图，再以此均匀直方图为中介对参考图像做均衡化的逆运算。本节所用数据为 wuhan1.img。在 ERDAS 2020 中进行直方图匹配处理的操作步骤如下。

（1）选择 Raster→Radiometric→Histogram Match 选项，打开 Histogram Matching 对话框，如图 5-6 所示。

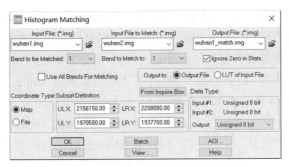

图 5-6　Histogram Matching 对话框

（2）输入匹配文件（Input File）：wuhan1.img。

（3）匹配参考文件（Input File to Match）：wuhan2.img。

（4）匹配输出文件（Output File）：wuhan1_match.img。

（5）选择匹配波段（Band to be Matched）：1。

（6）匹配参考波段（Band to Match to）：1。也可以对图像的所有波段进行匹配，即勾选 Use All Bands For Matching 复选框。

（7）文件坐标类型（Coordinate Type）：Map。

（8）处理范围确定（Subset Definition）：在 UL X/Y、LR X/Y 微调框中输入需要的数值（默认状态为整幅图像范围，可以应用 Inquire Box 定义子区）。

（9）输出数据统计时忽略零值：勾选 Ignore Zero in Stats.复选框。

（10）输出数据类型（Output Data Type）：Unsigned 8 bit。

（11）单击 View 按钮，打开模型生成器窗口（图略），浏览 Matching 功能的空间模型。

（12）选择 File→Close All 选项，关闭模型生成器窗口。

（13）单击 OK 按钮，关闭 Histogram Matching 对话框，进行直方图匹配处理。直方图匹配处理结果如图 5-7 所示。

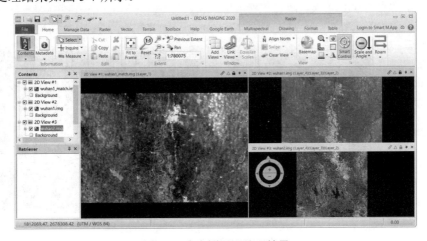

图 5-7　直方图匹配处理结果

5.1.4　亮度反转

亮度反转是指对图像亮度范围进行线性和非线性取反，产生一幅与输入图像亮度相反的图像，原来亮的地方变暗，原来暗的地方变亮，它是线性拉伸的特殊情况。亮度反转包含两个反转算法：一个是条件反转（Inverse）；另一个是简单反转（Reverse）。前者强调输入图像中亮度较暗的部分，后者则简单取反。本节所用数据为 single-shanhe.img。在 ERDAS 2020 中进行亮度反转处理的操作步骤如下。

图 5-8　Brightness Inversion 对话框

（1）选择 Raster→Radiometric→Brightness Inversion 选项，打开 Brightness Inversion 对话框，如图 5-8 所示。

（2）确定输入文件（Input File）：single-shanhe. img。

（3）定义输出文件（Output File）：inversion.img。

（4）文件坐标类型（Coordinate Type）：Map。

（5）处理范围确定（Subset Definition）：在 UL X/Y、LR X/Y 微调框中输入需要的数值（默认状态为整幅图像范围，可以应用 Inquire Box 定义子区）。

（6）输出数据类型（Output Data Type）：Unsigned 8 bit。

（7）输出数据统计时忽略零值：勾选 Ignore Zero in Stats.复选框。

（8）输出变换选择（Output Options）：Inverse 或 Reverse。

（9）单击 View 按钮，打开模型生成器窗口（图略），浏览 Inverse/Reverse 功能的空间模型。

（10）选择 File→Close All 选项，关闭模型生成器窗口。

（11）单击 OK 按钮，关闭 Brightness Inversion 对话框，进行亮度反转处理。亮度反转处理结果如图 5-9 所示。

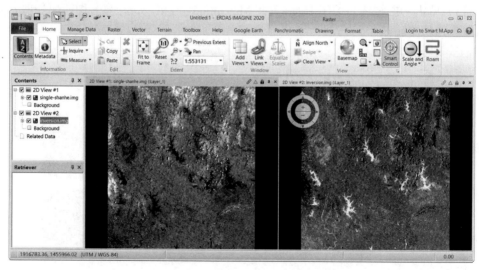

图 5-9　亮度反转处理结果

5.1.5　去霾

去霾的目的是降低多波段图像或全色图像的模糊度（霾）。对于 Landsat TM 多光谱 6 个波段（除 6 波段以外）图像，该方法的实质是基于缨帽变换（Tasseled Cap Transformation）方法，首先对图像进行主成分变换，找出与模糊度相关的成分并剔除；然后进行主成分逆变换回到 RGB 色彩空间，达到去霾的目的。对于三波段合成彩色图像，该方法采用点扩展卷积反转（Inverse Point Spread Convolution）进行处理，并根据情况选择 5×5 或 3×3 的卷积算子分别用于高频模糊度（Hight-Haze）或低频模糊度（Low-Haze）的去除。本节所用数据为 klon_tm.img。在 ERDAS 2020 中进行去霾处理的操作步骤如下。

（1）选择 Raster→Radiometric→Haze Reduction 选项，打开 Haze Reduction 对话框，如图 5-10 所示。

（2）确定输入文件（Input File）：klon_tm.img。

（3）定义输出文件（Output File）：haze.img。

（4）文件坐标类型（Coordinate Type）：Map。

（5）处理范围确定（Subset Definition）：在 UL X/Y、LR X/Y 微调框中输入需要的数值（默认状态为整幅图像范围，可以应用 Inquire Box 定义子区）。

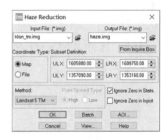

图 5-10　Haze Reduction 对话框

（6）处理方法选择（Method）：Landsat 5 TM（或 Landsat 4 TM）。

（7）输出数据统计时忽略零值：勾选 Ignore Zero in Stats.复选框。

（8）单击 OK 按钮，关闭 Haze Reduction 对话框，进行去霾处理。去霾处理结果如图 5-11 所示。

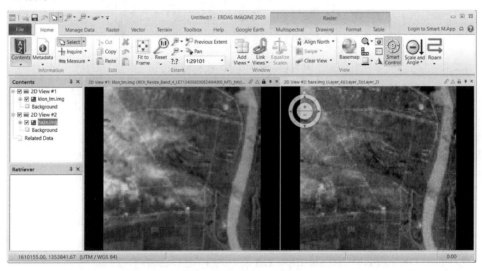

图 5-11　去霾处理结果

5.1.6　去条带

探测器的某个探测元件发生故障会导致该探测器所探测到的辐射比正常探测器探测到的辐射整体高或低某个固定的数值，在目视图像时，可见到周期性的亮行或暗行。处理的办法是找出该条带增加或减少的亮度值，然后减去或加上这个值。有时条带是亮度放大或缩小了某个倍数形成的，这时要乘以这个倍数的倒数。

去条带是指针对 Landsat TM 图像扫描特点对其原始数据进行 3 次卷积处理，以达到去除扫描条带的目的。在操作过程中，只有一个关于边缘处理的选项需要用户定义，其中的两个选项分别为 Reflection（反射）和 Fill（填充）。前者是指应用图像边缘灰度值的镜面反射值作为图像边缘以外的像元值，这样可以避免出现晕光（Halo）；后者是指统一将图像边缘以外的像元以 0 值填充，呈黑色背景。本节所用数据为 tm_stripe.img。在 ERDAS 2020 中进行去条带处理的操作步骤如下。

（1）选择 Raster→Radiometric→Destripe TM Data 选项，打开 Destripe TM 对话框，如图 5-12 所示。

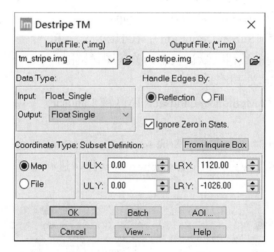

图 5-12　Destripe TM 对话框

（2）确定输入文件（Input File）：tm_stripe.img。

（3）定义输出文件（Output File）：destripe.img。

（4）输出数据类型（Output Data Type）：Float Single。

（5）输出数据统计时忽略零值：勾选 Ignore Zero in Stats.复选框。

（6）边缘处理方法（Handle Edges By）：Reflection。

（7）文件坐标类型（Coordinate Type）：Map。

（8）处理范围确定（Subset Definition）：在 UL X/Y、LR X/Y 微调框中输入需要的数值（默认状态为整幅图像范围，可以应用 Inquire Box 定义子区）。

（9）单击 OK 按钮，关闭 Destripe TM 对话框，进行去条带处理。去条带处理结果如图 5-13 所示。

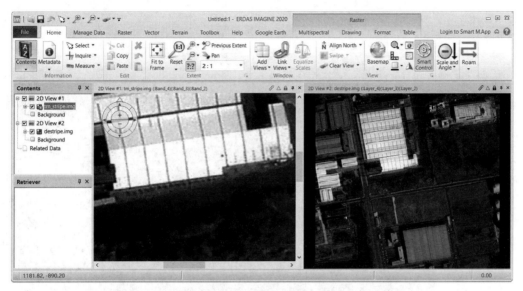

图 5-13　去条带处理结果

5.1.7　降噪

降噪也是实际应用中常用的处理方法。ERDAS 2020 可利用自适应滤波方法去除图像中的噪声。这种处理方法的优点是在沿着边缘去除噪声的同时，可以很好地保留图像中的一些微小的细节。本节所用数据为 xatm.img。在 ERDAS 2020 中进行降噪处理的步骤如下。

（1）选择 Raster→Radiometric→Noise Reduction 选项，打开 Noise Reduction 对话框，如图 5-14 所示。

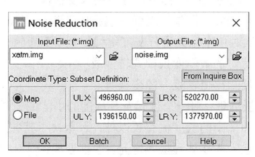

图 5-14　Noise Reduction 对话框

（2）确定输入文件（Input File）：xatm.img。

（3）定义输出文件（Output File）：noise.img。

（4）文件坐标类型（Coordinate Type）：Map。

（5）处理范围确定（Subset Definition）：在 UL X/Y、LR X/Y 微调框中输入需要的数值（默认状态为整幅图像范围，可以应用 Inquire Box 定义子区）。

（6）单击 OK 按钮，关闭 Noise Reduction 对话框，进行降噪处理。降噪处理结果如图 5-15 所示。

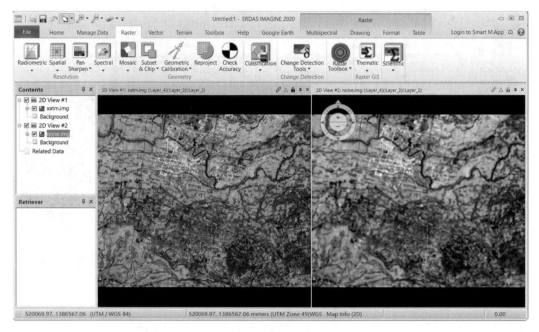

图 5-15　降噪处理结果

5.2　空间域增强处理

遥感图像的空间域增强是指通过有目的地突出图像中的某些特征，使处理后的图像突出主要信息或抑制非主要信息，从而达到图像增强的目的。空间域是指图像平面所在的二维平面。空间域增强是在图像空间坐标下进行的图像变换操作，利用像元本身及其邻域像元的灰度值进行系列运算来实现图像的增强，包括以下两种处理方法。

（1）单点处理：每次对单个像元进行灰度增强处理，不考虑周围像元的值，把原始图像中的每个像元值按照特定的数学变换模式转换成输出图像中的一个新的灰度值，如多波段图像处理中的线性扩展、比值、直方图变换等。

（2）邻域处理或模板处理：对一个像元及其周围的小区域子图像进行处理，输出值的大小除与像元点在原始图像中的灰度值有关以外，还取决于其邻近像元点的灰度值大小，这种技术对于每个输出像元需要处理很多像元。卷积处理、中值滤波、均值平滑等都属于邻域处理范畴。

5.2.1　卷积处理

卷积是通过选定的模板（又称卷积函数）来改变图像的空间频率特征的处理方法。卷积函数也称系数矩阵或卷积核，其实质为一个 $M×N$ 的小图像，它的选定是卷积处理的关键。二维的卷积运算是在图像中使用模板来实现运算的。假定模板大小为 $M×N$，从需要处理的遥感图像中选定的活动窗口为 $\Phi(x, y)$，模板为 $t(m, n)$，在给定的 $t(m, n)$ 和 $\Phi(x, y)$ 的宽度（定义域）下，只有 t、Φ 的共同定义域的乘积才有意义，所以离散函数的卷积是采用模板的值与其覆盖下的图像对应值相乘、累加并逐像元移动模板来完成的，即参与运算的活动窗口的定义域要与模板大小相同。经模板卷积运算后的输出图像的变化情况视模板的情况而定。卷积运算是基于点的邻域特征的运算，目的在于增强目标的表面特征。表面特征的增强包括两个相反的内容：一是抑制图像噪声，也称图像平滑，平滑前后的图像直方图如图 5-16 所示；二是加强图像纹理边缘，也称图像锐化，锐化前后的图像直方图如图 5-17 所示。

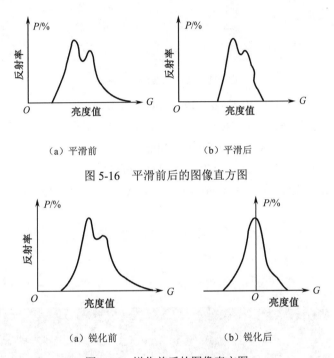

（a）平滑前 （b）平滑后

图 5-16　平滑前后的图像直方图

（a）锐化前 （b）锐化后

图 5-17　锐化前后的图像直方图

ERDAS 2020 将常用的卷积算子放在一个名为 default.klb 的文件中，分为 3×3、5×5 和 7×7 三组，每组又包括 Edge Detect（边缘检测）、Edge Enhance（边缘增强）、Low Pass（低通滤波）、High Pass（高通滤波）、Horizontal（水平检测）、Vertical（垂直检测）和 Summary（交叉检测）等多种不同的处理方式，同时也可根据需要自定义卷积算子。本节所用数据为 lidu.img。在 ERDAS 2020 中进行卷积处理的操作步骤如下。

（1）选择 Raster→Spatial→Convolution 选项，打开 Convolution 对话框，如图 5-18 所示。

（2）确定输入文件（Input File）：lidu.img。

（3）定义输出文件（Output File）：convolution.img。

（4）选择卷积算子（Kernel Selection）。

① 卷积算子文件（Kernel Library）：default.klb。

② 卷积算子类型（Kernel）：5×5 Edge Detect。

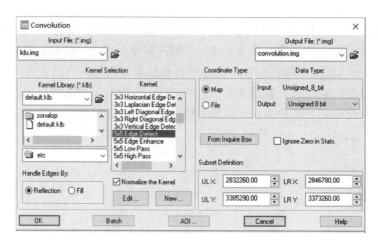

图 5-18　Convolution 对话框

（5）边缘处理方法（Handle Edges By）：Reflection。

（6）卷积归一化处理：勾选 Normalize the Kernel 复选框。

（7）文件坐标类型（Coordinate Type）：Map。

（8）输出数据类型（Output Data Type）：Unsigned 8bit。

（9）单击 OK 按钮，关闭 Convolution 对话框，进行卷积处理。卷积处理结果如图 5-19 所示。

图 5-19　卷积处理结果

5.2.2　平滑处理

当图像中出现某些亮度变化过大的区域或出现不该有的亮点（噪声点）时，进行平滑处理可以减小亮度变化，使亮度平缓或去除不该有的噪声点，具体方法有以下两种。

1．均值平滑

将每个像元在以其为中心的邻域内取平均值来代替该像元的值，以达到去除噪声和平滑图像的目的。区域范围为 $M×N$，均值公式如下：

$$r(i,j) = \frac{1}{MN} \sum_{m=1}^{M} \sum_{n=1}^{N} \Phi(m,n) \tag{5-1}$$

2．中值滤波

将每个像元在以其为中心的邻域内取中间亮度值来代替该像元的值，中间亮度值是将窗口内所有像元按亮度值大小排列所取得的中间值，具体计算方法与模板卷积方法类似，仍采用活动窗口的扫描方法。窗口一般取方形窗口或十字形窗口。

一般来说，在图像亮度呈阶梯状变化情况下，均值平滑处理比中值滤波处理的效果要明显得多，而对于突出亮点的噪声干扰，从去除噪声后对原图像的保留程度来，取中值滤波要优于取均值平滑，因为均值平滑有时过于损害图像的细节特征。本节所用数据为lidu.img。在 ERDAS 2020 中进行图像平滑处理运用的是聚焦分析功能，操作步骤如下。

（1）选择 Raster→Spatial→Focal Analysis 选项，打开 Focal Analysis 对话框，如图 5-20 所示。

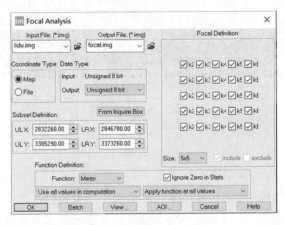

图 5-20　Focal Analysis 对话框

（2）确定输入文件（Input File）：lidu.img。

（3）定义输出文件（Output File）：focal.img。

（4）文件坐标类型（Coordinate Type）：Map。

（5）处理范围确定（Subset Definition）：在 UL X/Y、LR X/Y 微调框中输入需要的数值（默认状态为整幅图像范围，可以应用 Inquire Box 定义子区）。

（6）输出数据类型（Output Data Type）：Unsigned 8 bit。

（7）设置活动窗口的大小和形状（Focal Definition）。

① 设置窗口大小（Size）：5×5（或 3×3 或 7×7）。

② 设置窗口默认形状为矩形，可以调整为各种形状（如菱形）。

（8）聚焦函数定义（Function Definition）：包括算法和应用范围。

① 算法（Function）：Mean（或 Min/Sum/SD/Median）。

② 应用范围：输入图像中参与聚焦运算的数值范围（3 种选择）和输入图像中应用聚焦运算函数的数值范围（3 种选择）。

（9）输出数据统计时忽略零值：勾选 Ignore Zero in Stats.复选框。

（10）单击 OK 按钮，关闭 Focal Analysis 对话框，进行平滑处理。平滑处理结果如图 5-21 所示。

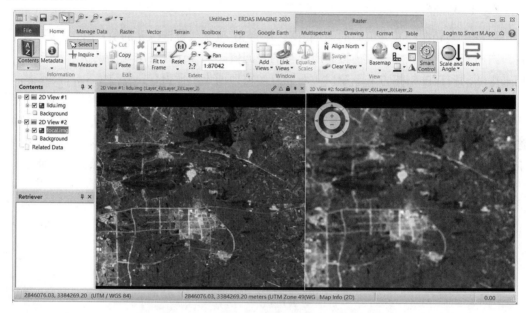

图 5-21　平滑处理结果

5.2.3　锐化处理

为了突出图像的边缘、线状目标或某些亮度变化率大的部分，可进行锐化处理。例如，图像中湖泊及河流的边界、山脉和道路等边缘处相邻像元的亮度变化率很大，灰度急剧变化，可进行锐化处理。相邻像元的亮度变化率也称亮度梯度。有时可通过锐化直接提取出需要的信息。锐化后的图像已不再具有原遥感图像的特征，而成为边缘图像。图像锐化的模板设计是基于对图像的微分处理的，对于离散的数字图像，微分处理变成差分处理。差分处理是指在两个相邻像元之间进行减法运算。

锐化处理的实质是通过对图像进行卷积滤波处理，使整幅图像的亮度得到增强而不使其专题内容发生变化，从而达到图像增强的目的。根据其底层的处理过程，又可以分为两种方法：一是根据定义的矩阵（Custom Matrix）直接对图像进行卷积处理（空间模型为Crisp-greyscale.gmd）；二是首先对图像进行主成分变换，并对第一主成分进行卷积滤波，然后进行主成分逆变换（空间模型为 Crisp-Minmax.gmd）。由于上述变换过程是在底层的空间模型支持下完成的，因此操作比较简单。本节所用数据为 wuhan.img。在 ERDAS 2020中进行锐化处理的操作步骤如下。

（1）选择 Raster→Spatial→Crisp 选项，打开 Crisp 对话框，如图 5-22 所示。

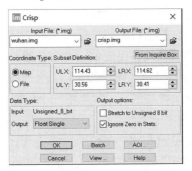

图 5-22　Crisp 对话框

（2）确定输入文件（Input File）：wuhan.img。

（3）定义输出文件（Output File）：crisp.img。

（4）文件坐标类型（Coordinate Type）：Map。

（5）处理范围确定（Subset Definition）：在 UL X/Y、LR X/Y 微调框中输入需要的数值（默认状态为整幅图像范围，可以应用 Inquire Box 定义子区）。

（6）输出数据类型（Output Data Type）：Float Single。

（7）输出数据统计时忽略零值：勾选 Ignore Zero in Stats.复选框。

（8）单击 View 按钮，打开模型生成器窗口，浏览 Crisp 功能的空间模型。

（9）选择 File→Close All 选项，关闭模型生成器窗口。

（10）单击 OK 按钮，关闭 Crisp 对话框，进行锐化处理。锐化处理结果如图 5-23 所示。

图 5-23　锐化处理结果

5.2.4　边缘检测

边缘是指图像灰度或纹理发生空间突变的像素的集合。在灰度值较平滑的位置，亮度梯度值较小，在灰度急剧变化的边缘，亮度梯度值则很大，因此找到亮度梯度值较大的位置，也就找到了边缘。边缘检测对于图像理解有着重要的意义，它既是图像分割的有效途径，又是特征提取的有效手段。遥感数据往往存在着一定量的误差，也就是我们常说的不确定性，包括噪声、随机性和模糊性、尺度效应、混合像元及混合光谱的不确定性，遥感数据的不确定性主要集中在地物类别之间的边缘区，会造成遥感图像边缘检测的困难。在图像分割中，常用微分法进行边缘检测，通常选用一个域值对亮度梯度的幅值做二值化处理，以得到实际边缘信息。

国内外对边缘检测算法的研究很多，传统的边缘检测算法基于空间运算，借助空间域卷积实现。目前广泛使用的边缘检测算子有 Sobel 算子、Prewitt 算子、Roberts 算子、Canny 算子及 LoG 算子等，大多数利用边缘邻近一阶或二阶方向导数的变化来进行边缘检测。也有很多学者在此基础上提出了一些新的边缘检测方法，如基于灰度形态学与小波相位滤波的边缘检测、基于多维云空间的边缘检测等。

非定向边缘增强应用两个非常通用的滤波器（Sobel 滤波器和 Prewitt 滤波器），首先通过两个正交卷积算子（Horizontal 算子和 Vertical 算子）分别对遥感图像进行边缘检测，然后对两个正交结果进行平均化处理，操作过程比较简单，关键在于滤波器的选择。本节所用数据为 lidu.img。在 ERDAS 2020 中进行非定向边缘增强处理的操作步骤如下。

（1）选择 Raster→Spatial→Non-directional Edge 选项，打开 Non-directional Edge 对话框，如图 5-24 所示。

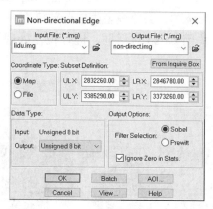

图 5-24　Non-directional Edge 对话框

（2）确定输入文件（Input File）：lidu.img。

（3）定义输出文件（Output File）：non-direct.img。

（4）文件坐标类型（Coordinate Type）：Map。

（5）处理范围确定（Subset Definition）：在 UL X/Y、LR X/Y 微调框中输入需要的数值（默认状态为整幅图像范围，可以应用 Inquire Box 定义子区）。

（6）输出数据类型（Output Data Type）：Unsigned 8 bit。

（7）选择滤波器（Filter Selection）：Sobel。

（8）输出数据统计时忽略零值：勾选 Ignore Zero in Stats.复选框。

（9）单击 OK 按钮，关闭 Non-directional Edge 对话框，进行非定向边缘增强处理。非定向边缘增强处理结果如图 5-25 所示。

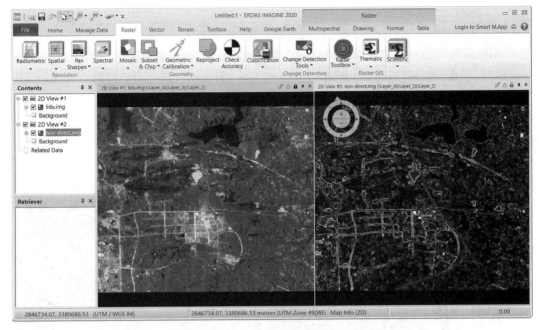

图 5-25　非定向边缘增强处理结果

5.2.5　自适应滤波

自适应滤波是指应用 Wallis Adaptive Filter 方法对图像中的 AOI 进行对比度拉伸处理，从而达到图像增强的目的。操作过程中的关键在于移动窗口大小（Moving Window Size）和乘积倍数大小（Multiplier）的定义，移动窗口大小可以任意选择，如 3×3、5×5、7×7 等，通常为奇数；乘积倍数的作用是扩大图像反差或对比度，可以根据需要确定，系统默认值为 2.0。本节所用数据为 lidu.img。在 ERDAS 2020 中进行自适应滤波处理的操作步骤如下。

（1）选择 Raster→Spatial→Adaptive Filter 选项，打开 Wallis Adaptive Filter 对话框，如图 5-26 所示。

（2）确定输入文件（Input File）：lidu.img。

（3）定义输出文件（Output File）：adaptive.img。

（4）文件坐标类型（Coordinate Type）：Map。

（5）处理范围确定（Subset Definition）：在 UL X/Y、LR X/Y 微调框中输入需要的数值（默认状态为整幅图像范围，可以应用 Inquire Box 定义子区）。

（6）输出数据类型（Output Data Type）：Unsigned 8 bit。

（7）移动窗口大小（Moving Window Size）：3。

图 5-26　Wallis Adaptive Filter 对话框

（8）输出文件选择（Options）：Bandwise（逐个波段进行滤波）（或仅对主成分变换后的第一主成分进行滤波）。

（9）乘积倍数定义（Multiplier）：2（用于调整对比度）。

（10）输出数据统计时忽略零值：勾选 Ignore Zero in Stats.复选框。

（11）单击 OK 按钮，关闭 Wallis Adaptive Filter 对话框，进行自适应滤波处理。自适应滤波处理结果如图 5-27 所示。

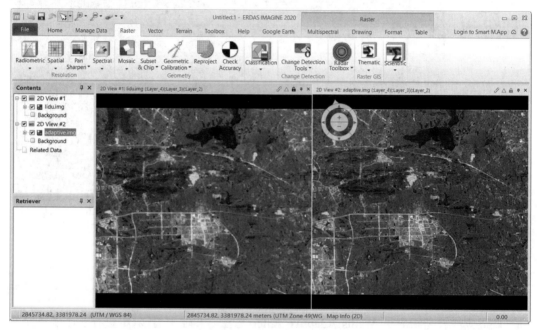

图 5-27　自适应滤波处理结果

5.2.6　统计滤波

统计滤波方法最早应用于雷达图像的斑点噪声压缩处理，之后才被引进到光学图像处理中。它其实是基于 Sigma Filter 方法对被用户选择的图像区域之外的像元进行改进处理，从而达到图像增强效果的方法。在进行统计滤波处理时，将移动滤波窗口的大小设置为 5×5，既具有一定的统计意义，又可以减少模糊度。

在统计滤波的过程中，中心像元的值被移动滤波窗口内部分像元的平均值替代，只包括那些不偏离当前中心像素超过给定的范围的像素。定义的范围是邻域内的像元值的标准差。默认的标准差阈值为 0.15，这个值可以由用户调整。用户可以通过调整乘积倍数大小，来改变参与计算平均值的周围像元的数量。在 ERDAS 2020 中进行统计滤波处理时，乘积倍数可以设置为 4.0、2.0、1.0。在进行统计滤波处理时，要得到满意的处理结果，乘积倍数的设置十分重要。本节所用的数据为 lidu.img。在 ERDAS 2020 中进行统计滤波处理的操作步骤如下。

（1）选择 Raster→Spatial→Statistical Filter 选项，打开 Statistical Filter 对话框，如图 5-28 所示。

（2）确定输入文件（Input File）：lidu.img。

（3）定义输出文件（Output File）：statistical.img。

（4）文件坐标类型（Coordinate Type）：Map。

（5）处理范围确定（Subset Definition）：在 UL X/Y、LR X/Y 微调框中输入需要的数值（默认状态为整幅图像范围，可以应用 Inquire Box 定义子区）。

（6）输出数据类型（Output Data Type）：Unsigned 8 bit。

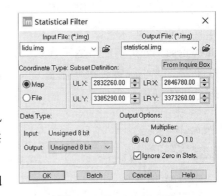

图 5-28　Statistical Filter
对话框

（7）设置乘积倍数（Multiplier）：4.0。

（8）输出数据统计时忽略零值：勾选 Ignore Zero in Stats.复选框。

（9）单击 OK 按钮，关闭 Statistical Filter 对话框，进行统计滤波处理。统计滤波处理结果如图 5-29 所示。

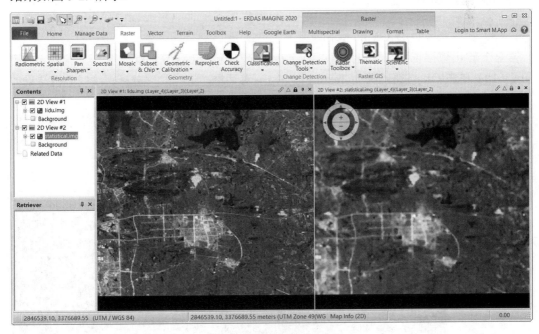

图 5-29　统计滤波处理结果

5.2.7　纹理分析

纹理是在某一确定的图像区域中，相邻像元的灰度（或色调、颜色）服从某种统计规律排列形成的一种空间分布。纹理不仅反映图像的灰度统计信息，而且反映图像的空间分布信息和结构信息。根据抽取纹理特征方法的不同，可以将图像纹理分析方法大致分为四类：统计分析方法、结构分析方法、模型分析法和空间/频率域联合分析方法。纹理分析通过在一定的窗口内进行二次变异（2nd-Order Variance）分析或三次非对称（3nd-Order Skewness）分析，使雷达图像或其他图像的纹理结构得到增强，操作过程比较简单，关键在于窗口大小确定和操作函数定义。本节所用数据为 lidu.img。在 ERDAS 2020 中进行纹理分析的操作步骤如下。

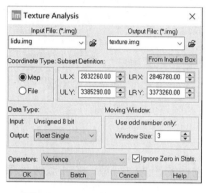

图 5-30　Texture Analysis 对话框

（1）选择 Raster→Spatial→Texture 选项，打开 Texture Analysis 对话框，如图 5-30 所示。

（2）确定输入文件（Input File）：lidu.img。

（3）定义输出文件（Output File）：texture.img。

（4）文件坐标类型（Coordinate Type）：Map。

（5）处理范围确定（Subset Definition）：在 UL X/Y、LR X/Y 微调框中输入需要的数值（默认状态为整幅图像范围，可以应用 Inquire Box 定义子区）。

（6）输出数据类型（Output Data Type）：Float Single。

（7）操作函数定义（Operators）：Variance（方差）。

（8）窗口大小确定（Window Size）：3。

（9）输出数据统计时忽略零值：勾选 Ignore Zero in Stats.复选框。

（10）单击 OK 按钮，关闭 Texture Analysis 对话框，进行纹理分析。纹理分析结果如图 5-31 所示。

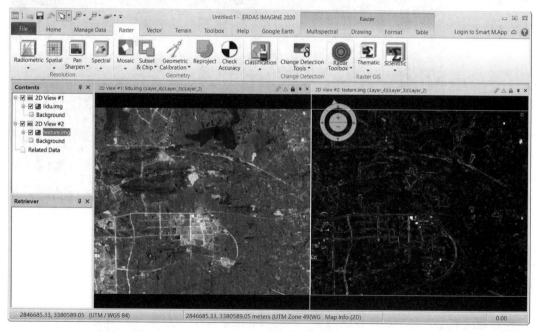

图 5-31　纹理分析结果

5.3 频率域增强处理

在图像中，像元灰度值随位置变化的频繁程度可以用频率来表示。频率域高低分布示意图如图 5-32 所示。

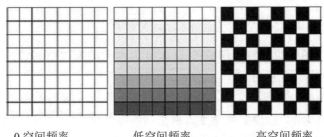

0 空间频率　　　　　低空间频率　　　　　高空间频率

图 5-32　频率域高低分布示意图

在图像处理中，频率域反映图像在空间域的灰度变化剧烈程度，即像元亮度变化率，也就是图像的亮度梯度大小。对图像而言，由于边缘部分是突变部分，亮度变化较快，因此反映在频域上是高频分量；图像的噪声部分在大部分情况下是高频分量；图像的亮度平缓变化部分为低频分量。边缘、线条、噪声等具有较高的空间频率，即在较短的像元距离内灰度值变化的频率大；均匀分布的地物或大面积的稳定结构具有较低的空间频率，即在较长的像元距离内灰度值逐渐变化。傅里叶变换提供另外一个角度来观察图像，可以将图像从灰度分布转化到频率分布上来观察图像的特征。也就是说，傅里叶变换提供一条从空间域到频率域自由转换的途径。对图像处理而言，以下概念非常重要。

（1）图像高频分量：图像亮度突变部分，在某些情况下指图像边缘信息，在某些情况下指噪声，更多指两者的混合。

（2）图像低频分量：图像亮度变化平缓的部分，也就是图像轮廓信息。

（3）高通滤波器：抑制图像的低频分量，让高频分量通过，使图像锐化和边缘增强。

（4）低通滤波器：与高通滤波器相反，抑制图像的高频分量，让低频分量通过，使图像更加平滑、柔和。

（5）带通滤波器：让图像的某一部分频率的信息通过，其他频率过低或过高的信息都被抑制。

频率域增强处理的基本过程：首先空间域的图像通过傅里叶变换变到频率域；然后选择合适的滤波器频谱成分进行增强；最后图像经过傅里叶逆变换变回空间域，得到增强后的图像。

5.3.1　傅里叶变换

傅里叶变换首先将遥感图像从空间域变到频率域，把 RGB 彩色图像转换成一系列不同频率的二维正弦波傅里叶图像；然后在频率域内对傅里叶图像进行滤波、掩膜等各种编辑，减少或消除部分高频分量或低频分量；最后把频率域的傅里叶图像变换到 RGB 彩色空间域，得到经过处理的彩色图像。傅里叶变换主要用于消除周期性噪声，此外还可用于消除由传感器异常引起的规则性错误，同时这种处理技术还以模式识别的形式用于多波段图像处理。

遥感图像是由灰度组成的二维离散数据矩阵，对它进行的傅里叶变换是离散的傅里叶变换。二维离散数字图像的傅里叶变换公式为

$$F(u,v) = \frac{1}{MN}\sum\sum f(x,y)\mathrm{e}^{-i2\pi\left(\frac{ux}{M}+\frac{vy}{N}\right)} \tag{5-2}$$

式中，M 和 N 为图像的行数和列数；$f(x,y)$ 为输入图像的空间域；$F(u,v)$ 为频率域；$f(x,y) \sim F(u,v)$ 称为变换对。

图像傅里叶变换的物理意义是，将图像空间灰度变化分解为无限多个不同频率、不同振幅的正弦和余弦变化，以便更清楚地看到空间灰度变化在各种频率中占的比重（频谱值的大小）。频率域中的低频分量对应原始图像中平缓的灰度变化，高频分量对应原始图像中急剧的灰度变化。通过分析各种频率分量在图像中所占的比重，可以方便地了解图像灰度变化的总体情况，还可以通过修改频谱函数（改变某些频率的振幅值大小），并经傅里叶变换后得到符合人们期望的输出图像。这就是频率域滤波等处理方法的数学原理。

值得注意的是，傅里叶变换是在整个空间域上的积分，其频谱反应的是图像整体灰度变化的情况，而不是特别考虑任何局部灰度变化特征。

1. 快速傅里叶变换

应用傅里叶变换功能的第一步就是把输入的空间域彩色图像转换成频率域傅里叶图像（*.fft），这项工作是通过快速傅里叶变换（Fourier Transform）完成的。本节所用数据为 xatm.img。在 ERDAS 2020 中进行快速傅里叶变换的操作步骤如下。

（1）选择 Raster→Scientific→Fourier Analysis/Fourier Transform 选项，打开 Fourier Transform 对话框，如图 5-33 所示。

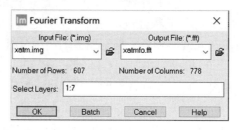

图 5-33　Fourier Transform 对话框

（2）确定输入文件（Input File）：xatm.img。

（3）定义输出文件（Output File）：xatmfo.fft。

（4）波段变换选择（Select Layers）：1∶7（从第 1 波段到第 7 波段）。

（5）单击 OK 按钮，关闭 Fourier Transform 对话框，进行快速傅里叶变换。

2. 傅里叶变换编辑器

傅里叶变换编辑器集成了傅里叶图像编辑的全部命令与工具，通过对傅里叶图像进行

编辑，可以减少或消除遥感图像条带噪声和其他周期性的图像异常。应始终记住一点，傅里叶图像编辑是一个交互的过程，没有一个现成的、最好的处理规则，只能根据用户所处理的数据特征，应用不同的编辑工具不断进行试验，寻找最合适的编辑方法和途径。当然，用户可以通过鼠标指针单击或拖动傅里叶图像，查询其坐标(u,v)，坐标值将在编辑器视窗下部的状态条中显示。坐标可以辅助用户进行傅里叶图像处理过程中的参数设置。在ERDAS 2020中启动傅里叶变换编辑器的操作步骤如下。

选择 Raster→Scientific→Fourier Analysis/Fourier Transform Editor 选项，打开 Fourier Editor 视窗，如图 5-34 所示。

图 5-34　Fourier Editor 视窗

下面介绍傅里叶变换编辑器的功能。Fourier Editor 视窗由菜单栏、工具栏、图像窗口和状态栏组成，工具栏中的命令和功能如表 5-1 所示。

表 5-1　工具栏中的命令和功能

图　标	命　令	功　能
	Open FFT Layer	打开傅里叶图像
	Create	打开新的傅里叶变换编辑器
	Save FFT Layer	保存傅里叶图像
	Clear	清楚傅里叶图像
	Select	选择傅里叶工具、查询图像坐标
	Low-Pass Filter	低通滤波
	High-Pass Filter	高通滤波
	Circular Mask	圆形掩膜
	Rectangular Mask	矩形掩膜
	Wedge Mask	楔形掩膜
	Inverse Transform	傅里叶逆变换

5.3.2　傅里叶逆变换

傅里叶逆变换的作用是将频率域的傅里叶图像转换到空间域，以便对比傅里叶逆图像处理的效果。二维离散数字图像的傅里叶逆变换公式为

$$f(x,y) = \frac{1}{MN}\sum_{u=0}^{M-1}\sum_{v=0}^{N-1}F(u,v)\mathrm{e}^{i2\pi\left(\frac{ux}{M}+\frac{vy}{N}\right)} \tag{5-3}$$

式（5-3）中参数的意义同式（5-2）。

图 5-35　Inverse Fourier Transform 对话框

本节所用数据为 xatmfo.fft。在 ERDAS 2020 中进行傅里叶逆变换的操作步骤如下。

（1）选择 Raster→Scientific→Fourier Analysis/ Inverse Fourier Transform 选项，打开 Inverse Fourier Transform 对话框，如图 5-35 所示。

（2）选择输入傅里叶图像（Input File）：xatmfo.fft。

（3）确定输出彩色图像（Output File）：xatmfo_fft.img。

（4）输出数据类型（Output）：Unsigned 8 bit。

（5）输出数据统计时忽略零值：勾选 Ignore Zero in Stats.复选框。

（6）单击 OK 按钮，关闭 Inverse Fourier Transform 对话框，进行傅里叶逆变换。

（7）在同一视窗中同时打开处理前的图像 xatm.img 和处理后的图像 xatmfo_ fft.img，对比处理前后的图像，如图 5-36 所示。

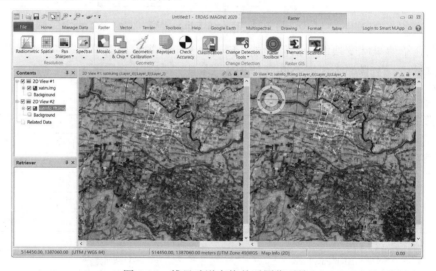

图 5-36　傅里叶逆变换前后图像对比

5.3.3　低通滤波与高通滤波

傅里叶图像编辑是借助傅里叶变换编辑器所集成的众多功能完成的。首先必须打开傅里叶图像，然后进行低通滤波、高通滤波、矩形掩膜或楔形掩膜等傅里叶图像编辑操作。如果没有特别说明，那么每进行一种处理操作，都需要重新打开傅里叶图像。本节所用数据为 xatmfo.fft。在 ERDAS 2020 中打开傅里叶图像的操作步骤如下。

（1）在 Fourier Editor 视窗的工具栏中单击 Open FFT Layer 图标，打开 Open FFT Layer 对话框。

（2）在 Open FFT Layer 对话框中选择傅里叶变换文件 xatmfo.fft，如图 5-37 所示。

（3）单击 OK 按钮，打开 Fourier Editor:xatmfo.fft 视窗，如图 5-38 所示。

图 5-37　Open FFT Layer 对话框

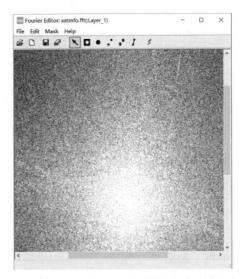

图 5-38　Fourier Editor:xatmfo.fft 视窗

1. 低通滤波

低通滤波的作用是抑制图像的高频分量，让低频分量通过，使图像更加平滑、柔和。在 ERDAS 2020 中进行低通滤波处理的操作步骤如下。

（1）在 Fourier Editor 视窗的菜单栏中选择 Mask→Filters 选项，打开 Low/High Pass Filter 对话框，如图 5-39 所示。

（2）选择滤波类型（Filter Type）：Low Pass（低通滤波）。

（3）选择窗口功能（Window Function）：Ideal（理想滤波器）。

（4）圆形滤波半径（Radius）：80.00（圆形区域以外的高频分量将被滤除）。

（5）定义低频增益（Low Frequency Gain）：1.00。

（6）单击 OK 按钮，关闭 Low/High Pass Filter 对话框，进行低通滤波处理。

（7）在 Fourier Editor 视窗中将显示低通滤波处理后的图像，如图 5-40 所示。为了后续进行傅里叶逆变换，必须保存低通滤波处理后的图像，确定输出路径，文件名为 xatmfo_lowpass.fft，如图 5-41 所示。

图 5-39　Low/High Pass Filter 对话框

图 5-40　低通滤波处理后的图像

图 5-41　保存低通滤波处理后的图像

2．高通滤波

与低通滤波的作用相反，高通滤波的作用是抑制图像的低频分量，让高频分量通过，使图像锐化和边缘增强。继续对 xatmfo.fft 进行操作，操作步骤如下。

（1）在 Fourier Editor 视窗的菜单栏中选择 Mask→Filters 选项，打开 Low/High Pass Filter 对话框，如图 5-42 所示。

（2）选择滤波类型（Filter Type）：High Pass（高通滤波）。

（3）选择窗口功能（Window Function）：Hanning（余弦滤波器）。

（4）圆形滤波半径（Radius）：200.00（圆形区域以内的低频分量将被滤掉）。

（5）定义高频增益（High Frequency Gain）：1.00。

（6）单击 OK 按钮，关闭 Low/High Pass Filter 对话框，进行高通滤波处理。

（7）在 Fourier Editor 视窗中将显示高通滤波处理后的图像，如图 5-43 所示。为了后续进行傅里叶逆变换，必须保存高通滤波处理后的图像，确定输出路径，文件名为 xatmfo_highpass.fft，如图 5-44 所示。

图 5-42　Low/High Pass Filter 对话框

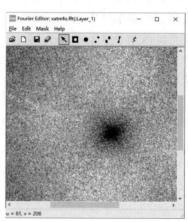

图 5-43　高通滤波处理后的图像

图 5-44　保存高通滤波处理后的图像

5.3.4 掩膜处理

掩膜处理包括圆形掩膜、矩形掩膜和楔形掩膜等。和低通滤波、高通滤波一样，在进行掩膜处理前应先打开 Fourier Editor 视窗。本节所用数据为 xatmfo.fft。

1. 圆形掩膜

在 Fourier Editor 视窗中可以看到，傅里叶图像（xatmfo.fft）中有几个分散分布的亮点，通过圆形掩膜处理将其去除。首先利用鼠标指针查询亮点分布坐标，在 Fourier Editor 视窗中单击亮点中心，其坐标就会显示在状态栏中，如(-19, -439)；然后启动圆形掩膜功能，设置相应的参数，操作步骤如下。

（1）在 Fourier Editor 视窗的菜单栏中选择 Mask→Circular Mask 选项，打开 Circular Mask 对话框，如图 5-45 所示。

（2）选择窗口功能（Window Function）：Hanning（余弦滤波器）。

（3）圆形滤波半径（Circle Radius）：20.00。

（4）单击 OK 按钮，关闭 Circular Mask 对话框，进行圆形掩膜处理。

（5）在 Fourier Editor 视窗中将显示圆形掩膜处理后的图像，如图 5-46 所示。为了后续进行傅里叶逆变换，必须保存圆形掩膜处理后的图像，确定输出路径，文件名为 xatmfo_circular.fft，如图 5-47 所示。

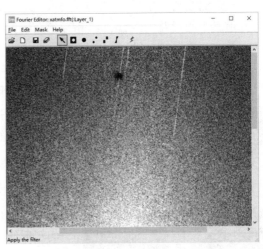

图 5-45　Circular Mask 对话框　　　　　图 5-46　圆形掩膜处理后的图像

图 5-47　保存图形掩膜处理后的图像

2．矩形掩膜

矩形掩膜功能可以产生矩形区域的傅里叶图像，通过编辑类似圆形的掩膜，应用于非中心区的傅里叶图像处理。首先打开傅里叶图像（xatmfo.fft）；然后启动矩形掩膜功能，设置相应的参数，操作步骤如下。

（1）在 Fourier Editor 视窗的菜单栏中选择 Mask→Rectangular Mask 选项，打开 Rectangular Mask 对话框，进行参数设置，如图 5-48、图 5-49 所示。

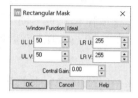

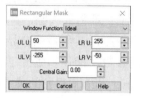

图 5-48　Rectangular Mask 对话框　　　　图 5-49　进行参数设置

（2）选择窗口功能（Window Function）：Ideal（理想滤波器）。

（3）矩形滤波窗口坐标：UL U 为 50、UL V 为 50、LR U 为 255、LR V 为 255。

（4）定义中心增益（Central Gain）：0.00。

（5）单击 OK 按钮，进行矩形掩膜处理。

（6）选择窗口功能（Window Function）：Ideal（理想滤波器）。

（7）矩形滤波窗口坐标：UL U 为 50、UL V 为-255、LR U 为 255、LR V 为-50。

（8）定义中心增益（Central Gain）：0.00。

（9）单击 OK 按钮，进行矩形掩膜处理。

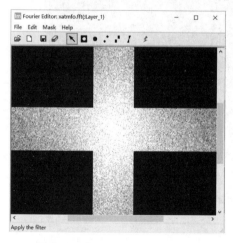

图 5-50　矩形掩膜处理后的图像

（10）在 Fourier Editor 视窗中将显示矩形掩膜处理后的图像，如图 5-50 所示。为了后续进行傅里叶逆变换，必须保存矩形掩膜处理后的图像，确定输出路径，文件名为 xatmfo_rectangul.fft。

3．楔形掩膜

楔形掩膜功能经常用于去除图像中的扫描条带（Strip）。扫描条带在傅里叶图像中表现为光亮的辐射线（Radial Line）。Landsat MSS/TM 图像中的扫描条带在傅里叶图像中多数表现为非常明显的、高亮度的、近似垂直的、穿过图像中心的辐射线。应用楔形掩膜功能去除扫描条带，首先打开傅里叶图像（xatmfo.fft）；然后按照下列步骤处理。

1）确定辐射线的走向

利用鼠标指针查寻沿着辐射线分布的任意亮点坐标，在 Fourier Editor 视窗中单击辐射线上的亮点中心，其坐标就会显示在状态栏中，如(3,-4)，该点坐标用于计算辐射线的角度（-arctan(-4/3)=53.13°）。

2）设置楔形掩膜参数

（1）在 Fourier Editor 视窗的菜单栏中选择 Mask→Wedge Mask 选项，打开 Wedge Mask 对话框，如图 5-51 所示。

（2）选择窗口功能（Window Function）：Hanning（余弦滤波器）。

（3）辐射线与中心的夹角（Center Angle）：53.13。

（4）定义楔形夹角（Wedge Angle）：10.00。

（5）定义中心增益（Central Gain）：0.00。

（6）单击 OK 按钮，关闭 Wedge Mask 对话框，进行楔形掩膜处理。

（7）在 Fourier Editor 视窗中将显示楔形掩膜处理后的图像，如图 5-52 所示。为了后续进行傅里叶逆变换，必须保存楔形掩膜处理后的图像，确定输出路径，文件名为 xatmfo_wedge.fft。

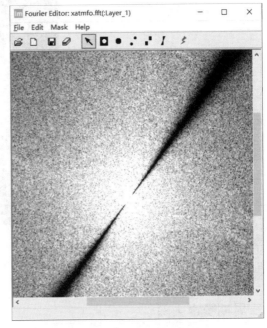

| 图 5-51　Wedge Mask 对话框 | 图 5-52　楔形掩膜处理后的图像 |

5.3.5　组合编辑

以上介绍的都是单个傅里叶图像的编辑命令。事实上，用户可以任意组合系统所提供的所有傅里叶图像进行编辑。由于傅里叶变换与傅里叶逆变换都是线性操作，因此每次编辑变换都是相对独立的。下面将在上述楔形掩膜处理后的图像的基础上进一步进行低通滤波处理。保持 Fourier Editor 视窗中为楔形掩膜处理后的图像，然后进行如下操作。

（1）在 Fourier Editor 视窗的菜单栏中选择 Mask→Filters 选项，打开 Low/High Pass Filter 对话框，如图 5-53 所示。

（2）选择滤波类型（Filter Type）：Low Pass（低通滤波）。

（3）选择窗口功能（Window Function）：Hanning（余弦滤波器）。

（4）圆形滤波半径（Radius）：200.00（圆形区域以外的高频分量将被滤除）。

（5）定义低频增益（Low Frequency Gain）：1.00。

（6）单击 OK 按钮，关闭 Low/High Pass Filter 对话框，进行低通滤波处理。

（7）在 Fourier Editor 视窗中将显示组合编辑处理后的图像，如图 5-54 所示。为了后续进行傅里叶逆变换，必须保存组合编辑处理后的图像，确定输出路径，文件名为 xatmfo_wedgelowpass.fft。

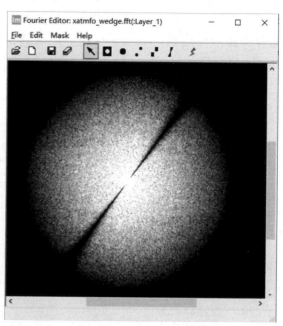

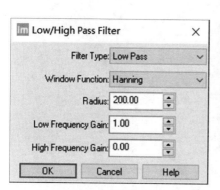

图 5-53　Low/High Pass Filter 对话框

图 5-54　组合编辑处理后的图像

5.3.6　周期噪声去除

周期噪声去除是指利用傅里叶变换自动消除遥感图像中的周期性噪声。例如，多种传感器产生的扫描条带等噪声都可以利用该方法去除或减弱。

周期噪声去除的原理如下。首先，把输入图像分割成相互重叠的 128×128 的像元块。其次，对每个像元块分别进行快速傅里叶变换，同时计算傅里叶图像的对数亮度均值。再次，依据平均光谱能量对整幅图像进行傅里叶变换。最后，进行傅里叶逆变换。经过以上处理之后，输入图像中的周期噪声就会被去除或减弱。

本节所用数据为 xatm.img。在 ERDAS 2020 中进行周期噪声去除的操作步骤如下。

（1）选择 Raster→Radiometric→Periodic Noise Removal 选项，打开 Periodic Noise Removal 对话框，如图 5-55 所示。

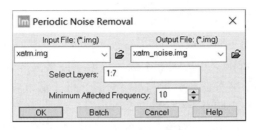

图 5-55　Periodic Noise Removal 对话框

（2）确定输入文件（Input File）：xatm.img。

（3）定义输出文件（Output File）：xatm_noise.img。

（4）选择处理波段（Select Layers）：1：7。

（5）确定最小图像频率（Minimum Affected Frequency）：10。

（6）单击 OK 按钮，关闭 Periodic Noise Removal 对话框，进行周期噪声去除处理。周期噪声去除处理结果如图 5-56 所示。

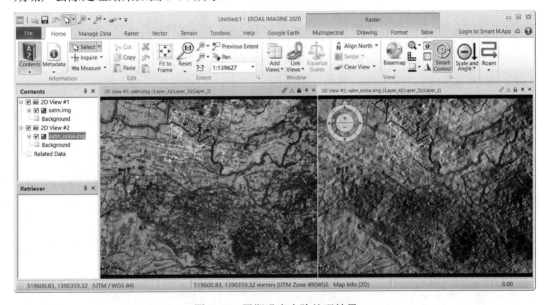

图 5-56　周期噪声去除处理结果

5.3.7　同态滤波

同态滤波是把频率过滤和灰度变换结合起来的一种图像处理方法。它依靠图像的照度/反射率模型作为频率域处理的基础，通过压缩亮度范围和增强对比度来改善图像的质量。使用这种方法可以使图像处理符合人眼对于亮度响应的非线性特性的要求，避免了直接对图像进行傅立叶变换处理所产生的失真。

同态滤波的基本原理是将像元灰度值看成照度和反射率两个组分的产物。照度相对变化很小，可以看成图像的低频分量，而反射率可看成图像的高频分量。通过分别处理照度和反射率对像元灰度值的影响，可达到揭示阴影区细节特征的目的。

使用同态滤波功能的关键是照度增益（Illumination Gain）、反射率增益（Reflectance Gain）、截取频率（Cutoff Frequency）三个参数的设置。照度增益与反射率增益决定输出图像中的照度/反射率的影响大小，大于 1 表示该影响被增大，处于 0 到 1 之间表示该影响被削弱。截取频率用于区分低频分量与高频分量，低于截取频率的分量作为低频分量，高于截取频率的分量作为高频分量。

本节所用数据为 xatm.img。在 ERDAS 2020 中进行同态滤波处理的操作步骤如下。

（1）选择 Raster→Spatial→Homomorphic Filter 选项，打开 Homomorphic Filter 对话框，如图 5-57 所示。

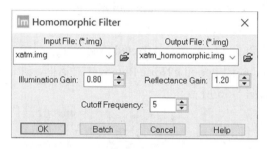

图 5-57　Homomorphic Filter 对话框

（2）确定输入文件（Input File）：xatm.img。

（3）定义输出文件（Output File）：xatm_homomorphic.img。

（4）设置照度增益（Illumination Gain）：0.80。

（5）设置反射率增益（Reflectance Gain）：1.20。

（6）设置截取频率（Cutoff Frequency）：5。

（7）单击 OK 按钮，关闭 Homomorphic Filter 对话框，进行同态滤波处理。同态滤波处理结果如图 5-58 所示。

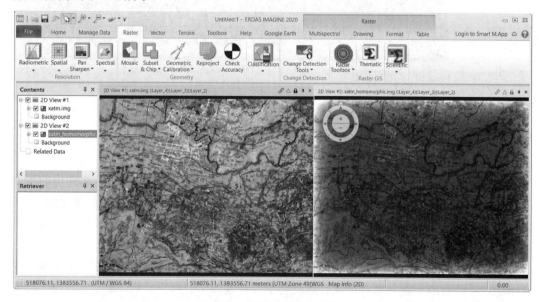

图 5-58　同态滤波处理结果

5.4　彩色增强处理

人眼识别和区分灰度差异的能力是很有限的，一般只能区分二三十级，但识别和区分色彩的能力却强得多，可区分数百种甚至上千种色彩。显然，根据人的视觉特点将彩色应用于图像增强能在很大程度上提高遥感图像目标的识别精度。因此，彩色增强处理成为遥感图像应用处理的一大关键技术，应用十分广泛。

在满足色块大小阈值的条件下，人眼对图像的色彩变化比灰度变化更敏感，因此将图像变换成彩色的也是一种图像增强的方式。假彩色、真彩色、伪彩色都是彩色图像增强的方式。真彩色图像比较契合人们的视觉感受，在识别地物时因熟悉而变得容易。假彩色图像能暂时显示一些真彩色不能显示的信息，在遥感图像中如何选择波段构成假彩色图像，对图像的目视解译很有意义。

5.4.1　彩色合成

彩色合成增强法是将多波段黑白图像变换为彩色图像的增强处理技术。根据合成图像的彩色与实际景物自然彩色的关系，彩色合成可分为真彩色合成和假彩色合成。真彩色合成是指合成后的彩色图像中的地物色彩与实际地物色彩接近或一致，假彩色合成是指合成后的彩色图像中的地物色彩与实际地物色彩不一致。通过彩色合成增强处理，可以从图像背景中突出目标地物，以便于遥感图像判读。随着多光谱遥感和多元数据融合技术的发展，彩色合成作为一项图像彩色增强技术得到高度重视。

真彩色合成是指在通过红、绿、蓝三原色的滤光片上使用与拍摄时同样的三原色进行合成，从而得到接近实际地物色彩的图像。

在多波段拍摄中，一幅图像大多不是在三原色的波长范围内获得的，如采用人眼看不见的红外波段等。根据加色法彩色合成原理，选择遥感图像的某三个波段，分别赋予红、绿、蓝三种原色，由这些图像所进行的彩色合成称为假彩色合成。

计算机的彩色合成原理与光学彩色合成原理相同。在计算机系统中，彩色合成的操作更简单，只要改变调色板，即改变各原色的合成比例和波段，就可以很容易地改变图像的色彩。在进行遥感图像合成时，方案的选择十分重要，它决定了彩色图像能否显示较丰富的信息或突出某一方面的信息。以 Landsat TM 图像为例，当第 4、3、2 波段被分别赋予红、绿、蓝颜色进行彩色合成时，这一合成方案就是标准假彩色合成方案，是一种最常用的合成方案。在实际应用时，常常根据不同的应用目的在实验中进行分析、调试，寻找最佳合成方案，以达到最好的目视效果。假彩色合成的目的是使感兴趣的目标呈现奇异的色彩或置于奇特的彩色环境，从而更显目；或者使景物呈现出与人眼视觉相匹配的色彩，以提高人眼对目标的分辨力。

5.4.2　彩色变换

通过对图像色彩空间进行变换，可突出图像的有用信息，扩大不同图像特征之间的差别，提高对图像的解译和分析能力。

彩色变换（RGB to IHS）是指将遥感图像从由红（R）、绿（G）、蓝（B）三原色组成的色彩空间变换到以亮度（I）、色度（H）、饱和度（S）作为定位参数的色彩空间，以便使图像的颜色与人眼看到的颜色更为接近。其中，亮度表示整幅图像的明亮程度，取值范围是 0～1；色度表示像元的颜色，表示红、黄、绿、青、蓝、品红 6 种基本颜色的特性，取值范围是 0～360；饱和度表示颜色的纯度，取值范围是 0～1。由于不同的色彩空间具有相应的显示和定量计算方面的优势，因此在不同的场合使用的色彩空间也不尽相同，如采用红、绿、蓝的 RGB 颜色系统使用简便，便于显示和彩色扫描；采用亮度、色调、饱和度的 IHS 颜色系统基于视觉原理，IHS 色彩空间中的三个分量 I、H、S 具有相对独立性，可以分别对它们进行控制，并且能够准确、定量地描述颜色特征。彩色变换对应于每个像元，RGB 色彩空间中的任何一个像元都能够变换成相应的 IHS 色彩空间中的一个点，与像元的空间排列和结构无关。

彩色变换利用 IHS 色彩空间的特点，在信息融合方面取得了较好的使用效果，在遥感图像的处理中，它多用于多源图像的复合，对由不同传感器获得的同一景物的图像或由同一传感器获得的不同分辨率的图像进行彩色变换处理后，得到一幅合成图像。一般对不同分辨率的图像进行融合，得到的合成图像既具有低分辨率图像的丰富光谱特征，又具有高分辨率图像的高空间分辨率特征，从而克服或弥补了单一传感器图像在光谱特征、空间分辨率等方面存在的局限性，为进一步分析研究提供了更多、更丰富的信息。本节所用数据为 xatm.img。在 ERDAS 2020 中进行彩色变换处理的操作步骤如下。

（1）选择 Raster→Spectral→RGB to IHS 选项，打开 RGB to IHS 对话框，如图 5-59 所示。

（2）确定输入文件（Input File）：xatm.img。

（3）定义输出文件（Output File）：xatmyc.img。

（4）文件坐标类型（Coordinate Type）：Map。

（5）处理范围确定（Subset Definition）：在 UL X/Y、LR X/Y 微调框中输入需要的数值（默认状态为整幅图像范围，可以应用 Inquire Box 定义子区）。

（6）确定参与色彩变换的 3 个波段：Red 为 4、Green 为 3、Blue 为 2。

（7）输出数据统计时忽略零值：勾选 Ignore Zero in Stats.复选框。

（8）单击 OK 按钮，关闭 RGB to IHS 对话框，进行彩色变换处理。彩色变换处理结果如图 5-60 所示。

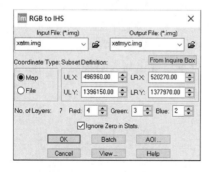

图 5-59　RGB to IHS 对话框

图 5-60　彩色变换处理结果

5.4.3 彩色逆变换

彩色变换有正变换和逆变换之分，一般把由 RGB 色彩空间到 IHS 色彩空间的变换称为正变换，反之称为逆变换。彩色逆变换是指将遥感图像从以亮度（I）、色度（H）、饱和度（S）作为定位参数的色彩空间变换到由红（R）、绿（G）、蓝（B）三原色组成的色彩空间。需要说明的是，在完成彩色逆变换的过程中，经常需要对亮度与饱和度进行最小/最大拉伸，使其数值充满 0～1 的取值范围。本节所用数据为 xatmyc.img。在 ERDAS 2020 中进行彩色逆变换处理的操作步骤如下。

（1）选择 Raster→Spectral→IHS to RGB 选项，打开 IHS to RGB 对话框，如图 5-61 所示。

（2）确定输入文件（Input File）：xatmyc.img。

（3）定义输出文件（Output File）：ihs-rgb.img。

（4）文件坐标类型（Coordinate Type）：Map。

（5）处理范围确定（Subset Definition）：在 UL X/Y、LR X/Y 微调框中输入需要的数值（默认状态为整幅图像范围，可以应用 Inquire Box 定义子区）。

（6）对亮度与饱和度进行拉伸：Stretch I&S。

（7）确定参与色彩变换的 3 个波段：Intensity 为 1、Hue 为 2、Sat 为 3。

（8）输出数据统计时忽略零值：勾选 Ignore Zero in Stats.复选框。

（9）单击 OK 按钮，关闭 IHS to RGB 对话框，进行彩色变换处理。彩色逆变换处理结果如图 5-62 所示。

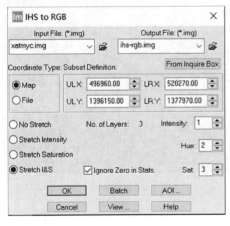

图 5-61　IHS to RGB 对话框

图 5-62　彩色逆变换处理结果

5.4.4 自然彩色变换

自然彩色变换是指在充分发挥遥感图像信息作用的基础上，利用遥感图像的处理技术，模拟自然彩色对多波段数据进行变换，选择 R、G、B 的最佳波段组合，按照最大似然法，使合成的彩色图像的色彩与地物的色彩更逼近，由此合成的彩色图像称为近自然彩色模拟图像。自然彩色变换过程中的关键是三个输入波段光谱范围的确定，这三个输入波段依次是近红外（Near Infrared）、红（Red）、绿（Green）。若这三个输入波段定义的不够恰当，则转换后输出图像也不可能是真正的自然彩色图像。本节所用数据为 xatm.img。在 ERDAS 2020 中进行自然彩色变换处理的操作步骤如下。

（1）选择 Raster→Spectral→Natural Color，打开 Natural Color 对话框，如图 5-63 所示。

（2）确定输入文件（Input File）：xatm.img。

（3）定义输出文件（Output File）：naturalcolor.img。

（4）确定输入波段光谱范围（Input band spectral range）：Near infrared 为 4、Red 为 2、Green 为 1。

（5）输出数据类型（Output Data Type）：Unsigned 8 bit。

（6）拉伸输出数据：勾选 Stretch Output Range.复选框。

（7）输出数据统计时忽略零值：勾选 Ignore Zero in Stats.复选框。

（8）文件坐标类型（Coordinate Type）：Map。

（9）处理范围确定（Subset Definition）：在 UL X/Y、LR X/Y 微调框中输入需要的数值（默认状态为整幅图像范围，可以应用 Inquire Box 定义子区）。

（10）单击 OK 按钮，关闭 Natural Color 对话框，进行自然彩色变换处理。自然彩色变换处理结果如图 5-64 所示。

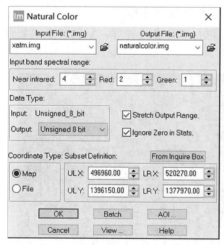

图 5-63　Natural Color 对话框

图 5-64　自然彩色变换处理结果

5.4.5　密度分割

将一幅图像的灰度值分割成一系列的区间，对每个区间赋予一种颜色，输入图像中所有落在给定区间内的灰度值将在输出图像中显示一个相同的灰度值。也就是说，密度分割是指对单波段灰度遥感图像按灰度分层，对每层赋予不同的色彩，以此控制成像系统的彩色显示，从而得到一幅假彩色密度分割图像。密度分割中的彩色是人为赋予的，与地物的真实色彩毫无关系，因此也称伪彩色。经过密度分割后，灰度图像的可分辨力得到明显提高，如果分层方案与地物的光谱特性差异对应较好，就可以较准确地区分地物类别。

密度分割的处理过程包括：输入单波段图像；显示该单波段图像的灰度直方图或灰度属性表；根据其灰度分布确定分割的等级数，并计算分割的间距；像元灰度值的转换，为像元新值赋色，形成一幅伪彩色图像。本节所用数据可以任选一幅遥感图像，采用其中一个波段的数据。在 ERDAS 2020 中进行密度分割形成伪彩色图像的操作步骤如下。

（1）选择 File→Open Raster Layer 选项，打开 Select Layer To Add 对话框，选择 wuhan.img 图像，如图 5-65 所示。单击 Raster Options 选项卡，在 Display as 下拉列表中选择 Pseudo Color 选项，如图 5-66 所示，单击 OK 按钮，打开单波段遥感图像，如图 5-67 所示。

（2）选择 Home→Inquire→Inquire（Legacy）选项，打开如图 5-68 所示的对话框，移动十字架查看像元的属性。该操作可以查看所关注地物的灰度值，以便决定密度分割间距。

（3）在初始界面（见图 5-67）的菜单栏中选择 Table→ShowAttributes 选项，打开图像属性表，如图 5-69 所示。

图 5-65　Select Layer To Add 对话框

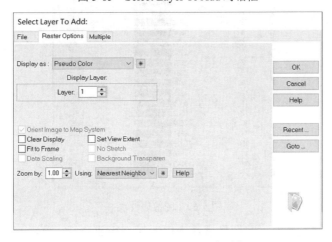

图 5-66　Raster Options 选项卡

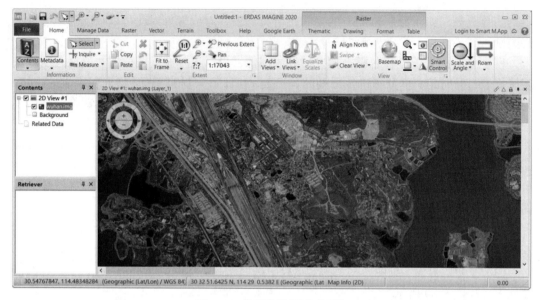

图 5-67　打开单波段遥感图像

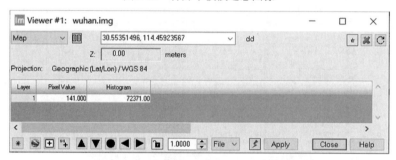

图 5-68　查看单个像元的灰度属性

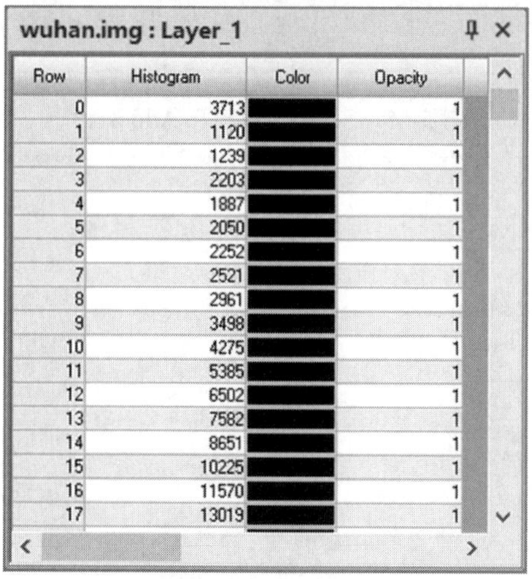

Row	Histogram	Color	Opacity
0	3713		1
1	1120		1
2	1239		1
3	2203		1
4	1887		1
5	2050		1
6	2252		1
7	2521		1
8	2961		1
9	3498		1
10	4275		1
11	5385		1
12	6502		1
13	7582		1
14	8651		1
15	10225		1
16	11570		1
17	13019		1

图 5-69　图像属性表

（4）根据密度分割间距，在图像属性表中选择一行或多行，单击 Color 选项改变其颜色，结果如图 5-70 所示。可以只为所关注的一类或几类地物赋色。

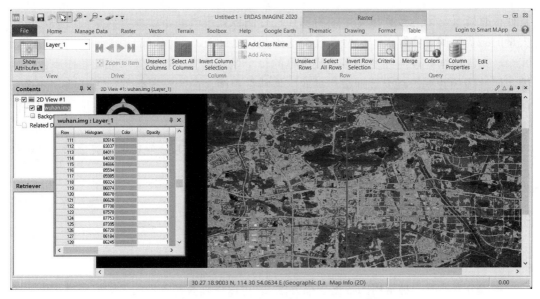

图 5-70　为单一灰度值区间赋色后的图像

（5）根据密度分割间距，重复步骤（4），对不同灰度值区间的像元设置不同的颜色，合成伪彩色图像，如图 5-71 所示。

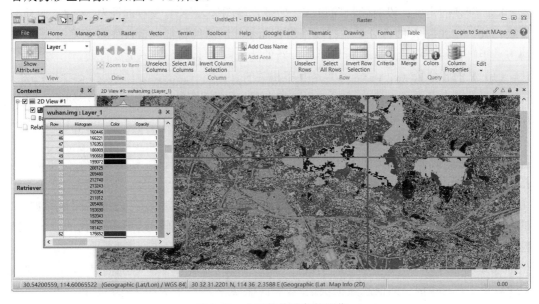

图 5-71　合成的伪彩色的图像

5.5　光谱增强处理

遥感多光谱图像，特别是 Landsat TM 图像等，波段多、数据量大，对这些图像进行解译很有意义。因为数据量太大，所以在进行图像处理时通常会耗费大量的时间、占据大量的磁盘空间。实际上，一些波段的遥感数据之间有不同程度的相关性，存在着数据冗余。光谱增强处理通过变换多波段数据的每个像元值来进行图像增强，其作用包括压缩相似波段的数据，减少数据量；提取图像特征更明显的新波段数据，进行数学变换和计算，其变换的本质是对遥感图像进行线性变换，使多光谱空间的坐标系按一定的规律进行旋转。

多光谱空间是一个 n 维坐标系，每个坐标轴代表一个波段，坐标值为亮度值，坐标系内的每个点代表一个像元。

5.5.1　主成分变换与主成分逆变换

1．主成分变换

主成分变换是一种常用的数据压缩方法，它可以将具有相关性的多波段数据压缩到完全独立的、较少的几个波段上，使图像数据更易于解译。主成分变换是建立在统计特征基础上的多维正交线性变换，是一种离散的 Karhunen-Loeve 变换，又叫 K-L 变换。ERDAS 2020 提供的主成分变换功能最多可以对 256 个波段的图像进行变换。

K-L 变换的定义：设有随机向量 X（如多光谱图像），K-L 变换是形如 $Y=AX$ 的一种变换，其中 Y 是将 X 的各分量进行线性组合而生成的新的特征向量，变换矩阵 A 是 X 的协方差矩阵的特征向量矩阵的转置矩阵。新的随机向量 Y 具有以下重要性质。

（1）Y 的各分量（$y_1, y_2, \cdots, y_n$）是互不相关的。

（2）Y 的各分量按顺序所承载的原随机向量 X 中的信息量是由大到小排列的，即 y_1 承载的信息量最大，y_n 承载的信息量最小。

（3）Y 的均值向量为零向量 $E(Y)=0$。

由此可见，K-L 变换实现了在多光谱空间中的坐标系变换，新坐标系的各坐标轴依次指向特征空间中变量方差最大、次大直至最小的各个方向。从几何意义上来看，变换后的主分量空间坐标系与变换前的多光谱空间中的坐标系相比旋转了一个角度，而且新坐标系的坐标轴一定指向数据信息量较大的方向。以二维空间为例，假定某图像像元的分布呈椭圆状，那么经过旋转后，新坐标系的坐标轴一定指向椭圆的长半轴和短半轴方向，这两个坐标轴分别称为第一主成分和第二主成分。第一主成分中集中了大量的信息，通常占 80%以上，第二、三主成分的信息量很快递减，所以信息减少时便突出了噪声，最后的分量几乎全是噪声，所以 K-L 变换又可分离出噪声。

K-L 变换后的前几个主成分已经包含了绝大多数地物信息，数据量大大减少，达到了数据压缩的目的。同时前几个主成分信噪比大，噪声相对较小，因此突出了主要信息，达到了增强图像的目的。本节所用数据为 lidu.img。在 ERDAS 2020 中进行主成分变换处理的操作步骤如下。

（1）选择 Raster→Spectral→Principal Components 选项，打开 Principal Components 对话框，如图 5-72 所示。

（2）确定输入文件（Input File）：lidu.img。

（3）定义输出文件（Output File）：lidupct.img。

（4）文件坐标类型（Coordinate Type）：Map。

（5）处理范围确定（Subset Definition）：在 UL X/Y、LR X/Y 微调框中输入需要的

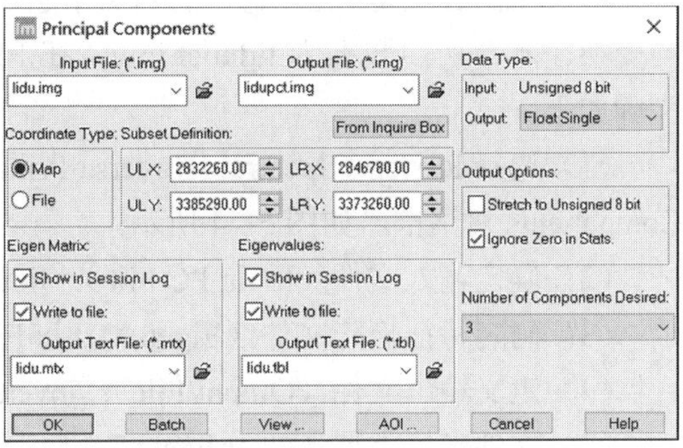

图 5-72　Principal Components 对话框

数值（默认状态为整幅图像范围，可以应用 Inquire Box 定义子区）。

（6）输出数据类型（Output Data Type）：Float Single。

（7）输出数据统计时忽略零值：勾选 Ignore Zero in Stats.复选框。

（8）特征矩阵输出设置（Eigen Matrix）。

① 若需要在运行日志中显示，则勾选 Show in Session Log 复选框；若需要写入特征矩阵文件，则勾选 Write to File 复选框（必选项，在进行主成分逆变换时需要）。

② 特征矩阵文件名（Output Text File）：lidu.mtx。

（9）特征数据输出设置（Eigenvalues）。

① 若需要在运行日志中显示，则勾选 Show in Session Log 复选框；若需要写入特征矩阵文件，则勾选 Write to File 复选框。

② 特征矩阵文件名（Output Text File）：lidu.tbl。

（10）需要的主成分数量（Number of Components Desired）：3。

（11）单击 OK 按钮，关闭 Principal Components 对话框，进行主成分变换处理。主成分变换处理结果如图 5-73 所示。

图 5-73　主成分变换处理结果

2．主成分逆变换

主成分逆变换是指将经主成分变换得到的图像重新恢复到 RGB 色彩空间。在应用

时，输入图像必须是经主成分变换得到的图像，而且必须有当时的特征矩阵（*.mtx）参与变换。本节所用数据为 lidupct.img。在 ERDAS 2020 中进行主成分逆变换处理的操作步骤如下。

（1）选择 Raster→Spectral→Inverse Principal Components 选项，打开 Inverse Principal Components 对话框，如图 5-74 所示。

（2）确定输入文件（Input PC File）：lidupct.img。

（3）确定特征矩阵文件（Eigen Matrix File）：lidu.mtx。

（4）定义输出文件（Output File）：inverse_pc.img。

（5）文件坐标类型（Coordinate Type）：Map。

（6）处理范围确定（Subset Definition）：在 UL X/Y、LR X/Y 微调框中输入需要的数值（默认状态为整幅图像范围，可以应用 Inquire Box 定义子区）。

（7）输出数据选择（Output Options）。

若输出数据拉伸到 0～255，则勾选 Stretch to Unsigned 8 bit 复选框。

若输出数据统计时忽略零值，则勾选 Ignore Zero in Stats.复选框。

（8）单击 OK 按钮，关闭 Inverse Principal Components 对话框，进行主成分逆变换处理。主成分逆变换处理结果如图 5-75 所示。

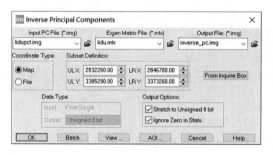

图 5-74　Inverse Principal Components 对话框

图 5-75　主成分逆变换处理结果

5.5.2　缨帽变换

缨帽变换是针对植物学家所关心的植被图像特征,在植被研究中对原始图像数据结构轴进行旋转,优化图像数据显示效果的技术,是由 R. J. Kauth 和 G. S. Thomas 两位学者提出来的一种经验性的多波段图像线性正交变换,因此又叫 K-T 变换技术。缨帽变换的基本思想是,多波段（N 波段）图像可以看成 N 维空间,每个像元都是 N 维空间中的一个点,其位置取决于像元在各个波段上的数值。缨帽变换也是一种坐标空间发生旋转的线性组合变换,但旋转后的坐标轴不指向主成分方向,而指向与地物有密切关系的方向。缨帽变换的应用主要针对 TM 数据和曾经广泛使用的 MSS 数据,它抓住了地物,特别是植被和土壤在多光谱空间的特征,为植被研究提供了一种优化显示方法。专家研究表明,植被信息可以通过三个数据轴（亮度轴、绿度轴、湿度轴）来确定,而这三个数据轴上的信息可以通过简单的线性计算和数据空间旋转获得,当然还需要定义相关的转换系数。同时,由于这种旋转与传感器有关，因此还需要确定传感器类型。

亮度轴表示土壤反射率变化的方向；绿度轴表示与绿色植被量高度相关的方向；湿度轴表示与植被冠层和土壤湿度相关的方向。在 ERDAS 2020 中还定义了第四个应用轴，即霾度轴，用于反映场景中的雾气。根据这些轴的意义，可以将这些变换应用于农作物的生长过程，在 T-C 坐标视面（亮度、绿度、湿度两两构成的坐标平面）上观察农作物明显的位置变化过程，反映农作物叶片的叶绿素含量随生长期的变化，从而进行农作物生长情况的监测分析。本节所用数据为 lidu.img。在 ERDAS 2020 中进行缨帽变换处理的操作步骤如下。

（1）选择 Raster→Spectral→Tasseled Cap 选项，打开 Tasseled Cap 对话框，如图 5-76 所示。

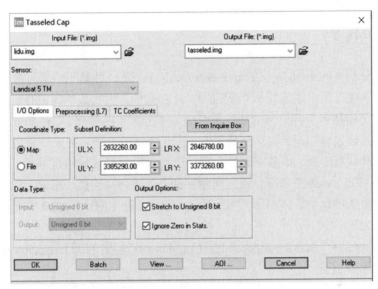

图 5-76　Tasseled Cap 对话框

（2）确定输入文件（Input File）：lidu.img。

（3）定义输出文件（Output File）：tasseled.img。

（4）确定传感器类型（Sensor）：Landsat 5 TM。

（5）在 I/O Options 选项卡下设置相关参数（见图 5-76）。

① 文件坐标类型（Coordinate Type）：Map。

② 处理范围确定（Subset Definition）：在 UL X/Y、LR X/Y 微调框中输入需要的数值（默认状态为整幅图像范围，可以应用 Inquire Box 定义子区）。

③输出数据选择（Output Options）。

若输出数据拉伸到 0～255，则勾选 Stretch to Unsigned 8 bit 复选框。

若输出数据统计时忽略零值，则勾选 Ignore Zero in Stats.复选框。

（6）在 TC Coefficients 选项卡下设置相关参数（见图 5-77）。

定义相关系数（Coefficient Definition）：可使用系统默认值。

（7）单击 OK 按钮，关闭 Tasseled Cap 对话框，进行缨帽变换处理。缨帽变换处理结果如图 5-78 所示。

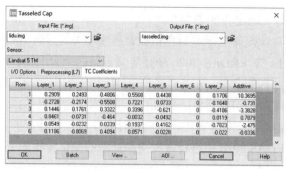

Row	Layer_1	Layer_2	Layer_3	Layer_4	Layer_5	Layer_6	Layer_7	Additive
1	0.2909	0.2493	0.4806	0.5568	0.4438	0	0.1706	10.3695
2	-0.2728	-0.2174	-0.5508	0.7221	0.0733	0	-0.1648	-0.731
3	0.1446	0.1761	0.3322	0.3396	-0.621	0	-0.4186	-3.3828
4	0.8461	-0.0731	-0.464	-0.0032	-0.0492	0	0.0119	0.7879
5	0.0549	-0.0232	0.0339	-0.1937	0.4162	0	-0.7823	-2.475
6	0.1196	-0.8069	0.4094	0.0571	-0.0228	0	-0.022	-0.0336

图 5-77 TC Coefficients 选项卡　　　　图 5-78 缨帽变换处理结果

5.5.3 独立分量分析

独立分量分析（Independent Components Analysis）是一种基于盲信号分离技术发展起来的新技术，不仅在地学遥感领域有所应用，还在通信、生物医学领域有所应用。基本的独立分量分析是指从多个源信号的线性混合信号中分离出源信号。除已知源信号是统计独立的以外，无其他先验知识。独立分量分析不同于主成分分析，主成分分析基于二阶统计量的协方差矩阵进行分析，而独立分量分析基于更高阶的统计量进行分析。在主成分分析去相关特性的基础上，还能获得分量之间相互独立的特性。因此，相较主成分分析，独立分量分析具有更大的优势。本节所用数据为 lidu.img。在 ERDAS 2020 中进行独立分量分析的操作步骤如下。

（1）选择 Raster→Spectral→Independent Components 选项，打开 Independent Components 对话框，如图 5-79 所示。

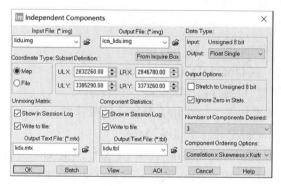

图 5-79 Independent Components 对话框

（2）确定输入文件（Input File）：lidu.img。

（3）定义输出文件（Output File）：ica_lidu.img。

（4）文件坐标类型（Coordinate Type）：Map。

（5）处理范围确定（Subset Definition）：在 UL X/Y、LR X/Y 微调框中输入需要的数值（默认状态为整幅图像范围，可以应用 Inquire Box 定义子区）。

（6）输出数据类型选择（Output Data Type）：Float Single。

（7）输出数据选择（Output Options）。

若输出数据拉伸到 0～255，则勾选 Stretch to Unsigned 8 bit 复选框。

若输出数据统计时忽略零值，则勾选 Ignore Zero in Stats.复选框。

（8）对分离矩阵的输出进行设置（Unmixing Matrix）：勾选 Show in Session Log 复选框和 Write to file 复选框，确定在日志中显示特征矩阵并将其保存到特征矩阵文件中。

确定特征矩阵输出文件名（Output Text File）：lidu.mtx。

（9）对成分统计的输出进行设置（Component Statistics）：勾选 Show in Session Log 复选框和 Write to file 复选框，确定在日志中显示特征矩阵并将其保存到成分统计文件中。

确定成分统计输出文件名（Output Text File）：lidu.tbl。

（10）选择需要分离出的独立分量数量（Number of Components Desired）：3。

（11）选择分量排序（Component Ordering Options）：Correlation×Skewness×Kurtosis。

（12）单击 OK 按钮，关闭 Independent Components 对话框，进行独立分量分析。独立分量分析结果如图 5-80 所示。

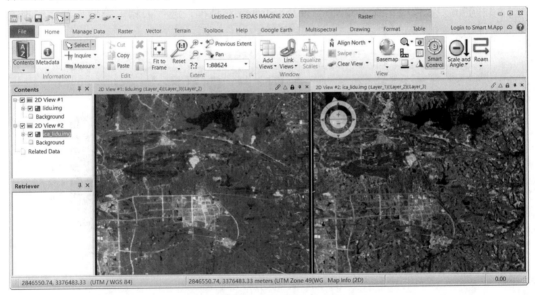

图 5-80　与独立分量分析结果

5.5.4　去相关拉伸

去相关拉伸（Decorrelation Stretch）主要应用了主成分变换与主成分逆变换，以及对比度拉伸三种工具。它与普通的对比度拉伸的区别在于，其只对输入图像的主成分进行拉伸，从而达到去除相关性的目的。去相关拉伸的原理为，先对输入图像进行主成分变换，然后对主成分图像进行对比度拉伸，最后进行主成分逆变换，并将图像还原到 RGB 色彩空间，最终达到增强图像的目的。本节所用数据为 lidu.img。在 ERDAS 2020 中进行去相关拉伸处理的操作步骤如下。

图 5-81　Decorrelation Stretch 对话框

（1）选择 Raster→Spectral→Decorrelation Stretch 选项，打开 Decorrelation Stretch 对话框，如图 5-81 所示。

（2）确定输入文件（Input File）：lidu.img。

（3）定义输出文件（Output File）：decorrelation.img。

（4）文件坐标类型（Coordinate Type）：Map。

（5）处理范围确定（Subset Definition）：在 UL X/Y、LR X/Y 微调框中输入需要的数值（默认状态为整幅图像范围，可以应用 Inquire Box 定义子区）。

（6）输出数据类型选择（Output Data Type）：Unsigned 8 bit（可选）。

（7）输出数据选择（Output Options）。

若输出数据拉伸到 0～255，则勾选 Stretch to Unsigned 8 bit 复选框。

若输出数据统计时忽略零值，则勾选 Ignore Zero in Stats.复选框。

（8）单击 OK 按钮，关闭 Decorrelation Stretch 对话框，进行去相关拉伸处理。去相关拉伸处理结果如图 5-82 所示。

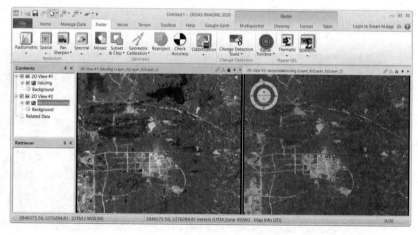

图 5-82　去相关拉伸处理结果

思考与练习

1．何谓灰度直方图？如何通过灰度直方图判断图像的质量？

2．图像增强处理的目的是什么？

3．对比分析图像增强处理前后的差别及采用各种方法处理的效果差异。

4．图像增强处理有哪些方法？比较分析各种方法的适用情形。

5．在进行去条带处理时如何选择模板？

6．遥感图像主成分变换的目的和意义分别是什么？

7．图像边缘提取的目的是什么？有哪些方法？

8．比较彩色合成与密度分割的区别和应用意义。

第 6 章

实用分析

- - - - - - - -

本章的主要内容：

◆ 代数运算

◆ 函数分析

◆ 图像掩膜

◆ 聚合处理

◆ 形态学计算

◆ 变化检测

ERDAS 2020 中提供了多种实用的图像分析工具，本章选取其中较为常用的几种进行介绍和演示，具体包括代数运算、函数分析、图像掩膜、聚合处理、形态学计算、变化检测等工具。

6.1 代数运算

针对两幅或多幅已配准的单波段图像，通过一系列代数运算，可以实现图像增强，达到提取某些信息或去掉某些不必要的信息的目的。ERDAS 2020 中所包含的代数运算功能模块如图 6-1 所示。

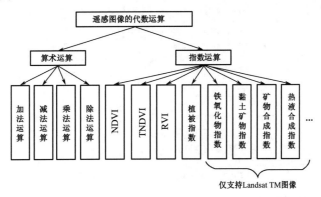

图 6-1 ERDAS 2020 中所包含的代数运算功能模块

其中，遥感图像的算术运算可以对遥感图像进行预处理，能去除某些噪声，也能增强图像中的某些信息。例如，加法运算可以去除"叠加性"随机噪声，也可生成图像叠加效果；减法运算可以消除"背景"影响，也可以使用差影法来检测同一场景中两幅图像之间的变化；乘法运算可以用来显示局部的图像；除法运算常用于突出遥感图像中的植被特征、提取植被类别或估算植被生物量，其对土壤富水性差异、微地貌变化、地球化学反应引起的微小光谱变化等与隐伏构造信息有关的线性特征有不同程度的增强效果。指数计算广泛应用于地质探测和植被分析，可以在不同岩石类型和植被种类间产生细小的差别。

6.1.1 算术运算

ERDAS 2020 中的算术运算（Operators）是指按照系统提供的 6 种算术运算符（加、减、乘、除、幂、模）对两幅输入图像进行简单的算术运算处理。

算术运算工具的使用过程如下。

（1）在 Raster 菜单下选择 Scientific→Functions→Two Image Functions 选项，如图 6-2 所示，打开 Two Input Operators 对话框，如图 6-3 所示。

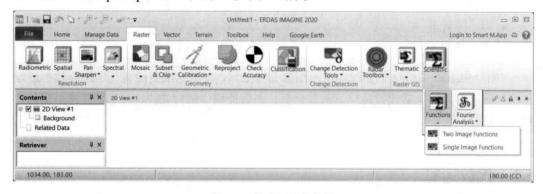

图 6-2　算术运算菜单栏

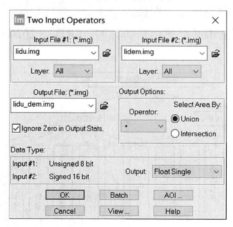

图 6-3　Two Input Operators 对话框

（2）选择第一张图像（Input File#1）：lidu.img。Layer 选择 All。

（3）选择第二张图像（Input File#2）：lidem.img。Layer 选择 All。

（4）定义输出文件（Output File）：lidu_dem.img。

（5）输出数据统计时忽略零值：勾选 Ignore Zero in Output Stats.复选框。

（6）选择运算操作（Operator）：+（Addition）。

（7）确定区域选择方式（Select Area By）：Union（并集）。

（8）选择输出数据类型（Output Data Type）：Float Single。

（9）单击 OK 按钮，关闭 Two Input Operators 对话框，执行算术运算。算术运算结果如图 6-4 所示。

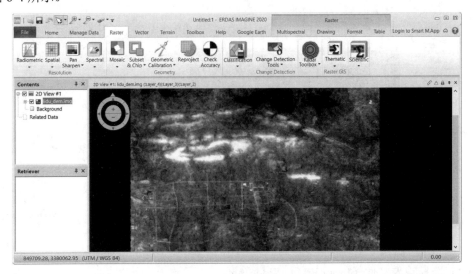

图 6-4　算术运算结果

6.1.2　指数计算

在基本运算的基础上，ERDAS 2020 还集成了一些常用的指数计算函数。

（1）归一化植被指数（NDVI）：NDVI=(NIR−R)/(NIR+R)。

其中，R 代表红波段反射值；NIR 代表近红外波段反射值。NDVI 的值在-1 和 1 之间，负值表示地面覆盖物为云、水、雪等，对可见光高反射；0 表示有岩石或裸土等，NIR 和 R 近似相等；正值表示有植被覆盖，且该正值随覆盖度增大而增大。NDVI 能反映植物冠层的背景影响，如土壤、潮湿地面、雪、枯叶等，且与植被覆盖有关。

（2）比值植被指数（RVI）：RVI=NIR/R。

植被覆盖度影响 RVI，当植被覆盖度较高时，RVI 对植被十分敏感；当植被覆盖度小于 50%时，这种敏感性明显降低。绿色健康植被覆盖地区的 RVI 远大于 1，无植被覆盖的地面（裸土、人工建筑、水体、植被枯死或严重虫害）的 RVI 在 1 附近。植被的 RVI 通常大于 2。

（3）其他指数如下。

铁氧化物（IRON OXIDE）指数：TM3/TM1。

黏土矿物（CLAY MINERALS）指数：TM5/TM7。

铁矿石（FERROUS MINERALS）指数：TM5/TM4。

这些指数通常都是图像的某些波段反射值（或其和、差）之商。在 ERDAS 2020 中，我们可以便捷地使用 Indices 功能计算这些指数。计算 NDVI 的操作步骤如下。

（1）选择 Raster→Classification→Unsupervised→NDVI（或 Indices）选项，弹出 Indices 对话框，如图 6-5 所示。

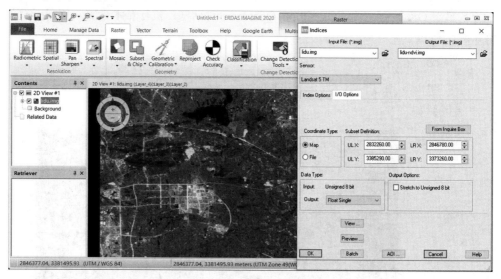

图 6-5　NDVI 计算参数设置

（2）选择输入文件（Input File）：lidu.img。

（3）选择输出文件（Output File）：lidu-ndvi.img。

（4）文件坐标类型（Coordinate Type）与数据范围（Subset Definition）保持默认设置即可。

（5）传感器类型（Sensor）需要根据图像采集时使用的传感器类型进行选择，这里选择 Landsat 5 TM。

（6）选择计算函数（Select Function）：NDVI。

（7）选择输出数据类型（Output Data Type）：Float Single。

（8）单击 OK 按钮，关闭 Indices 对话框，执行 NDVI 计算。

进行其他指数计算的操作步骤与 NDVI 计算类似，在 Indices 对话框中的 Select Function 下拉列表中选择其他函数即可。另外，在 Indices 对话框下方还有选定函数的公式，可以为操作人员提供帮助。

6.2　函数分析

ERDAS 2020 中的函数（Functions）分析是指通过调用特定的空间模型函数进行图像变换处理。ERDAS 2020 中提供了 36 种函数，包括绝对值函数（ABS）、三角函数（SIN，

COS，TAN）、反三角函数（ASIN，ACOS，ATAN）、二值函数（BINARY）、指数函数（EXP）、对数函数（LOG，LOG10）等，每次处理可以从这些函数中选取一种进行分析，因此这个过程也叫作单个输入函数处理。

本节所用数据为 ERDAS 2020 自带的演示文件夹 examples 内的 low-reso.img 文件。函数分析工具的使用过程如下。

（1）在 Raster 菜单下选择 Scientific→Functions→Single Image Functions 选项，打开 Single Input Functions 对话框，如图 6-6 所示。

（2）选择输入图像文件（Input File）：low-reso.img。

（3）设置输出图像文件（Output File）：low-reso_function.img。

（4）文件坐标类型（Coordinate Type）：Map。

（5）处理范围确定（Subset Definition）：在 UL X/Y、LR X/Y 微调框中输入需要的数值（默认状态为整幅图像的范围，可以应用 Inquire Box 定义子区）。

（6）选择处理函数（Select Function）：ATAN（反正切函数）。

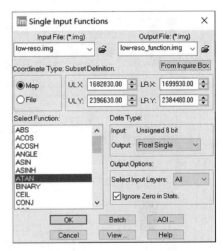

图 6-6 Single Input Functions 对话框

（7）确定数据输出类型（Output Data Type）：Float Single。

（8）输入图像数据层选择（Select Input Layers）：All。

（9）输出数据统计时忽略零值：勾选 Ignore Zero in Stats. 复选框。

（10）单击 OK 按钮，进行函数分析。等待处理进度条满后将对话框关闭，可在指定输出路径下查看相应 low-reso_function.img 文件。

6.3 图像掩膜

ERDAS 2020 中的图像掩膜（Mask）处理是按照一幅图像所确定的区域及区域编码，采用掩膜的方法从相应的另一幅图像中进行选择，产生一幅或若干幅输出图像的过程。

本节所用数据为 ERDAS 2020 自带的演示文件夹 examples 内的 lidu.img 文件和 Input.img 文件。图像掩膜工具的使用过程如下。

（1）在 Raster 菜单下选择 Subset&Chip→Mask 选项，如图 6-7 所示，打开 Mask 对话框，如图 6-8 所示。

（2）选择输入图像文件（Input File）：lidu.img。

（3）选择输入掩膜图像文件（Input Mask File）：Input.img。

（4）设置掩膜文件编码：将 city 区域的新编码设置为 1，其他分类编码设置为 0。

（5）掩膜处理窗口（Window）：Intersection。

（6）设置输出文件（Output File）：lidu_city.im。

（7）输出数据统计时忽略零值：勾选 Ignore Zero in Output Stats.复选框。

（8）确定数据输出类型（Output Data Type）：Unsigned 8 bit。

（9）点击 OK 按钮，进行图像掩膜处理。等待处理进度条满后将对话框关闭，可在指定输出路径下查看相应 lidu_city.img 文件。

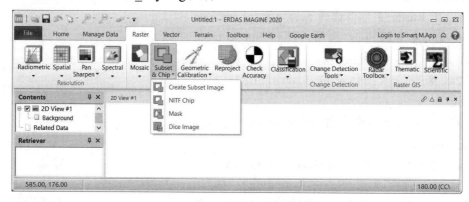

图 6-7 图像掩膜菜单

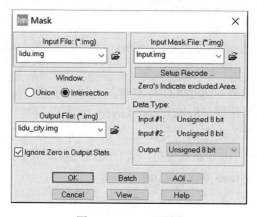

图 6-8 Mask 对话框

6.4 聚合处理

ERDAS 2020 中的聚合（Aggie）处理工具能够简化分类图像的类别，相当于降低图像的分辨率。聚合处理将输入图像分成若干个窗口，对每个窗口赋予一个像元值来反映其主要特征。可通过手动设置窗口的大小或预先设定类别的优先级，使输出文件尽可能地保留原始特征。

本节所用数据为 ERDAS 2020 自带的演示文件夹 examples 内的 Input.img 文件。聚合处理工具的使用过程如下。

（1）在 Raster 菜单下选择 Thematic→Thematic Pixel Aggregation 选项，如图 6-9 所示，打开聚合处理窗口，如图 6-10 所示。

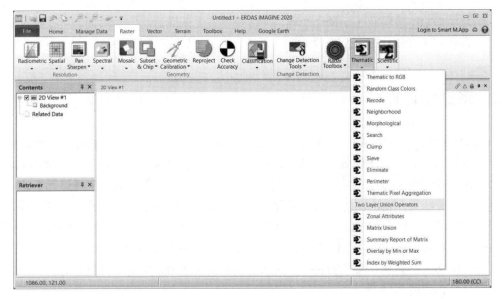

图 6-9　聚合处理菜单

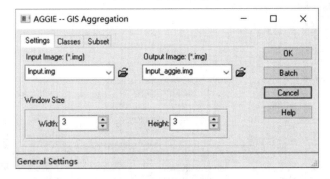

图 6-10　聚合处理窗口

（2）设置输入图像文件（Input Image）：Input.img。

（3）设置输出图像文件（Output Image）：Input_aggie.img。

（4）调整聚合处理窗口大小（Window Size）。

（5）单击 Classes 选项卡，在 Priority 字段内设置类别的优先级，如图 6-11 所示。

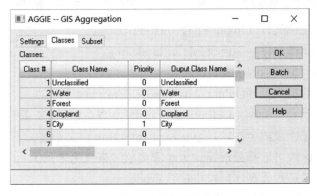

图 6-11　调整类别优先级

（6）单击 OK 按钮，进行聚合处理。等待处理进度条满后将窗口关闭，可在指定输出路径下查看相应 Input_aggie.img 文件。

6.5 形态学计算

ERDAS 2020 中的形态学（Morphological）计算是针对二值图像，依据数学形态学的集合论方法进行运算的图像处理方法。通常形态学图像处理表现为一种领域运算形式，一种特殊定义的领域称为结构元素，在每个像元位置上与二值图像对应的区域进行特定的逻辑运算，运算结果即输出图像的对应像元。形态学计算的效果取决于结构元素的大小、内容及逻辑运算的性质。ERDAS 2020 提供的形态学计算包括工具侵蚀（Erode）、扩张（Dilate）、打开（Open）、关闭（Close）。形态学计算工具的使用过程如下。

（1）在 Raster 菜单下选择 Thematic→Morphological 选项，如图 6-12 所示，打开形态学计算对话框，如图 6-13 所示。

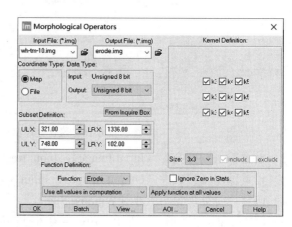

图 6-12 形态学计算菜单栏　　　　图 6-13 形态学计算对话框

（2）选择输入图像文件（Imput File）：wh-tm-10.img。

（3）设置输出图像文件（Output File）：erode.img。

（4）文件坐标类型（Coordinate Type）：Map。

（5）选择输出数据类型（Output Data Type）：Unsigned 8 bit。

（6）处理范围确定（Subset Definition）：在 UL X/Y、LR X/Y 微调框中输入需要的数值（默认状态为整幅图像的范围，可以应用 Inquire Box 定义子区）。

（7）在核定义区域可选择处理窗口大小和形状（默认为矩形）。

（8）确定形态学函数类型（Function）：Erode。

（9）单击 OK 按钮，进行形态学计算。等待处理进度条满后将对话框关闭，可在指定输出路径下查看相应 erode.img 文件。

（10）对比形态学计算输入文件和输出文件，如图 6-14 所示。

图 6-14　形态学计算结果

6.6　变化检测

ERDAS 2020 中的变化检测（Change Detection）是根据两个时期的遥感图像来计算其差异的图像处理方法，系统可以根据用户所定义的阈值来标明重点变化区域，并输出两个分析结果文件，即图像变化文件（Image Difference File）和主要变化区域文件（Highlight Change File）。

本节所用数据为 ERDAS 自带的演示文件夹 examples 内的 guanggu-10.img 文件和 guanggu-18.img 文件。变化检测工具的使用过程如下。

（1）在 Raster 菜单下选择 Change Detection Tools→Image Difference 选项，如图 6-15 所示，打开变化检测对话框，如图 6-16 所示。

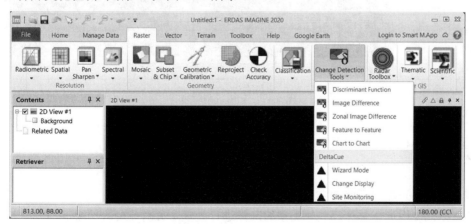

图 6-15　变化检测菜单

（2）选择变化前图像文件（Before Image）：guanggu-10.img。

（3）选择变化后图像文件（After Image）：guanggu-18.img。

（4）设置图像数据层（Layer）：1。

（5）设置输出图像变化文件（Image Different File）：gg_difference.img。

（6）设置输出主要变化区域文件（Highlight Change File）：gg_change.img。

（7）选择主要变化指标（Highlight Changes）：①变化比例（As Percent），适用于连续色调图像分析；②变化数值（As Value），适用于 GRID 图像变化分析。

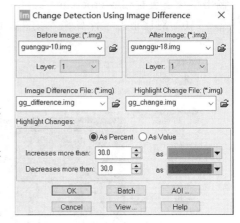

图 6-16 变化检测对话框

（8）确定主要变化数量与颜色：①增加数量与颜色（Increase more than），30.0 as Green；②减少数量与颜色（Decrease more than），30.0 as Red。

（9）单击 OK 按钮，进行变化检测。变化检测结果如图 6-17 所示。

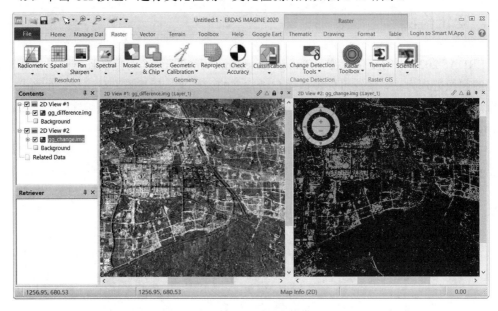

图 6-17 变化检测结果

思考与练习

1．选取感兴趣的图像，尝试使用掩膜工具对其进行裁剪。

2．尝试使用形态学计算其他类型的函数进行处理，并对比处理结果。

3．选择几个常用的植被指数进行操作练习，并比较其结果的差异。

第 7 章

遥感图像融合

· · · · · · · ·

本章的主要内容：

◆ 遥感图像融合原理及功能模块

◆ 分辨率融合

◆ IHS 融合

◆ HPF 融合

◆ 小波变换融合

遥感图像融合是指将多源遥感图像按照一定的算法，在规定的地理坐标系中生成新的图像的过程。全色图像一般具有较高的空间分辨率（如 SPOT 全色图像的空间分辨率为 10m），而多光谱图像的光谱信息较丰富（SPOT 图像有 3 个波段，TM 图像有 7 个波段），为提高多光谱图像的空间分辨率，可以将全色图像与多光谱图像融合。

ERDAS 2020 提供了多种工具来进行遥感图像融合，如分辨率融合、IHS 融合、HPF 融合、小波变换融合等。本章主要介绍几种遥感图像融合的基本原理和操作流程。

7.1 遥感图像融合原理及功能模块

多源遥感图像融合是指将由不同传感器获得的同一区域的图像或由同一传感器在不同时刻获得的同一区域的图像，经过相应的融合技术处理得到一幅新图像的过程。得到的新图像可克服单一传感器图像在几何分辨率、光谱分辨率和空间分辨率等方面存在的局限性和差异性，提高图像质量，丰富图像信息，从而有利于对物理现象和事件进行定位、识别和解释。

ERDAS 2020 提供了多种工具来进行遥感图像融合，主要包括分辨率融合、IHS 融合、HPF 融合和小波变换融合，其功能模块如图 7-1 所示。

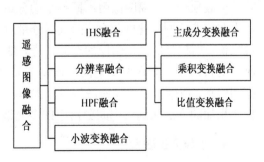

图 7-1　遥感图像融合功能模块

1．分辨率融合

分辨率融合（Resolution Merge）是指对具有不同空间分辨率的遥感图像进行融合处理，使处理后的遥感图像既具有较高的空间分辨率，又具有多光谱特征，从而达到图像增强的目的。ERDAS 2020 提供了 3 种分辨率融合方法。

（1）主成分变换融合。主成分变换融合是建立在图像统计特征基础上的多维线性变换融合方法，具有方差信息浓缩、数据量压缩的作用，可以更准确地揭示多波段数据结构内部的遥感信息，常以高分辨率数据替代多波段数据变换以后的第一主成分，以达到融合的目的。

（2）乘积变换融合。乘积变换融合应用最基本的乘积组合算法直接对具有两种空间分辨率的遥感图像进行融合，即

$$B_{i\_new} = B_{i\_m} \times B_h \qquad (7\text{-}1)$$

式中，B_{i_new} 表示融合以后的波段数值（$i=1,2,3,\cdots,n$）；B_{i_m} 表示多波段图像中的任意一个波段数值；B_h 表示高空间分辨率遥感数据。

（3）比值变换融合。比值变换融合将输入遥感数据的 3 个波段按照

$$B_{i\_new} = [B_{i\_m}/(B_{r\_m} + B_{g\_m} + B_{b\_m})] \times B_h \qquad (7\text{-}2)$$

进行计算，获得融合以后各波段的数值。式中，B_{r_m}、B_{g_m}、B_{b_m} 分别表示多波段图像中的红、绿、蓝波段数值。

2．IHS 融合

在第 5 章中，对 IHS 色彩空间与 RGB 色彩空间进行了介绍。在 IHS 色彩空间中，I 表示亮度，主要反映图像中地物反射的全部能量和图像中所包含的空间信息，对应于图像的地面分辨率；H 表示色度，指组成色彩的主波长，由红、绿、蓝三原色的比重决定；S 表示饱和度，代表颜色的纯度；H 与 S 代表图像的光谱分辨率。因此，可以把用 RGB 色彩空间表示的遥感图像的 3 个波段变换到 IHS 色彩空间，然后用另一幅具有高空间分辨率的遥感图像的波段代替其中的 I 值，再变换回 RGB 色彩空间，形成新的图像。这样做既可获得较高的空间分辨率，又可获得较高的光谱分辨率。这就是 IHS 融合的基本原理。

3．HPF 融合

HPF 融合使用 HPF（High Pass Filtering，高通滤波）算法来实现遥感图像融合。

一般来说，一幅图像由不同频率的分量组成。根据图像频谱的概念，高频分量对应图像中灰度值急剧变化的部分，而低频分量对应图像中灰度值缓慢变化的部分。对于遥感图像来说，高频分量包含图像的空间信息，低频分量则包含图像的光谱信息。因为遥感图像融合的目的是尽量保留低空间分辨率多光谱图像的光谱信息和高空间分辨率全色图像的空间信息，所以可以用高通滤波算法提取出高空间分辨率全色图像的空间信息，然后采用像元相加的方法加到低空间分辨率的多光谱图像上，这样就可以实现遥感图像的融合。

4．小波变换融合

小波变换可以使图像的压缩、传输和分析更加便捷。不像以正弦函数为基础函数的傅

里叶变换，小波变换基于一些小型波，具有小型波变换的频率和有限的持续时间。对于图像而言，小波变换就是将图像分解成频率域上各个频率上的子图像，以代表原始图像的各个特征分量，这种基于小波变换的图像融合可以根据不同的特征分量采用不同的融合方法以达到最佳的融合效果。

在一幅图像的小波分解中，绝对值较大的小波高频系数对应灰度值急剧变化的点，也就是图像中对比度变化较大的边缘特征，如边界、亮线及区域轮廓。融合的效果就是，对同样的目标，若融合前其在图像 A 中比在图像 B 中显著，则融合后图像 A 中的目标被保留，图像 B 中的目标被忽略。这样，图像 A、B 中目标的小波变换系数将在不同的分辨率水平上占统治地位，从而在最终的融合图像中，图像 A、B 中的显著目标都被保留。

通过遥感图像融合，可以获得比任何单一数据更精确、更丰富的信息，生成一幅具有新的空间、波谱、时间特征的合成图像。遥感图像融合不仅是数据间的简单复合，还强调信息的优化，以突出有用的专题信息，去除或抑制无关的信息，改善目标识别的图像环境，从而增加解译的可靠性，减少模糊性（多义性、不完全性、不确定性和误差），改善分类效果，扩大应用范围。

7.2　分辨率融合

分辨率融合的关键是融合前两幅图像的配准（Rectification）及处理过程中融合方法（Method）的选择，只有对具有不同空间分辨率的图像精确地进行配准，才可能得到满意的融合效果。

本节采用主成分变换法融合作为示例，所用数据为 high-reso.img。在 ERDAS 2020 中进行分辨率融合处理的操作步骤如下。

在 Raster 菜单下选择 Pan Sharpen→Resolution Merge 选项，打开 Resolution Merge 对话框，如图 7-2 所示。

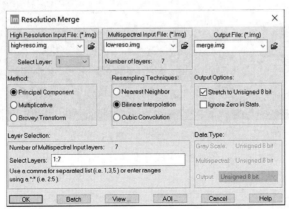

图 7-2　Resolution Merge 对话框

（1）确定高分辨率输入文件（High Resolution Input File）：high-reso.img。

（2）确定多光谱输入文件（Multispectral Input File）：low-reso.img。

（3）定义输出文件（Output File）：merge.img。

（4）选择融合方法（Method）：Principal Component（主成分变换融合）。另外两种融合方法是 Multiplicative（乘积变换融合）和 Brovey Transform（比值变换融合）。

（5）选择重采样方法（Resampling Techniques）：Bilinear Interpolation（双线性内插法）。另外两种重采样方法分别是 Nearest Neighbor（最邻近像元法）、Cubic Convolution（三次卷积法）。

（6）输出选项（Output Options）：Stretch to Unsigned 8 bit。

（7）波段选择（Select Layers）：1：7。

（8）单击 OK 按钮，关闭 Resolution Merge 对话框，进行分辨率融合。

对融合方法的选择，取决于被融合图像的特征及融合目的。同时，需要对融合方法的原理有正确的认识。在 ERDAS 2020 中进行分辨率融合的方法有主成分变换融合、乘积变换融合、比值变换融合。

7.2.1　主成分变换融合

主成分变换融合的具体过程：首先，对输入的多波段遥感数据进行主成分变换；其次，以高空间分辨率遥感数据替代变换以后的第一主成分；最后，进行主成分逆变换，生成具有高空间分辨率的多波段融合图像。

主成分变换融合结果如图 7-3 所示。

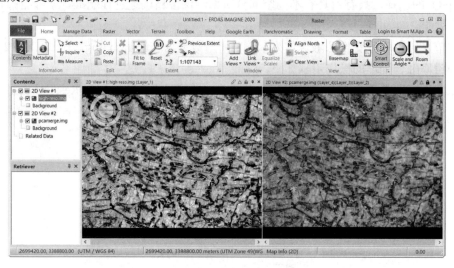

图 7-3　主成分变换融合结果

7.2.2　乘积变换融合

乘积变换融合是由 Crippen 的 4 种分析技术演变而来的。Crippen 的研究表明，在对具有一定亮度的图像进行变换处理时，只有乘积变换可以使其色彩保持不变。

仍然用上述步骤、数据进行分辨率融合，采用乘积变换融合方法，得到的结果如图 7-4 所示。

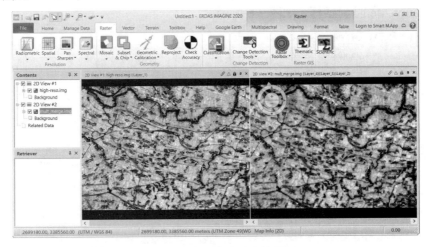

图 7-4　乘积变换融合结果

7.2.3　比值变换融合

在进行比值变换融合时，由于多光谱输入数据的波段数为 7，因此选择第 4、3、2 波段参与计算，得到的结果如图 7-5 所示。

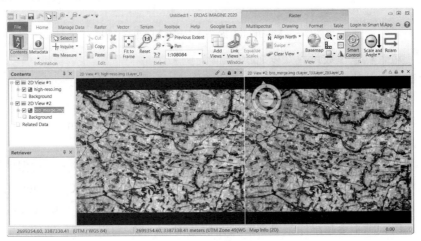

图 7-5　比值变换融合结果

7.3　IHS 融合

ERDAS 2020 的 IHS 融合功能使用由 Yusuf Siddiqui 于 2003 年提出的一种改进的 IHS 变换方法来进行融合，可以对高分辨率的全色图像和低分辨率的多光谱图像进行融合，融合的结果既具有高空间分辨率，又具有高光谱分辨率。

在 Raster 菜单下选择 Pan Sharpen→Modified IHS Resolution Merge 选项，打开 Modified IHS Resolution Merge 对话框，如图 7-6 所示。

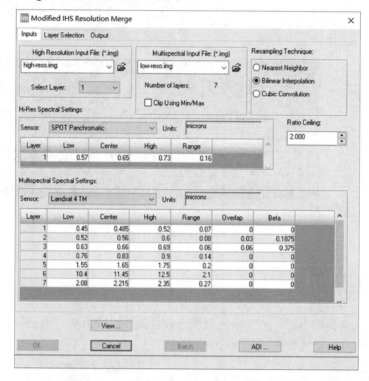

图 7-6　Modified IHS Resolution Merge 对话框

首先，进行以下参数设置（以 spots.img 为例）。

（1）确定高分辨率输入文件（High Resolution Input File）：high-reso.img。

（2）选择高分辨率图像参与运算的波段（Select Layer）。

（3）确定多光谱输入文件（Multispectral Input File）：low-reso.img。

（4）显示多光谱图像的波段数（Number of layers）。

（5）用多光谱数据像元的最大值和最小值来规定重采样后的多光谱数据的像元值范围：勾选 Clip Using Min/Max 复选框。只有选择三次卷积法（Cubic Convolution），这个设置才有效，因为最邻近像元法（Nearest Neighbor）和双线性内插法（Bilinear Interpolation）产生的像元值范围不会超出原来数据的像元值范围，而三次卷积法产生的像元值范围可能超出。

（6）选择重采样方法（Resampling Technique）：Bilinear Interpolation（双线性内插法）。另外两种重采样方法分别是 Nearest Neighbor（最邻近像元法）、Cubic Convolution（三次卷积法）。

（7）设置高空间分辨率图像信息（Hi-Res Spectral Settings）。

（8）设置亮度修正系数的上限（Ratio Ceiling）。

（9）设置多光谱图像信息（Multispectral Spectral Settings）。

接着，单击 Layer Selection 选项卡，进行波段选择，如图 7-7 所示。

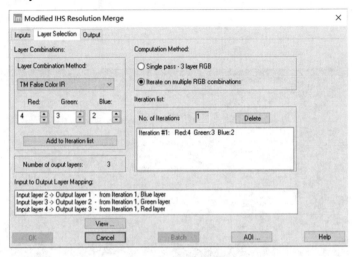

图 7-7　IHS 波段选择

（1）定义从 RGB 到 IHS 转换的波段组合方式（Layer Combination Method）。

（2）选择计算方法（Computation Method）：默认选择 Single pass-3 layer RGB（只用所选择的多光谱图像的 3 个波段进行输出图像的计算）。另一个选项是 Iterate on multiple RGB combinations（选择多于 3 个多光谱图像的波段进行输出图像的计算）若选择该选项，则需要在 Layer Combination Method 选项中再选择波段组合。

（3）单击 Add to Iteration list 按钮。

最后，单击 Output 选项卡，对输出图像进行相关设置，如图 7-8 所示。

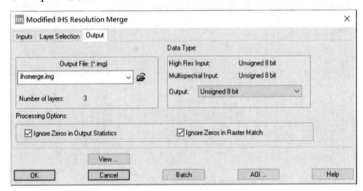

图 7-8　IHS 输出设置

（1）设置输出文件名及路径（Output File）：ihsmerge.img。

（2）设置输出图像文件的数据类型（Data Type）。

（3）输出数据统计时忽略零值：勾选 Ignore Zeros in Output Statistics 复选框。

（4）栅格图像匹配时忽略零值：勾选 Ignore Zeros in Raster Match 复选框。

（5）单击 OK 按钮，关闭 Modified IHS Resolution Merge 对话框，进行 IHS 融合。

将输出图像加载到 ERDAS 2020 中，并与原高空间分辨率图像 high-reso.img 做对比，结果如图 7-9 所示。

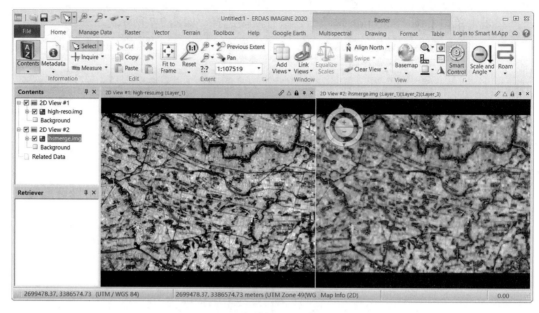

图 7-9 IHS 融合结果

7.4 HPF 融合

在 ERDAS 2020 中进行 HPF 融合的具体操作步骤如下。

在 Raster 菜单下选择 Pan Sharpen→HPF Resolution Merge 选项，打开 HPF Resolution Merge 对话框，如图 7-10 所示，并设置如下参数。

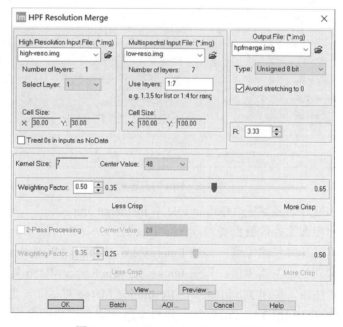

图 7-10 HPF Resolution Merge 对话框

（1）确定高空间分辨率输入文件（High Resolution Input File）：high-reso.img。

（2）选择高分辨率图像参与运算的波段（Select Layer）。

（3）确定多光谱输入文件（Multispectral Input File）：low-reso.img。

（4）选择所使用的多光谱图像的波段（Use layers）：1：7（表示选择 7 个波段）。

（5）确定输出文件名与路径（Output File）：hpfmerge.img。

（6）选择输出文件的类型（Output File Type）：Unsigned 8 bit。

（7）选择多光谱图像和高空间分辨率图像像元大小之比（R）。R 值的大小会影响以下处理过程的参数设置。

（8）设置高通滤波器的大小（Kernel Size）。这个参数取决于 R 值的设定。

（9）设置高通滤波器中心位置的数值（Center Value）。这个参数也取决于 R 值的设定。

（10）设置高通滤波处理的高空间分辨率图像在融合计算中所占的权重（Weighting Factor）。高权重使融合结果锐化，低权重使融合结果平滑。

（11）第二次高通滤波设置：勾选 2-Pass Processing 复选框。此处参数设置只有当 R 值大于或等于 5.5 时才有效。

将输出图像加载到 ERDAS 2020 中，并与原高空间分辨率图像 high-reso.img 做对比，结果如图 7-11 所示。

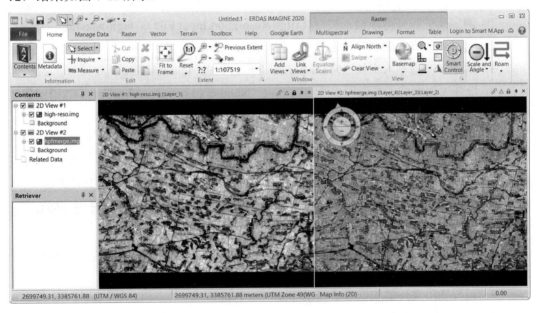

图 7-11　HPF 融合结果

7.5　小波变换融合

在 ERDAS 2020 中进行小波变换融合的操作步骤如下。

在 Raster 菜单下选择 Pan Sharpen→Wavelet Resolution Merge 选项，打开 Wavelet Resolution Merge 对话框，如图 7-12 所示。

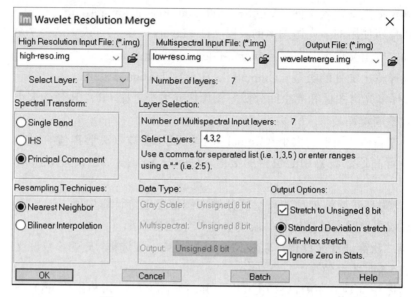

图 7-12 Wavelet Resolution Merge 对话框

（1）确定高空间分辨率输入文件（High Resolution Input File）：high-reso.img。

（2）选择高分辨率图像参与运算的波段（Select Layer）。

（3）确定多光谱输入文件（Multispectral Input File）：low-reso.img。

（4）选择所使用的多光谱图像所含的波段（Number of Layers）：7（表示多光谱图像包含 7 个波段）。

（5）确定输出文件名与路径（Output File）：waveletmerge.img。

（6）选择多光谱图像变为单波段灰度图像的方法（Spectral Transform）。其中，Single Band 表示只选择一个波段；IHS 表示使用 IHS 方法进行变换，并使用亮度分量进行融合；Principal Component 表示使用主成分变换方法进行变换，并使用第一主成分进行融合。

（7）选择进行融合的多光谱图像的波段（Layer Selection）。

（8）设置重采样的方法（Resampling Techniques）。其中，Nearest Neighbor 表示最邻近像元法；Bilinear Interpolation 表示双线性内插法。

（9）设置输出文件的数据类型（Output Data Type）。

（10）输出文件设置（Output Options）。其中，Stretch to Unsigned 8 bit 表示输出文件的像元范围拉伸到 0～255，若选择此项，则 Output 中不能设置数据类型；Ignore Zero in Stats.表示输出数据统计时忽略零值。

将输出图像加载到 ERDAS 2020 中，并与原高空间分辨率图像 high-reso.img 做对比，结果如图 7-13 所示。

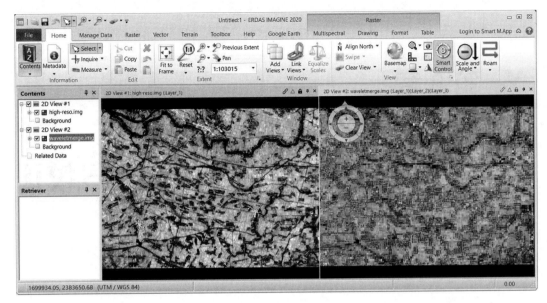

图 7-13　小波变换结果

思考与练习

1. 遥感图像融合的目的及意义是什么？
2. 遥感图像融合的方法有哪些？请通过实验对比分析其差异和特点。
3. 简述 IHS 融合的基本原理。
4. 比较分析融合处理前后图像的变化。

第 8 章

大气校正

········

本章的主要内容：
◆ 大气校正模块概述
◆ 云雾去除
◆ ATCOR-2
◆ ATCOR-3

气象和太阳高度角的变化会引起大气条件的变化，地物的光谱反射量也会受到影响。在大气的作用下，卫星影像中用户感兴趣的地物和各种要素的光谱特性失真，用户无法直接比较不同时相或不同传感器的影像。应用 ERDAS 2020 的 ATCOR Workflow for IMAGINE 模块中的大气校正与云雾去除工具可去除这些干扰。

8.1 大气校正模块概述

ERDAS 2020 的扩展模块 ATCOR（Atmospheric Correction）最初由德国宇航研究院（German Aerospace Centre）DLR 所开发，ERDAS 公司德国经销商 Geosystems GMBH（股份有限公司）将其集成到 ERDAS 内。

大气校正模块用于校正大气和照明效应及去除薄云、薄雾，以获得真实地表特征。该模块包含 3 个子模块，其中 ATCOR Dehaze 可对图像进行薄云、薄雾的去除，ATCOR-2 可对成像地区相对平坦的图像进行大气校正，ATCOR-3 可对成像地区高差变化较大的图像进行大气校正（此时需要有成像地区的 DEM）。

以 ERDAS 2020 为例，大气校正模块可通过如下方法打开。

在 Toolbox 菜单下选择 ATCOR Workflow for IMAGINE 选项，弹出大气校正模块菜单，如图 8-1 所示。

图 8-1　大气校正模块菜单

8.2　云雾去除

ATCOR Dehaze 子模块可对影像进行薄云、薄雾的去除。以 lc819902620131041gn01.img 为例，该影像左侧及中间区域存在薄云，本节对该影像进行云雾去除处理。ATCOR Dehaze 子模块的使用步骤如下。

（1）在 Toolbox 菜单下选择 ATCOR Workflow for IMAGINE→Run ATCOR Dehaze 选项，弹出 ATCOR Dehaze 对话框，如图 8-2 所示。

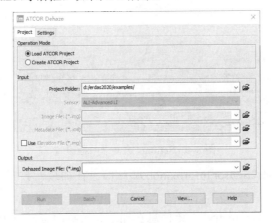

图 8-2　ATCOR Dehaze 对话框

（2）在 Project 选项卡中设置工程参数，如图 8-3 所示。

①设置工程类型（Operation Mode）：Create ATCOR Project。

②设置工程存放路径（Project Folder）。建议对要处理的每幅图像都分别新建空白文件夹，以避免文件夹中的文件被覆盖。

③设置传感器类型（Sensor）：Landsat-8 MS (8 Bands)。

④加载影像数据（Image File）：lc819902620131041gn01.img。

⑤加载与影像相关的元数据文件（Metadata File）。若导入影像为裁剪之后的影像，则可不导入元数据文件。

⑥设置输出文件路径、文件类型及文件名（Dehazed Image File）。

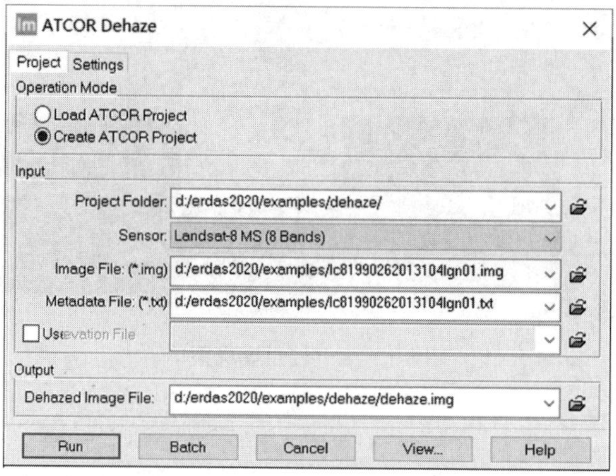

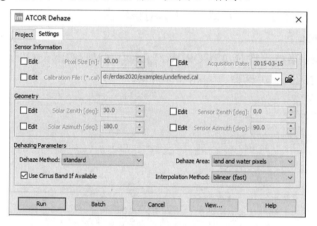

图 8-3　Project 选项卡参数设置

（3）在 Settings 选项卡中设置处理参数，如图 8-4 所示。

图 8-4　Settings 选项卡参数设置

①设置传感器信息（Sensor Information）。该信息在加载元数据时自动读取，此处不进行编辑。

②设置几何信息（Geometry）。该信息在加载元数据时自动读取，此处不进行编辑。

③设置去云雾参数（Dehazing Parameters）：去云雾方法（Dehaze Method）选择 standard；去云雾区域（Dehaze Area）选择 land and water pixels；勾选 Use Cirrus Band If Available 复选框（使用卷云波段）；重采样方法（Interpolation Method）选择 bilinear (fast)。

注：在加载*MTL.txt 元数据后，Settings 选项卡中的传感器信息及几何信息会自动读取并修改，但是修改结果并不会在界面上进行显示。若没有自动读取元数据，则可勾选对应参数复选框进行手动修改。

（4）单击 Run 按钮，弹出 IDL 虚拟机界面，如图 8-5 所示，单击 Click To Continue 按钮，开始进行云雾去除。此过程会持续几分钟，可通过 Process List 窗口中的进度条查看处理进程。Status 状态栏处显示 Done，表示云雾去除已完成，如图 8-6 所示。

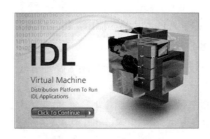

图 8-5　IDL 虚拟机界面

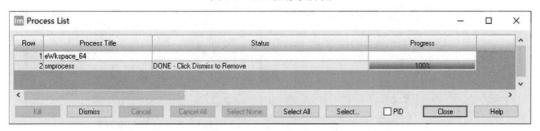

图 8-6　云雾去除已完成

将原数据和云雾去除完成后的数据进行对比，结果如图 8-7 所示，其中左图为原始影像（部分），右图为对应区域的云雾去除结果。

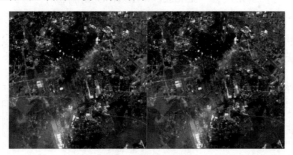

图 8-7　云雾去除结果

8.3　ATCOR–2

ATCOR-2 是一个可应用于高空间分辨率光学卫星遥感图像的快速大气校正子模块，ATCOR-2 假定研究区域是相对平坦的区域。ATCOR-2 的主要功能如下。

（1）云雾去除（Haze Removal）：该功能在进行大气校正前可以独立使用，用于去除图像中的薄云、薄雾。

（2）大气校正（Atmospheric Correction）：该功能应用恒定的大气参数条件获取真实地表光谱特征。

（3）增值产品（Value Adding Products）：该功能可用于获取增值产品，包括叶面积指数（LAI）、吸收光合作用有效辐射（FPAR）等。

本节所用数据为 lc819902620131041gn01.img。在 ERDAS 2020 中对 ATCOR-2 进行操作的流程如下。

（1）在 Toolbox 菜单下选择 ATCOR Workflow for IMAGINE→Run ATCOR-2 选项，弹出 ATCOR-2 对话框，如图 8-8 所示。

（2）在 Project 选项卡中设置工程参数，如图 8-9 所示。

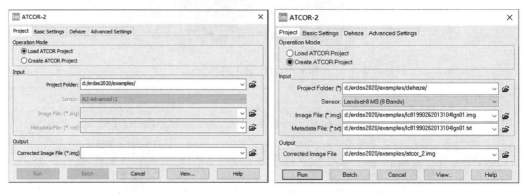

图 8-8　ATCOR-2 对话框　　　　　图 8-9　Project 选项卡参数设置

①设置工程类型（Operation Mode）：Create ATCOR Project。

②设置工程存放路径（Project Folder）。

③设置传感器类型（Sensor）：Landsat-8 MS (8 Bands)。

④加载影像数据（Image File）：lc819902620131041gn01.img。

⑤加载与影像相关的元数据文件（Metadata File）。

⑥设置大气校正输出文件（Corrected Image File）。

（3）切换到 Basic Settings 选项卡设置基本参数，如图 8-10 所示。

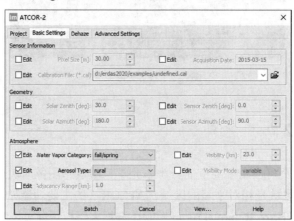

图 8-10　Basic Settings 选项卡参数设置

①设置传感器信息（Sensor Information）。该信息在加载数据时自动读取，此处不进行编辑。

②设置几何信息（Geometry）。该信息在加载数据时自动读取，此处不进行编辑。

③设置大气校正参数（Atmosphere）：水汽反演类型（Water Vapor Category）选择 fall/spring；气溶胶模型（Aerosol Type）选择 rural。

（4）切换到 Dehaze 选项卡设置处理参数，如图 8-11 所示。

①设置去云雾处理参数：勾选 Use Dehaze 复选框。

②设置去云雾参数（Dehazing Parameters）：去云雾方法（Dehaze Method）选择 standard；去云雾区域（Dehaze Area）选择 land and water pixels；勾选 Use Cirrus Band If Available 复选框（使用卷云波段）；重采样方法（Interpolation Method）选择 bilinear (fast)。

③设置去云雾输出文件（Dehazed Image File）。

（5）切换到 Advanced Settings 选项卡设置高级参数，如图 8-12 所示。

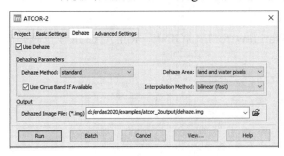

图 8-11　Dehaze 选项卡参数设置　　　　图 8-12　Advanced Settings 选项卡参数设置

①设置反射率缩放比率（Scaling）。此处不进行设置。

②设置输出增值产品（Value-added Products）：勾选 Compute Value-added Products 复选框；LAI Model 选择 Use SAVI。

（6）单击 Run 按钮，弹出 IDL 虚拟机界面，单击 Click To Continue 按钮，开始进行大气校正。此过程会持续几分钟，可通过 Process List 窗口中的进度条查看处理进程。Status 状态栏处显示 Done，表示大气校正已完成，如图 8-13 所示。

图 8-13　ATCOR-2 大气校正已完成

将原数据和大气校正完成后的数据进行对比，如图 8-14 所示，其中左上图为原始影像（部分），右上图为对应区域云雾去除结果，左下图为大气校正结果，右下图为增值产品 LAI 结果。

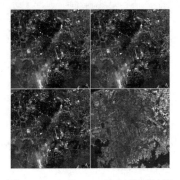

图 8-14　ATCOR-2 大气校正结果

8.4 ATCOR–3

ATCOR-3 是针对成像地区高差变化较大的图像进行大气校正、云雾去除、消除地形影响的子模块。该模块的主要功能组成和操作流程与 ATCOR-2 相同,但 ATCOR-3 需要预先应用生成地形文件工具,基于 DEM 生成相应地形文件。

本节所用数据为 lc08_l1tp_123032_20170912.img 和 dem_forlandsat8.img。在 ERDAS 2020 中对 ATCOR-3 进行操作的过程如下。

(1) 在 Toolbox 菜单下选择 ATCOR Workflow for IMAGINE→Run ATCOR-3 选项,弹出 ATCOR-3 对话框,如图 8-15 所示。

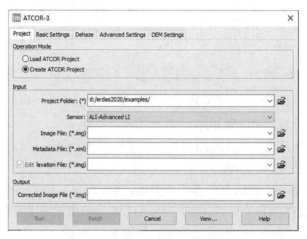

图 8-15　ATCOR-3 对话框

(2) 在 Project 选项卡中设置工程参数,如图 8-16 所示。

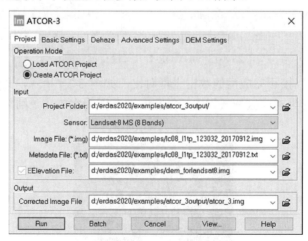

图 8-16　Project 选项卡参数设置

①设置工程类型(Operation Mode):Create ATCOR Project。

②设置工程存放路径(Project Folder)。

③设置传感器类型(Sensor):Landsat-8 MS (8 Bands)。

④加载影像数据（Image File）：lc08_l1tp_123032_20170912.img。

⑤加载与影像相关的元数据文件（Metadata File）。若输入数据为原始影像裁剪部分，则可不输入元数据文件。

⑥设置高程数据（Elevation File）：dem_forlandsat8.img。

⑦设置大气校正输出文件（Corrected Image File）。

（3）切换到 Basic Settings 选项卡设置基本参数，如图 8-17 所示。

①设置传感器信息（Sensor Information）。该信息在加载数据时自动读取，此处不进行编辑。

②设置几何信息（Geometry）。该信息在加载数据时自动读取，此处不进行编辑。

③设置大气校正参数（Atmosphere）：水汽反演类型（Water Vapor Category）选择 fall/spring；气溶胶模型（Aerosol Type）选择 rural。

（4）切换到 Advanced Settings 选项卡设置高级参数，如图 8-18 所示。

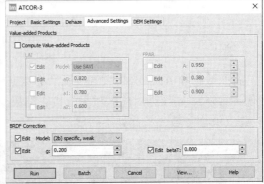

图 8-17 Basic Settings 选项卡参数设置　　　图 8-18 Advanced Settings 选项卡参数设置

①勾选 Compute Value-added Products 复选框可对增值产品进行计算及参数设置，此处不计算。

②进行 BRDF 校正（BRDF Correction）：BRDF 校正模型（BRDF Model）选择 (2b)specific,weak；设置校正参数（g）为 0.200；设置校正参数 betaT 为 0.000。

（5）切换到 DEM Settings 选项卡设置 DEM 参数，如图 8-19 所示。

①勾选 Use Elevation Repository 复选框可使用高程库。

②设置高程库路径（Elevation Repository Directory）。此处设置为高程所在路径，也可新建文件夹专门用于存储高程库文件。

③设置高程库 ID（Elevation Repository ID）：landsat_001。

④勾选 Replace Elevation Repository 复选框替换已有的高程库。

⑤设置反射率缩放比率（Reflectance scale factor）：4.0。

⑥设置是否对 DEM 进行平滑（DEM Smoothing）。此处保持默认不勾选状态。

（6）单击 Run 按钮，弹出 IDL 虚拟机界面，单击 Click To Continue 按钮，开始进行大气校正。此过程会持续几分钟，可通过 Process List 窗口中的进度条查看处理进程。Status 状态栏处显示 Done，表示大气校正已完成，如图 8-20 所示。

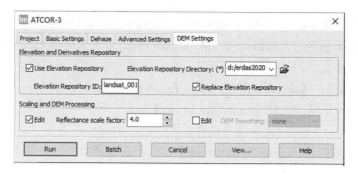

图 8-19 DEM Settings 选项卡参数设置

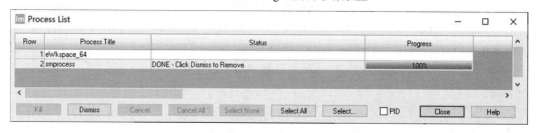

图 8-20 ATCOR-3 大气校正已完成

　　将原数据和 ATCOR-3 大气校正后的数据进行对比，如图 8-21 所示，其中左图为原始影像（部分），右图为对应区域大气校正结果。ATCOR-3 的云雾去除和增值产品参数设置同 ATCOR-2 一致，故此处不做展示。

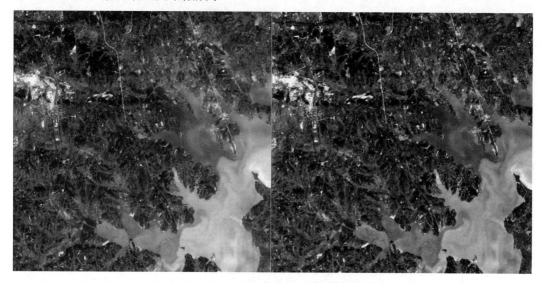

图 8-21 ATCOR-3 大气校正结果

思考与练习

　　结合你感兴趣的图像，使用 ATCOR-2 或 ATCOR-3 进行大气校正。

第9章

高光谱遥感数据处理

· · · · · · · ·

本章的主要内容：
- 高光谱遥感技术
- 基础高光谱分析
- 高级高光谱分析

高光谱遥感技术出现于 20 世纪 80 年代初期，其由于在光谱分辨率方面的优势，被称为遥感发展的里程碑。与传统的、全色的、多光谱遥感相比，其覆盖着近乎连续的地物光谱信息，所以应用高光谱遥感技术可以极大地提高地表覆盖的识别能力，并且可以提供更多的方法来对地形要素进行分类识别。因此，世界各国对高光谱遥感的发展十分重视，高光谱遥感图像处理技术也日趋成熟与深入，应用日益广泛。

本章介绍高光谱遥感技术的原理和 ERDAS 2020 中针对高光谱图像处理的功能模块。ERDAS 2020 中有 5 个基础分析模块和 3 个常用的高级分析模块，如图 9-1 所示。

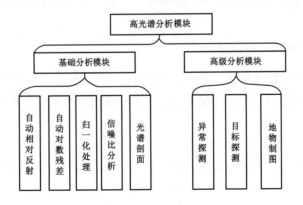

图 9-1　ERDAS 2020 中的高光谱分析模块

9.1　高光谱遥感技术

遥感技术的发展主要体现在以下两个方面：一是通过减小遥感器的瞬时视场角提高

遥感图像的空间分辨率;二是通过增加波段数和减小每个波段的带宽提高遥感图像的光谱分辨率。高光谱遥感正是在微电子技术、探测技术等领域发展的基础上,使光谱学与成像技术交叉融合所形成的成像光谱技术实现了成像遥感光谱分辨率的突破。成像光谱技术在获得目标空间信息的同时,还为每个像元提供数十个至数百个窄波段光谱信息,而高光谱成像光谱仪获取的数据包括二维空间信息和一维光谱信息,所有的信息可以视为一个二维空间加一维光谱形成的三维数据立方体。与传统多光谱扫描仪相比,高光谱成像光谱仪能够得到上百个波段的连续图像,从而每个像元都可以提取一条光谱曲线。另外,与地面光谱辐射计相比,高光谱成像光谱仪进行的不是点上的光谱测量,而是连续空间上的光谱测量,因此它是光谱成像的。与传统多光谱遥感相比,高光谱遥感的波段不是离散的,而是连续的,因此从它的每个像元上均能提取一条平滑且完整的光谱曲线。

1. 高光谱遥感技术的突出特点

（1）高光谱分辨率。

高光谱遥感器（如高光谱成像光谱仪）能获得整个可见光、近红外、短波红外和热红外波段的多个窄而连续的波段,波段数多至几十甚至数百个,光谱分辨率可以达到纳米级,一般为 $10\sim20\,nm$,个别的可达 $2.5\,nm$。由于光谱分辨率高,因此由数十、数百个光谱图像就可以获得图像中每个像元精细的光谱曲线。地物波谱研究表明,地物在 $0.4\sim2.5\mu m$ 的光谱区间内均有可以作为识别标志的光谱吸收带,其带宽为 $20\sim40\,nm$,高光谱成像光谱仪的高分辨率可以捕捉到这一信息。

（2）图谱合一。

高光谱遥感器获取的地表图像包含地物丰富的空间、辐射和光谱三重信息,这些信息表现出地物空间分布的图像特征,同时也可以其中某个像元或像元组为目标获取它们的辐射强度及光谱特征。

2. 高光谱遥感技术的应用领域

高光谱遥感技术的发展历史虽然只有短短 10 年左右的时间,但在很多国家、许多领域中已得到越来越广泛的应用,目前主要应用于植被和生态研究、大气科学研究、地质矿产等领域。

（1）在植被和生态研究领域的应用。

高光谱遥感技术可用于精确估算关键生态系统中的生物物理和生物化学参量,特别是在大尺度上对冠层水分、植被干物质和土壤生物化学参量进行精确反演,在植被和生态研究领域有广阔的应用前景。在生态系统方面,高光谱遥感技术还应用于生态环境梯度制图、光合作用色素含量提取、植被干物质信息提取、植被生物多样性监测、土壤属性反演、植被和土地覆盖精细制图、土地利用动态监测、矿物分布调查、水体富营养化检测、大气污染物监测、植被覆盖度和生物量调查、地质灾害评估等。

（2）在大气科学研究领域的应用。

高光谱遥感器具有非常高的光谱分辨率,不仅可以探测到比多光谱遥感器更精细的地物信息，而且可以探测到更精细的大气吸收特征。大气的分子和粒子成分在反射光谱波段反射强烈，能够被高光谱遥感器监测。高光谱遥感技术在大气科学研究领域的突出应用是云盖制图、云顶高度与云层状态参数估算、大气水汽含量与分布估算、气溶胶含量估计及大气光学特性评价等。

（3）在地质矿产领域的应用。

区域地质制图和矿产勘探是高光谱遥感技术主要的应用领域之一，也是高光谱遥感技术应用最成功的一个领域。自 20 世纪 80 年代以来，高光谱遥感技术被广泛地应用于地质、矿产资源及相关环境的调查。研究表明，高光谱遥感技术可为地质应用的发展做出重大贡献，尤其是在矿物识别与填图、岩性填图、矿产资源勘探、矿业环境监测、矿山生态恢复和评价等方面。高光谱遥感技术能成功地应用于地质矿产领域的主要原因是，高光谱遥感有许多不同于宽波段遥感的性质，各种矿物和岩石在电磁波谱上显示的诊断性光谱特征可以帮助人们识别不同矿物成分，高光谱遥感数据能反映出这类诊断性光谱特征。

9.2 基础高光谱分析

9.2.1 自动相对反射

自动相对反射（Automatic Relative Reflectance）功能实质上是将归一化处理（Normalize）、内部平均相对反射（IAR Reflectance）和三维数值调整（Three Dimensional Rescale）三个高光谱图像处理功能集成在一起，对高光谱图像进行增强处理的功能。首先应用归一化处理功能对原始图像进行归一化处理，然后应用内部平均相对反射功能计算内部平均相对反射，最后应用三维数值调整功能在三维方向上对图像数值进行缩放，从而对高光谱图像进行增强处理。本节所用数据为 hyperspectral.img，下同。在 ERDAS 2020 中进行自动相对反射处理的操作步骤如下。

选择 Raster → Classification → Hyperspectral → Automatic Relative Reflectance 选项，打开 Automatic Internal Average Relative Reflectance 对话框，如图 9-2 所示。在该对话框中，设置以下参数。

（1）确定输入文件（Input File）：hyperspectral.img。

（2）定义输出文件（Output File）：relative-reflect.img。

（3）确定文件坐标类型（Coordinate Type）：Map。

（4）确定处理范围（Subset Definition）（默认状态为整幅图像范围）。

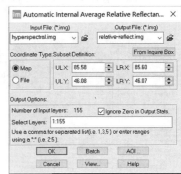

图 9-2　Automatic Internal Average Relative Reflectance 对话框

（5）输出数据统计时忽略零值：勾选 Ignore Zero in Output Stats.复选框。

（6）波段选择（Select Layers）：1：155（从第 1 波段到第 155 波段）。

（7）单击 OK 按钮，进行自动相对反射处理。自动相对反射处理结果如图 9-3 所示。

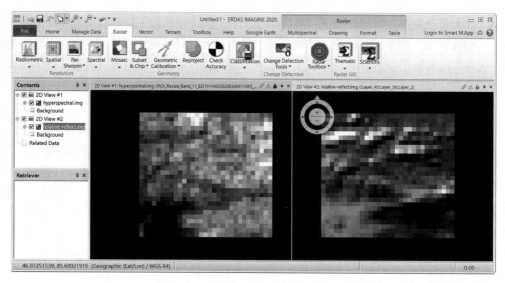

图 9-3　自动相对反射处理结果

9.2.2　自动对数残差

自动对数残差（Automatic Log Residuals）功能实质上是将归一化处理、对数残差（Logarithmic Residuals）和三维数值调整三个高光谱图像处理功能集成在一起，对高光谱图像进行增强处理的功能。首先应用归一化处理功能对原始图像进行归一化处理，然后应用对数残差功能计算光谱的对数残差，最后应用三维数值调整功能在三维方向上对图像数值进行缩放，从而对高光谱图像进行增强处理。在 ERDAS 2020 中进行自动对数残差处理的操作步骤如下。

选择 Raster → Classification → Hyperspectral → Automatic Log Residuals 选项，打开 Automatic Log Residuals 对话框，如图 9-4 所示。在该对话框中，设置以下参数。

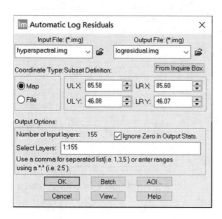

图 9-4　Automatic Log Residuals
对话框

（1）确定输入文件（Input File）：hyperspectral.img。

（2）定义输出文件（Output File）：logresidual.img。

（3）确定文件坐标类型（Coordinate Type）：Map。

（4）确定处理范围（Subset Definition）（默认状态为整幅图像范围）。

（5）输出数据统计时忽略零值：勾选 Ignore Zero in Output Stats.复选框。

（6）波段选择（Select Layers）：1：155（从第1波段到第 155 波段）。

（7）单击 OK 按钮，进行自动对数残差处理。自动对数残差处理结果如图 9-5 所示。

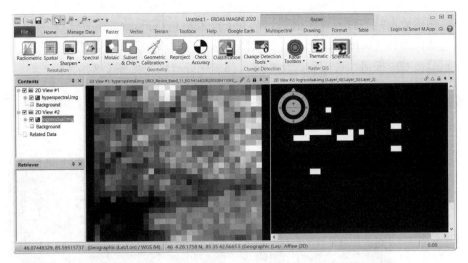

图 9-5　自动对数残差处理结果

9.2.3　归一化处理

归一化处理（Normalize）是指对高光谱图像中每个像元的灰度值，保留它们之间的相对关系，并将其统一到相同的总能量水平上，或者说将每个像元的光谱值统一到整体平均亮度的水平上，以消除或尽量减少反照率变化地形影响所造成的差异。在 ERDAS 2020 中进行归一化处理的操作步骤如下。

选择 Raster→Classification→Hyperspectral→Normalize 选项，打开 Normalize 对话框，如图 9-6 所示。在该对话框中，设置以下参数。

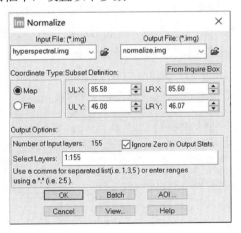

图 9-6　Normalize 对话框

（1）确定输入文件（Input File）：hyperspectral.img。

（2）定义输出文件（Output File）：normalize.img。

（3）确定文件坐标类型（Coordinate Type）：Map。

（4）确定处理范围（Subset Definition）（默认状态为整幅图像范围）。

（5）输出数据统计时忽略零值：勾选 Ignore Zero in Output Stats.复选框。

（6）波段选择（Select Layers）：1∶155（从第 1 波段到第 155 波段）。

（7）单击 OK 按钮，进行归一化处理。归一化处理结果如图 9-7 所示。

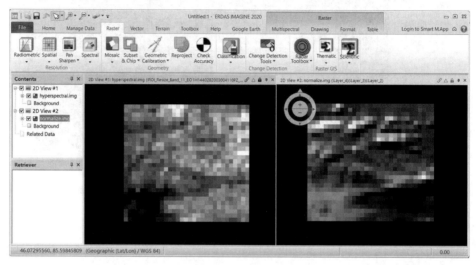

图 9-7　归一化处理结果

9.2.4　信噪比功能

信噪比（Signal to Noise）反映摄像机成像的抗干扰能力，反映在画质上就是画面是否干净、无噪点。信噪比功能通过对原始高光谱图像进行 3×3 移动窗口处理，首先分别计算每个窗口像元的平均值和标准差，然后以平均值和标准差之比来计算每个像元的信噪比，最后对信噪比进行拉伸，输出信噪比图像，从而直观评价各个波段的可利用程度及利用效力。在 ERDAS 2020 中进行信噪比处理的操作步骤如下。

选择 Raster→Classification→Hyperspectral→Signal to Noise 选项，打开 Signal To Noise 对话框，如图 9-8 所示。在该对话框中，设置以下参数。

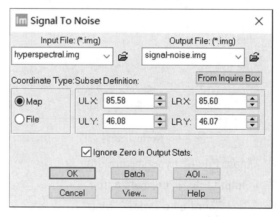

图 9-8　Signal To Noise 对话框

（1）确定输入文件（Input File）：hyperspectral.img。

（2）定义输出文件（Output File）：signal-noise.img。

（3）确定文件坐标类型（Coordinate Type）：Map。

（4）确定处理范围（Subset Definition）（默认状态为整幅图像范围）。

（5）输出数据统计时忽略零值：勾选 Ignore Zero in Output Stats.复选框。

（6）单击 OK 按钮，进行信噪比处理。信噪比处理结果如图 9-9 所示。

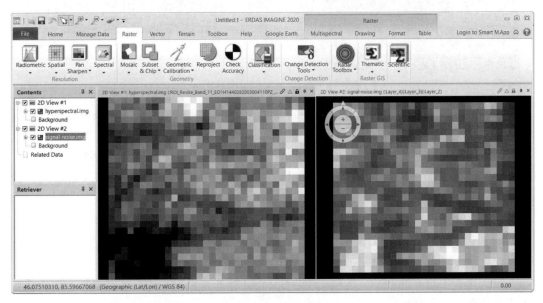

图 9-9　信噪比处理结果

9.2.5　光谱剖面

光谱剖面（Spectral Profile）反映一个像元在各波段的反射光谱值变化曲线，是分析高光谱数据的基础，有助于估计像元内地物的化学成分，从而展开解译工作。在 ERDAS 2020 中进行光谱剖面处理的操作步骤如下。

在打开一幅高光谱图像（hyperspectral.img）后，在增加的 Raster 扩展功能区选择 Multispectral→Utilities→Spectral Profile 选项，弹出 SPECTRAL PROFILE 窗口，如图 9-10 所示。在该窗口中进行如下操作。

（1）单击工具栏中的⊞按钮，创建一个新的剖面点。

（2）在已加载的高光谱图像中选择像元，单击 OK 按钮。

（3）在 SPECTRAL PROFILE 窗口中会自动生成该像元的光谱剖面曲线。曲线的横坐标是光谱波段号，纵坐标是像元反射值。

（4）重复上述过程，生成多个像元的光谱剖面曲线。

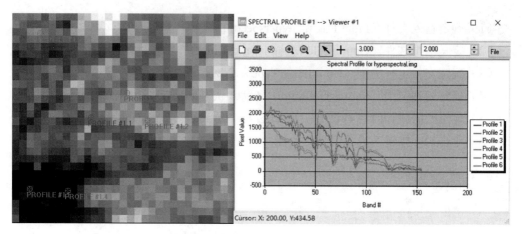

图 9-10　SPECTRAL PROFILE 窗口

应用 SPECTRAL PROFILE 窗口中的编辑命令，可以对光谱剖面曲线进行打印、保存和编辑。

（1）选择 File→Print 选项，打开 Printer 对话框，可以打印光谱剖面曲线。

（2）选择 File→Save As 选项，可以注记文件格式或用 EPS 格式保存光谱剖面曲线文件。

（3）选择 File→Export Data 选项，可以输出光谱剖面曲线文件（*.sif）。

（4）选择 Edit→Chart Options 选项，可编辑光谱剖面曲线。

（5）选择 Edit→Chart Legend 选项，可编辑图例。

（6）选择 Edit→Plot Stats 选项，打开 Spectral Statistical 对话框，可以绘制所选像元周围点的简单统计值曲线。

9.2.6　光谱数据库

光谱数据库（Spectral Library）也称光谱库，是由高光谱成像光谱仪在一定条件下所测得的各类地物反射光谱数据的集合，其在处理高光谱数据的过程中具有十分重要的意义，特别是在需要准确地解译遥感图像信息、快速实现未知地物的匹配时起着至关重要的作用。同时，由于高光谱成像光谱仪产生了庞大的数据量，因此建立地物光谱库，运用先进的计算机技术保存、管理和分析这些信息，是提高遥感信息分析处理水平并使其能得到高效、合理应用的重要途径，并且这些数据给人们认识、识别及匹配地物提供了基础。

ERDAS 2020 中包含以下 3 种光谱库。

（1）美国喷气推进实验室（Jet Propulsion Laboratory，JPL）光谱库。

JPL 对 160 种不同粒度的常见矿物进行了测试，同时对其进行了 X 光测试分析，最后按照小于 45μm、45～125μm、125～500μm 这 3 种粒度分别建立了 3 个光谱库（JPL1、JPL2、JPL3），突出反映了粒度对光谱反射率的影响。所以，在 ERDAS 2020 中可以看到软件用红、绿、蓝 3 种颜色来区别这 3 种粒度。

（2）美国地质勘测局（United States Geological Survey，USGS）光谱库。

USGS 光谱库由美国地质勘测局建立，波长范围为 0.2～3.0μm，包含近 500 种典型矿物。其近红外波长精度为 0.5 nm，可见光波长精度为 0.2nm。

（3）ERDAS 公司自带光谱库。

DRDAS 公司自带光谱库由 ERDAS 公司自己建立，波长范围为 0.485～11.45μm，主要包含城市、土壤、水体这 3 种反射波谱。

以上 3 种光谱库中包含大量的地物波谱，特别是矿物波谱数据，用户可以随时浏览，并与自己的研究进行对比分析。在 ERDAS 2020 中浏览光谱库的操作步骤如下。

选择 Raster→Classification→Hyperspectral→Spectral Library 选项，打开 Spec View 窗口，如图 9-11 所示。在该窗口中进行如下操作。

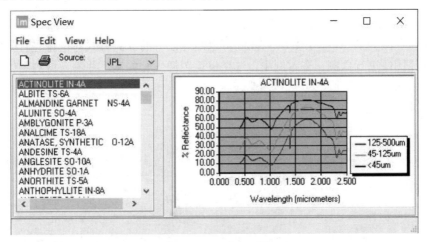

图 9-11　Spec View 窗口

（1）确定数据源（Source）：JPL。

（2）选择所显示的光谱曲线：ACTINOLITE IN-4A。

（3）若要对表格的显示区间或分度值进行调整，则可选择 Edit→Chart Options 选项。

（4）若要对曲线的颜色或图例进行修改，则可选择 Edit→Chart Legend 选项。

（5）若要浏览光谱数据表格，则可选择 View→Tabular 选项。

9.3　高级高光谱分析

9.3.1　异常探测

异常探测（Anomaly Detection）功能是通过搜索整幅输入图像的像元，探测哪些像元存在显著不同的功能。异常探测操作流程图如图 9-12 所示。

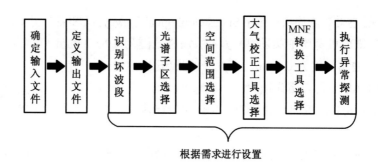

图 9-12　异常探测操作流程图

选择 Raster→Classification→Hyperspectral→Anomaly Detection 选项，根据需求进行设置。

（1）确定输入文件，如图 9-13 所示。

在异常探测的第一步，ERDAS 2020 可以结合已有的探测方式对图像进行异常探测，也可以仅凭图像进行探测。在本例中，选择仅凭图像进行探测，并输入待测图像。设置完毕后，单击 Next 按钮进入下一个步骤。

（2）定义输出文件，如图 9-14 所示。

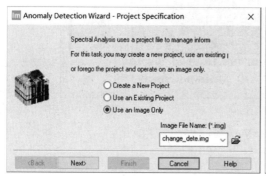

图 9-13　确定输入文件　　　　　　图 9-14　定义输出文件

在异常探测的第二步，用户需要对输出文件进行设置。除要设置输出文件的路径和名称之外，还要确定输出文件的方式。

ERDAS 2020 提供两种输出文件的方式供用户选择。

① Continuous：输出一幅灰度图像，其像元值在 0 到 1 之间。像元值越大，灰度值越小。

② Yes/No：输出一幅二值图像，像元值为 0 表现为黑色，为 1 表现为白色。若选择输出一幅二值图像，则需要设定阈值（Threshold）。阈值越小，异常点可能就会越多。

设置完成后，异常探测的必需选择流程已经结束。此时，可以单击 Next 按钮进入下一个步骤，也可以单击 Finish 按钮完成设置。在本例中，单击 Next 按钮继续进行设置。

（3）识别坏波段，如图 9-15 所示。

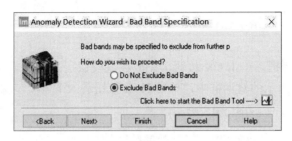

图 9-15　识别坏波段

高光谱图像中可能存在一些被破坏的波段。大气的存在或传感器的性能等因素都可能导致波段被破坏。因为高光谱图像中包含的波段数众多，所以被破坏的波段也可能会出现更多。如果在处理高光谱图像过程中没有剔除这些坏波段，那么处理的结果往往难以令人满意。为了避免这种情况发生，在处理高光谱图像之前，应预先剔除一些波段，使其不参与计算。

因此，在异常探测的第三步，应单击 Exclude Bad Bands（排除坏波段）单选按钮，并单击右下角的图标，打开坏波段选择工具窗口，如图 9-16 所示。

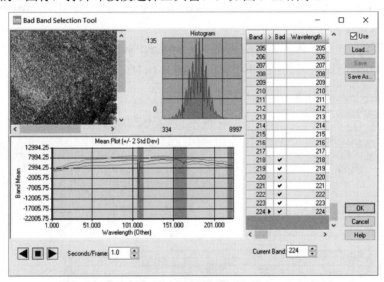

图 9-16　坏波段选择工具窗口

在该窗口中，有 4 个子窗口，分别是所选波段图像预览窗口、图像直方图窗口（Histogram）、光谱曲线显示窗口和波段选择窗口。在该窗口中，进行如下操作。

① 双击波段选择窗口中的波段，进行波段的选择，并在光谱曲线显示窗口以黄线表示。

② 单击波段选择窗口中的第二列可对相应波段进行预览，其波段图像会出现在图像预览窗口中。在光谱曲线显示窗口中以蓝线表示预览波段。

③ 单击波段选择窗口中的第三列可将对应波段标记为坏波段。坏波段会在波段选择窗口中的 Bad 栏中标记出来，并在光谱曲线显示窗口中以红线表示。

④ 单击左下角的◀按钮可以动画方式向前播放波段并显示预览效果，单击▶按钮可向后播放波段，单击■按钮可停止播放。

⑤ 根据波段的目视情况标识出坏波段为 1～3，107～114，153～168，218～224 波段（见图 9-16）。

⑥ 勾选 Use 复选框，单击 OK 按钮，完成坏波段识别。

⑦ 在如图 9-15 所示的对话框中，单击 Next 按钮进入下一个步骤。

（4）光谱子区选择，如图 9-17 所示。

图 9-17 光谱子区选择

在如图 9-17 所示的对话框中，用户可根据需要进行特定光谱子区的选择。在本例中，因为并未确定有用的光谱子区，所以单击 Don't Define Subset[Use All Bands]单选按钮。然后单击 Next 按钮进入下一个步骤。

如果需要选择光谱子区，那么应单击 Use Spectral Subset Tool 单选按钮，并单击右下角的▣图标，打开光谱子区选择工具窗口，如图 9-18 所示。

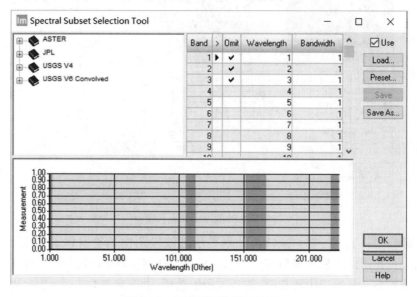

图 9-18 光谱子区选择工具窗口

在此窗口中有 3 个子窗口，分别是光谱库选择窗口、波段选择窗口和光谱曲线显示窗口。用户可以单击或拖曳波段选择窗口中 Band 栏中的数字进行波段选择，选择的波段会显示在光谱曲线显示窗口中；也可以先从光谱库中选择特定的地物，并拖曳至光谱曲线显示窗口，然后根据地物光谱曲线的特征从波段选择窗口中进行选择，最后对选择的波段进行存储。

（5）空间范围选择，如图 9-19 所示。

图 9-19　空间范围选择

在如图 9-19 所示的对话框中，ERDAS 2020 询问是否进入空间范围选择工具窗口。因为在某些场合下，用户可能只希望计算图像中的某些特定区域。在本例中，单击 Don't Define Subset[Use Entire Image]单选按钮，在整幅图像范围内进行计算。然后单击 Next 按钮进入下一个步骤。

如果需要选择空间子区，那么应单击 Use Spatial Subset Tool 单选按钮，并单击右下角的图标，打开空间范围选择工具窗口，如图 9-20 所示。

在此窗口中，用户可以使用查询框或利用已有的 AOI 文件确定计算范围，并可将选取结果作为文件储存。

（6）大气校正工具选择，如图 9-21 所示。

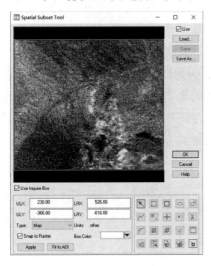

图 9-20　空间范围选择工具窗口

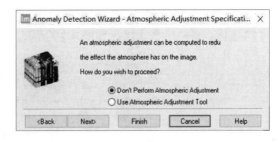

图 9-21　大气校正工具选择

在如图 9-21 所示的对话框中，用户可根据需要对是否进行大气校正做出选择。

大气校正的目的是去除地球大气对电磁波的吸收和反射对高光谱图像的影响，并使图像的灰度值转换为具有物理意义的反射率值。达到这个目的通常有两种方法：一是大气模型方法；二是经验方法。前者通过定量分析获取图像时的大气组分，计算出可能产生的影响；后者根据获取图像时地面上的真实情况来进行大气校正。ERDAS 2020 的高光谱大气校正模块正是利用地面上一些受大气影响不大的区域的光谱数据，使用经验方法来进行大气校正的。

在本例中，因不需要特意进行大气校正，故单击 Don't Perform Atmospheric Adjustment 单选按钮。然后单击 Next 按钮进入下一个步骤。

如果需要进行大气校正，那么应单击 Use Atmospheric Adjustment Tool 单选按钮。并单击右下角的⬜图标，打开大气校正工具窗口，如图 9-22 所示。

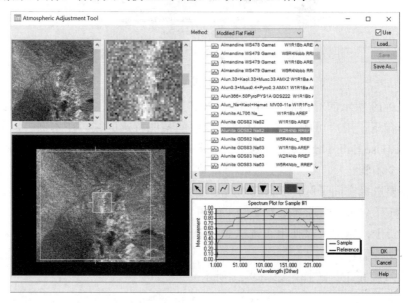

图 9-22　大气校正工具窗口

在此窗口中，用户可以在右上角的光谱库中选择一种物质的光谱到下方的光谱曲线显示窗口中，该物质的光谱曲线便会显示在光谱曲线显示窗口中。然后利用选取工具，在图像中可能存在该种物质的区域进行选取。被选取像元的光谱会自动显示在光谱曲线显示窗口中。对比所获得的光谱曲线，当取样点的光谱曲线与该物质在光谱库中的光谱曲线基本吻合时，将其作为地面经验，然后根据 Method 中选择的方法进行大气校正。

（7）MNF 转换工具选择，如图 9-23 所示。

图 9-23　MNF 转换工具选择

在如图 9-23 所示的对话框中，ERDAS 2020 询问用户是否使用 MNF（Minimum Noise Fraction）转换工具进行处理。MNF 转换工具可以将噪声成分从图像信息中分离出去，适用于需要降低图像噪声或处理超大数据量的情形。

在本例中，因不需要进行 MNF 转换，故单击 Don't Perform Transformation 单选按钮。然后单击 Finish 按钮。

如果需要进行 MNF 转换，那么应单击 Use Transformation Tool 单选按钮，并单击右下角的图标，打开 MNF 转换工具窗口，如图 9-24 所示。

图 9-24　MNF 转换工具窗口

在此窗口中，用户可以选择计算协方差的空间范围及滤波方法。单击 Compute 按钮可预览结果。

（8）执行异常探测，如图 9-25 所示。

单击 Create Output File and Proceed to Workstation 单选按钮，单击 OK 按钮，执行异常探测并打开光谱分析工作站窗口，如图 9-26 所示。在该窗口中可查看探测结果及异常点的光谱特征。

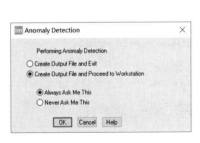

图 9-25　执行异常探测

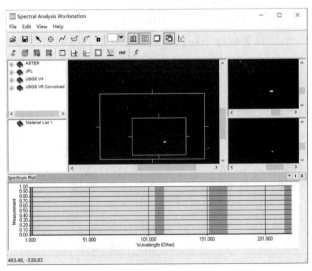

图 9-26　光谱分析工作站窗口

9.3.2　目标探测

目标探测（Target Detection）功能可以在所输入的图像中寻找特殊的目标地物。通过与已知的地物光谱进行比对，该功能可输出标记了目标范围的灰度图像或二值图像。其操作流程与异常探测操作流程类似，相似的部分此处不再赘述。本节所用数据为 change_dete.img。

选择 Raster→Classification→Hyperspectral→Target Detection 选项，开始进行目标探测。

（1）确定输入文件，如图 9-27 所示。

单击 Use an Image Only 单选按钮，将 change_dete.img 设置为输入文件。单击 Next 按钮进入下一个步骤。

（2）探测目标光谱选择，如图 9-28 所示。

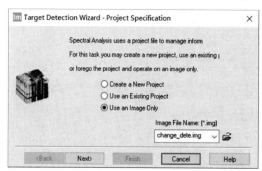
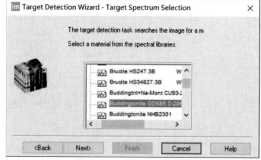

图 9-27　确定输入文件　　　　　　图 9-28　探测目标光谱选择

在探测目标光谱选择对话框中，用户需要选择目标地物在光谱库中的目标光谱。在本例中，选择光谱库中 USGS V6 convolved 中的 buddingtonite_GDS85 D-206 文件（见图 9-28）。单击 Next 按钮进入下一个步骤。

（3）定义输出文件，如图 9-29 所示。

此步骤类似异常探测中的步骤（2），将输出图像设置为二值图像，并确定输出路径与输出文件名。单击 Finish 按钮，在弹出的执行目标探测对话框（见图 9-30）中单击 Create Output File and Proceed to Workstation 单选按钮，单击 OK 按钮。

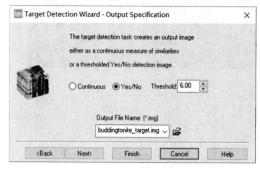
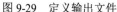
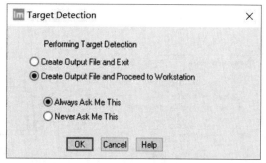

图 9-29　定义输出文件　　　　　　图 9-30　执行目标探测对话框

设置完成之后，便会执行目标探测并打开光谱分析工作站窗口，如图 9-31 所示。在该窗口中可查看目标地物的范围和光谱曲线。

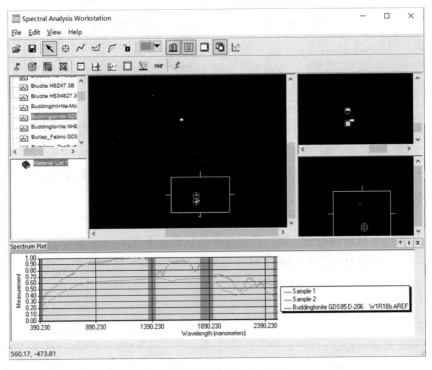

图 9-31　光谱分析工作站窗口

9.3.3　地物制图

地物制图（Material Mapping）是指根据用户输入的感兴趣的地物光谱特征，在输入图像中寻找地物的分布。地物制图操作流程图如图 9-32 所示。本节所用数据为 change_dete.img。

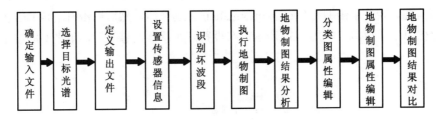

图 9-32　地物制图操作流程图

选择 Raster→Classification→Hyperspectral→Material mapping 选项，开始进行地物制图。

（1）确定输入文件，如图 9-33 所示。

单击 Use an Image Only 单选按钮，将 change_dete.img 设置为输入文件。单击 Next 按钮进入下一个步骤。

（2）选择目标光谱，如图 9-34 所示。

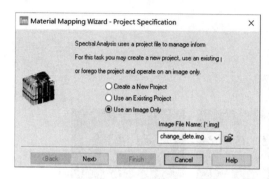

图 9-33　确定输入文件

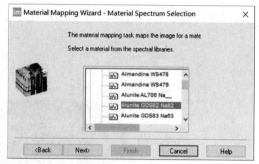

图 9-34　选择目标光谱

在目标光谱选择器中，选择 USGS 光谱库中的 Alunite GDS82 Na82 光谱文件。选择完成后，单击 Next 按钮进入下一个步骤。

（3）定义输出文件，如图 9-35 所示。

在定义输出文件对话框中，用户需要进行输出路径和输出文件的设置。与异常探测和目标探测不同，在执行地物制图操作时，不需要进行输出图像类型的选择。

（4）设置传感器信息，如图 9-36 所示。

图 9-35　定义输出文件

图 9-36　设置传感器信息

在设置传感器信息对话框中，用户需要选择是否进行传感器信息设置。由于本例中地物制图的信号不是来自要分析的图像而是来自光谱库的，需要使目标地物的光谱与图像的波段信息相匹配，因此单击 Use Sensor Information 单选按钮，然后单击右下角的图图标，进入传感器信息工具窗口，如图 9-37 所示。在设置好传感器信息之后，单击 OK 按钮退出。

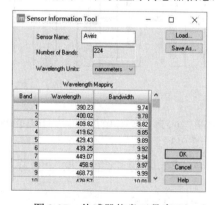

图 9-37　传感器信息工具窗口

在设置传感器信息对话框中单击 Next 按钮，进入下一个步骤。

（5）识别坏波段，如图 9-38 所示。

在识别坏波段对话框中，用户需要选择是否剔除坏波段。在本例中，单击 Exclude Bad Bands（剔除坏波段）单选按钮。然后单击右下角的图图标，打开坏波段选择工具窗口，如图 9-39 所示。

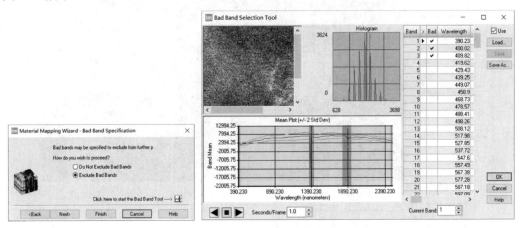

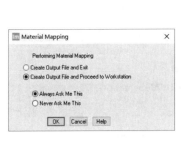

图 9-38　识别坏波段　　　　　　　　　　图 9-39　坏波段选择工具窗口

与异常探测类似，在地物制图过程中，在波段图像预览窗口对各个波段的图像进行预览，对预览效果不佳的波段进行剔除。由光谱曲线显示窗口中的光谱曲线图可以看出坏波段的大致区间。在选择完成后，单击 OK 按钮退出。

在识别坏波段对话框中单击 Finish 按钮，进入下一个步骤。

（6）执行地物制图，如图 9-40 所示。

在执行地物制图对话框中，单击 Create Output File and Proceed to Workstation 单选按钮，然后单击 OK 按钮，执行地物制图并打开光谱分析工作站窗口，如图 9-41 所示。在该窗口中可查看地物制图结果。

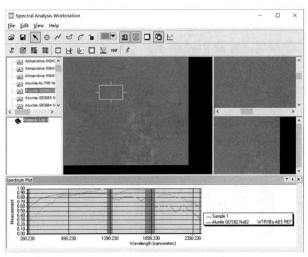

图 9-40　执行地物制图　　　　　　　　　图 9-41　光谱分析工作站窗口

（7）地物制图结果分析，如图 9-42 所示。

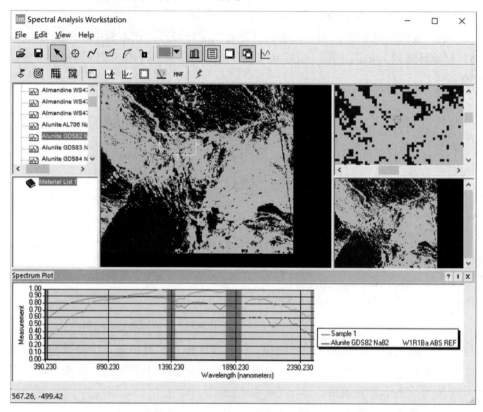

图 9-42　地物制图结果分析

在光谱分析工作站窗口（见图 9-41）中的 File 菜单下选择 Open Overlay 选项，打开 example/classfied.img 文件，即图像的分类文件，进行地物制图结果分析，如图 9-42 所示。

（8）分类图属性编辑，如图 9-43 所示。

在光谱分析工作站窗口中右击，在弹出的快捷菜单中选择 Arrange Layer 选项，开始整理图层，如图 9-43 所示。

在分类图属性编辑对话框中，右击 classified.img 图层，在弹出的快捷菜单中选择 Attribute Editor（属性编辑器）选项，弹出属性编辑器窗口，如图 9-44 所示。

图 9-43　分类图属性编辑

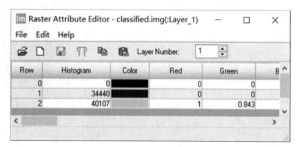

图 9-44　属性编辑器窗口

在属性编辑器窗口中，右击 Row 字段下的任意记录，在弹出的快捷菜单中选择 Select All 选项，选中所有记录，然后单击 Color 字段下的颜色框，选择黑色。这样便可将图层中所有的像元均显示为黑色。

接着，将 Row 字段下的 1 的颜色设置为红色。然后保存设置，观察光谱分析工作站窗口中的分类结果，如图 9-45 所示。

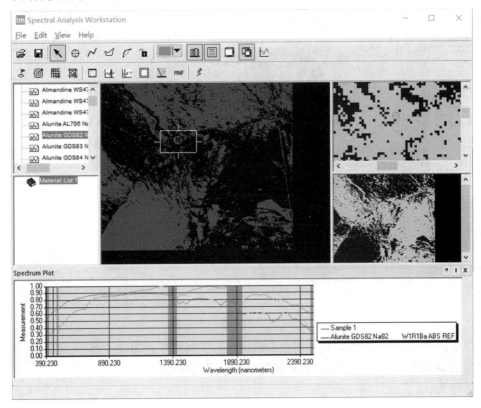

图 9-45　分类结果

（9）地物制图属性编辑，如图 9-46 所示。

Row	Value	Histogram	Color	Opacity
101	-0.993971	0		1
102	-0.993911	0		1
103	-0.993851	0		1
104	-0.993791	0		1
105	-0.993732	0		1
106	-0.993672	0		1
107	-0.993612	0		1
108	-0.993553	0		1
109	-0.993493	0		1
110	-0.993433	0		1
111	-0.993374			

图 9-46　地物制图属性编辑

在如图 9-43 所示的对话框中，将地物制图结果 change_dete_gds82.img 放至顶层，然后右击此图层，在弹出的快捷菜单中选择 Attribute Editor（属性编辑器）选项，将第 103～255 行设置为绿色，观察光谱分析工作站窗口中的显示结果。

（10）地物制图结果对比，如图 9-47 所示。

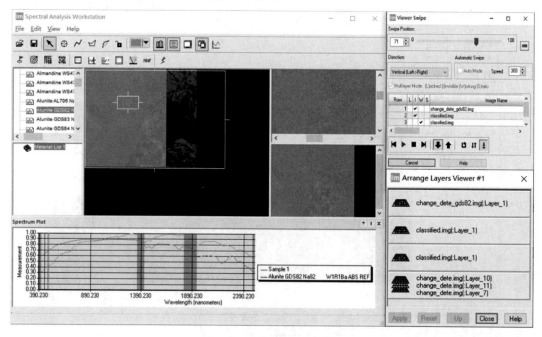

图 9-47 地物制图结果对比

在如图 9-46 所示的地物制图属性编辑调整后的结果中，右击主窗口，在弹出的快捷菜单中选择 Swipe 选项，使用卷帘功能进行物制图结果对比。

思考与练习

1．比较高光谱遥感数据和多光谱遥感数据的特点。

2．从高光谱遥感图像中提取曲线，并进行比较分析。

3．与多光谱探测相比，高光谱探测的优势有哪些？

第 10 章

无人机遥感测量

· · · · · · · ·

本章的主要内容：

◆ LPS 工程管理器

◆ 无人机数据处理流程

◆ 数据准备

◆ 无人机图像数据处理

◆ 空中三角测量

◆ 提取 DEM

◆ 正射校正

◆ 图像镶嵌

无人机遥感由于具有响应快、成本低、机动灵活和适合进行高危地区探测等特点而得到迅速发展和广泛应用，但是无人机飞行环境的复杂性及飞行的不稳定性会导致无人机数据的 POS 信息不够精确、数据量大、像幅小等，因此其数据处理较困难。ERDAS 2020 的数字摄影测量处理系统（LPS）可以较好地处理无人机遥感数据。

10.1 LPS 工程管理器

LPS 工程管理器是 LPS 的主要组成部分，是一个综合数字摄影测量软件包，可以对来自不同遥感平台的图像进行快速的三角测量和正射校正。LPS 可以处理的图像包括航空图像、卫星图像、数码相机及视频图像等，可用于获取空间信息。

在 ERDAS 2020 主界面的 Toolbox 菜单下单击 LPS 图标，打开 LPS 工程管理器（LPS Project Manager）窗口，如图 10-1 所示。LPS 工程管理器窗口中包括菜单栏、工具图标和快捷按钮等。

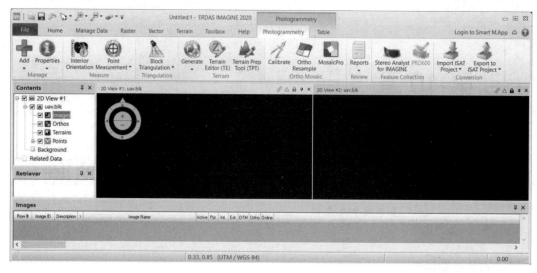

图 10-1　LPS 工程管理器窗口

1. 菜单栏

LPS 工程管理器窗口的菜单栏包含若干个菜单命令，如表 10-1 所示。

表 10-1　菜单命令及对应的功能

菜 单 命 令		功　　能
Manage（文件管理）	Add	加载影像文件
	Generate Pyramid Layers	计算图像金字塔图层
	Refresh Project Status	更新项目状态
	Properties	工程属性
	Project Properties	浏览工程属性
	Automatic Point Measurement(APM)Properties	自动生成同名点属性
	Block Triangulation Properties	三角测量属性设置
Measure（控制点测量）	Interior Orientation	内定向、外方位参数浏览与编辑
	Point Measurement	点测量
	Automatic Point Measurement(APM)	自动点测量
	Classic Point Measurement(CPM)	经典点测量
	Stereo Point Measurement(SPM)	立体点测量
Triangulation（三角测量）	Block Triangulation	三角测量结果显示
	ORIMA	多模块三角测量
Terrain（地形处理）	Generate	生成
	Enhanced ATE(eATE)	ATE 增强
	Automatic Terrain Extraction(ATE)	自动提取地形
	XPro Semi-Global Matching(SGM)	XPro 半全局匹配
	Tridicon Semi-Global Matching(SGM)	Tridicon 半全局匹配
	Terrain Editor(TE)	地形编辑
	Terrain Prep Tool(TPT)	地形分析工具

菜 单 命 令		功　能
Ortho Mosaic（正射校正与镶嵌）	Calibrate	正射校正
	Ortho Resample	正射校正重采样
	MosaicPro	图像镶嵌
Review（审查报告）	Reports	测量报告
	Automatic Point Measurement(APM) Summary	自动同名点测量报告
	Block Triangulation Report	空中三角测量报告
	Automatic Terrain Extraction(ATE) Report	自动提取地形报告
Feature Collection（特征提取）	Stereo Analyst for IMAGINE	3D 特征提取
	PRO600	3D 特征提取
Conversion（格式转换）	Import ISAT Project	对 ISAT 工程文件进行转换
	Import Inpho Project	对 Inpho 工程文件进行转换
	Import PATB Project	对 PATB 工程文件进行转换
	Import SS Project	对 SOCET SET 工程文件进行转换
	Export to ISAT Project	将工程文件输出为 ISAT 格式
	Export to Inpho Project	将工程文件输出为 Inpho 格式
	Export to SS Project	将工程文件输出为 SOCET SET 格式
	Export to KML	将工程文件输出为 KML 格式

2．工具图标

LPS 工程管理器窗口中的工具图标及其功能如表 10-2 所示。

表 10-2　LPS 工程管理器窗口中的工具图标及其功能

图标	菜单命令	功能
	Add	向工程中加载图像
	Properties	浏览工程属性
	Interior Orientation	内定向、外方位参数浏览与编辑
	Point Measurement	测量控制点与检查点
	Block Triangulation	三角测量：估计每幅图像获取的时间和位置、同名点坐标、内定向参数和其他参数
	Generate	自动提取地形
	Terrain Editor(TE)	地形编辑：可对多个来源的地形数据进行编辑，包括从数字图像中提取的数据和经过处理的激光雷达数据
	Terrain Prep Tool(TPT)	地形分析工具：对 DTM 进行合并或者分割
	Calibrate	对图像进行正射校正
	Ortho Resample	正射校正采样：对三角测量的图像进行重采样，并获取正射图像
	MosaicPro	图像镶嵌
	Reports	生成自动同名点测量、空中三角测量以及自动地形提取等的报告
	Stereo Analyst for IMAGINE	3D 特征提取

图标	菜单命令	功能
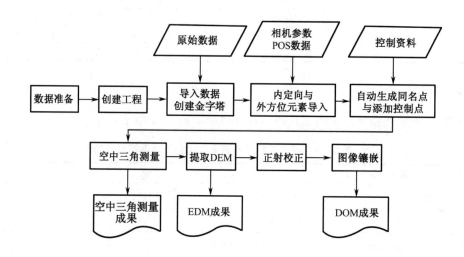	PRO600	3D 特征提取
	Import ISAT Project	对输入的工程文件进行格式转换
	Export to ISAT Project	将工程文件输出为指定格式

10.2 无人机数据处理流程

LPS 工程管理器可以处理各种类型的图像数据，如来自不同摄影相机的数据。下面以无人机获取的摄影图像为例，介绍从摄影图像到最后形成空间数据成果的无人机遥感数据处理过程。应用 LPS 工程管理器处理无人机遥感数据的一般流程如图 10-2 所示。

图 10-2　应用 LSP 工程管理器处理无人机遥感数据的一般流程

10.3 数据准备

10.3.1 相机参数

无人机搭载的相机一般为数码相机，在 LPS 中至少需要的相机参数包括焦距长、CCD 尺寸。同时，还支持 Australis 校验参数：像主点偏移 x_0、像主点偏移 y_0、焦距长 c、径向畸变系数 k_1、径向畸变系数 k_2、偏心畸变系数 p_1、偏心畸变系数 p_2、CCD 非正方形比例系数 b_1、CCD 非正交性畸变系数 b_2。

通常的相机参数如表 10-3 所示。

表 10-3 通常的相机参数

相机参数实例	参数说明	相机参数实例	参数说明
0.000000004973527526	k_1	2141.8223	x
−0.000000000000000202	k_2	1421.2097	y
0.000000042747151103	p_1	4677.4097	c
−0.000000007783852979	p_2		

需要将焦距长 c 的单位换算成 mm，并计算像主点偏移 x_0，其他参数可直接使用（本例中 CCD 尺寸为 3.9μm）。

焦距长=c×CCD 尺寸=4677.4097×3.9×10^{-3}≈18.242（mm）

像主点偏移 x_0=(x−相片宽/2)×CCD 尺寸=(2141.8223−4272/2)×3.9×10^{-3}≈0.022 706 97（mm）

像主点偏移 y_0=(y−相片高/2)×CCD 尺寸=(1421.2097−2848/2)×3.9×10^{-3}≈−0.010 882 17（mm）

10.3.2 POS 数据

目前，大多数无人机都搭载了 GPS/IMU，可获取飞行 POS 数据。原始的 POS 数据如图 10-3 所示，LPS 可利用该数据对图像进行相对定向。图 10-3 中的数据项从左到右分别是图像的 ID、纬度、经度、高程、俯仰角、翻滚角、航向。

LPS 直接支持各种常见的相片数据格式，如 JPEG、BMP、TIF、RAW 等。

在导入 LPS 前，须对 POS 数据及相片数据进行整理。

（1）筛选数据：从起飞到飞行高度稳定期间的数据必须剔除；拐角数据必须剔除；翻滚角及俯仰角较大的数据必须剔除。

（2）检查 POS 数据与图像是否对应：由于某些原因，POS 数据在自动记录时可能会出现遗漏或错误的情况，因此需要检查 POS 数据与图像是否一一对应（可将 X、Y 坐标值导到矢量点图层查看是否有遗漏点等情况）。

（3）为了满足后续处理的需要，一般要将经纬度坐标转换为 UTM 坐标（可通过 ERDAS 2020 中的 Coordinate Calculator 工具进行）。

注：POS 数据最终整理结果推荐使用 Excel 保存，以方便后续的导入，其中 Roll 是翻滚角，Pitch 是俯仰角，Yaw 是航向，如图 10-4 所示。

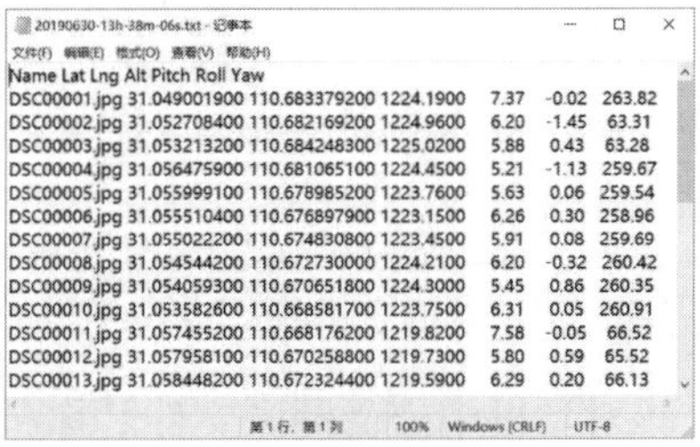

Name Lat Lng Alt Pitch Roll Yaw
DSC00001.jpg 31.049001900 110.683379200 1224.1900 7.37 -0.02 263.82
DSC00002.jpg 31.052708400 110.682169200 1224.9600 6.20 -1.45 63.31
DSC00003.jpg 31.053213200 110.684248300 1225.0200 5.88 0.43 63.28
DSC00004.jpg 31.056475900 110.681065100 1224.4500 5.21 -1.13 259.67
DSC00005.jpg 31.055999100 110.678985200 1223.7600 5.63 0.06 259.54
DSC00006.jpg 31.055510400 110.676897900 1223.1500 6.26 0.30 258.96
DSC00007.jpg 31.055022200 110.674830800 1223.4500 5.91 0.08 259.69
DSC00008.jpg 31.054544200 110.672730000 1224.2100 6.20 -0.32 260.42
DSC00009.jpg 31.054059300 110.670651800 1224.3000 5.45 0.86 260.35
DSC00010.jpg 31.053582600 110.668581700 1223.7500 6.31 0.05 260.91
DSC00011.jpg 31.057455200 110.668176200 1219.8200 7.58 -0.05 66.52
DSC00012.jpg 31.057958100 110.670258800 1219.7300 5.80 0.59 65.52
DSC00013.jpg 31.058448200 110.672324400 1219.5900 6.29 0.20 66.13

图 10-3 原始的 POS 数据

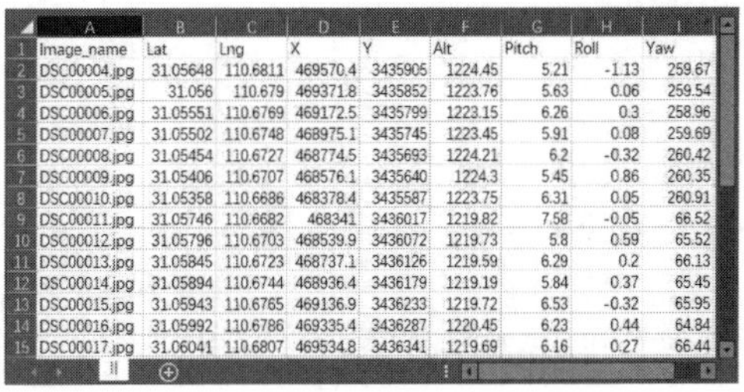

Image_name	Lat	Lng	X	Y	Alt	Pitch	Roll	Yaw
DSC00004.jpg	31.05648	110.6811	469570.4	3435905	1224.45	5.21	-1.13	259.67
DSC00005.jpg	31.056	110.679	469371.8	3435852	1223.76	5.63	0.06	259.54
DSC00006.jpg	31.05551	110.6769	469172.5	3435799	1223.15	6.26	0.3	258.96
DSC00007.jpg	31.05502	110.6748	468975.1	3435745	1223.45	5.91	0.08	259.69
DSC00008.jpg	31.05454	110.6727	468774.5	3435693	1224.21	6.2	-0.32	260.42
DSC00009.jpg	31.05406	110.6707	468576.1	3435640	1224.3	5.45	0.86	260.35
DSC00010.jpg	31.05358	110.6686	468378.4	3435587	1223.75	6.31	0.05	260.91
DSC00011.jpg	31.05746	110.6682	468341	3436017	1219.82	7.58	-0.05	66.52
DSC00012.jpg	31.05796	110.6703	468539.9	3436072	1219.73	5.8	0.59	65.52
DSC00013.jpg	31.05845	110.6723	468737.1	3436126	1219.59	6.29	0.2	66.13
DSC00014.jpg	31.05894	110.6744	468936.4	3436179	1219.19	5.84	0.37	65.45
DSC00015.jpg	31.05943	110.6765	469136.9	3436233	1219.72	6.53	-0.32	65.95
DSC00016.jpg	31.05992	110.6786	469335.4	3436287	1220.45	6.23	0.44	64.84
DSC00017.jpg	31.06041	110.6807	469534.8	3436341	1219.69	6.16	0.27	66.44

图 10-4 坐标换算后的数据

10.3.3　其他数据

除以上两种数据以外还需要了解以下数据，因为在后面的处理过程中需要设置相关参数。

（1）图像分辨率。

（2）飞行高度：相对地面的高度，可由 POS 数据中 Z 坐标值的均值减去地面平均高程获得。

（3）控制资料：控制点记录，控制点坐标（包括 X、Y、Z 坐标）。LPS 中可直接使用无人机搭载的 POS 数据进行定向，控制点的作用只是使结果定位更精确，不是必需的。

（4）航线信息（非必需）：航线轨迹图、飞行方向及架次等。

10.4　无人机图像数据处理

10.4.1　创建工程

（1）创建测区文件。

在 ERDAS 2020 主界面中单击 File 菜单按钮，选择 New 选项，展开新建文件界面，单击 Photogrammetric Project，新建 LPS 项目，如图 10-5 所示。

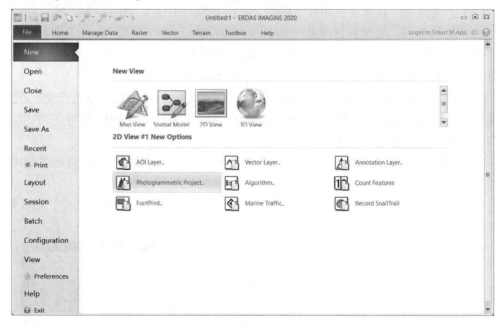

图 10-5　新建 LPS 项目

弹出新建测区文件对话框，如图 10-6 所示，在该对话框中定义测区文件名称和路径，然后单击 OK 按钮进入下一个步骤。

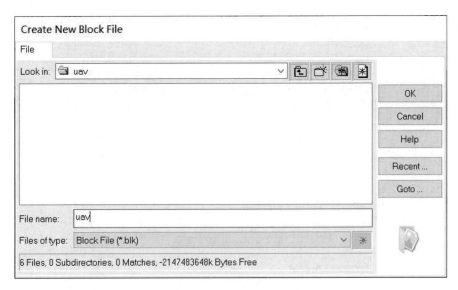

图 10-6　新建测区文件对话框

（2）选择相机模型。

在弹出的建立相机模型对话框（见图 10-7）中选择
Digital Camera 选项，然后单击 OK 按钮进入下一个步骤。

（3）设置测区属性。

在弹出的创建测区属性对话框（见图 10-8）中单击
Projection Geographic(Lat/Lon)栏右侧的 Set 按钮，弹出选择
投影对话框，如图 10-9 所示，在该对话框中可以定义测区的
坐标系。

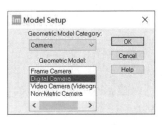

图 10-7　建立相机模型对话框

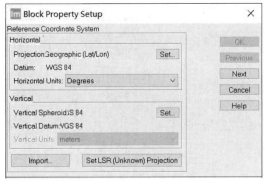

图 10-8　创建测区属性对话框

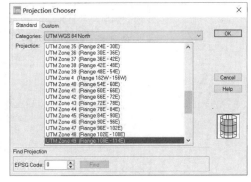

图 10-9　选择投影对话框

① 单击 Standard 选项卡，在 Categories 下拉列表中选择 UTM WGS 84 North 选项。

② 在 Projection 选项栏中选择 UTM Zone 49 (Range 102E-108E)选项

③ 单击 Custom 选项卡，设置具体参数，如图 10-10 所示。

④ 单击 OK 按钮回到创建测区属性对话框。

可根据需要设置 Vertical 参考，如图 10-11 所示，这里保持默认设置。

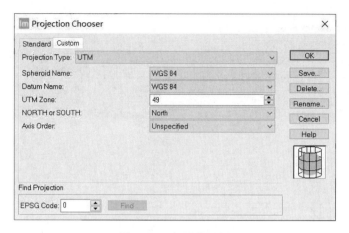

图 10-10　投影带设置

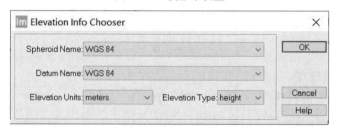

图 10-11　设置 Vertical 参考

单击 Next 按钮，创建测区属性对话框变为如图 10-12 所示的形式，设定相对航高的值。

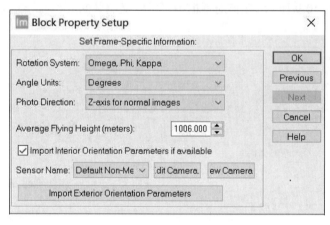

图 10-12　设定相对航高的值

① 设置转角系统（Rotation System）：Omega,Phi,Kappa。

② 设置角度单位（Angle Units）：Degrees。

③ 设置拍摄方向（Photo Direction）：Z-axis for normal images。

④ 设置平均相对航高（Average Flying Height(meters)）：1006.000。按 Enter 键，单击OK 按钮，测区属性设置完成。

10.4.2　导入数据创建金字塔

在 LPS 工程管理器中导入数据创建金字塔。

在 LPS 工程管理器窗口左边的测区工程目录视图（Block Project Tree View）中，单击 Images，如图 10-13 所示。

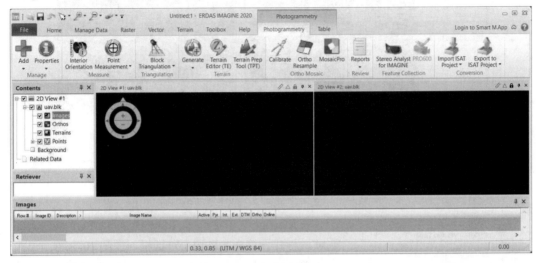

图 10-13　测区工程目录视图

单击 Add 菜单按钮，或者右击目录栏中的 Images，在弹出的快捷菜单中选择 Add Image 选项，打开图像文件名称对话框，如图 10-14 所示。

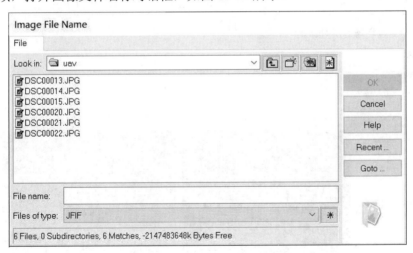

图 10-14　图像文件名称对话框

（1）选择文件类型（Files of type）：JFIF（对应 JPEG 格式）。

（2）选中第一幅图像，按住 Shift 键选中全部图像后单击 OK 按钮，被选中的图像就被导入 LPS 工程管理器并显示在列表中，如图 10-15 所示。

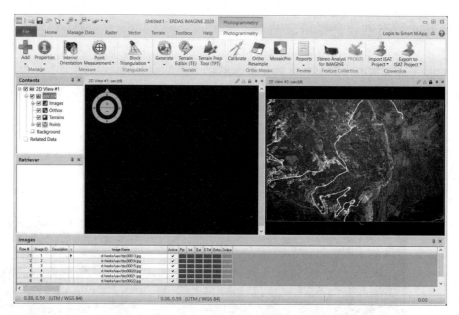

图 10-15　LPS 工程管理器中的图像显示列表

图 10-16　计算金字塔图层对话框

在 Manage 菜单中选择 Add→Generate Pyramid Layers 选项，打开计算金字塔图层对话框，如图 10-16 所示。

单击 All Images Without Pyramids 单选按钮，单击 OK 按钮，在 LPS 工程管理器对话框中出现一个进度条，显示生成金字塔图层的进度。

金字塔生成后，所有图像的 Pyr.栏变为绿色，表示此图像已具有金字塔图层，如图 10-17 所示。

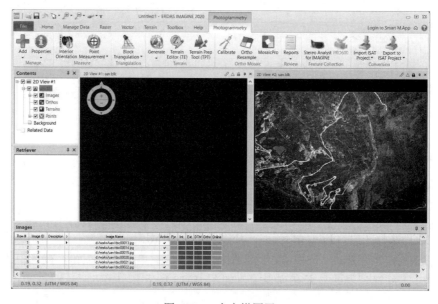

图 10-17　金字塔图层

10.4.3　内定向与外方位元素导入

1. 定义传感器模型（相机）的参数

在 Measure 菜单中选择 Interior Orientation 选项，打开 Digital Camera Frame Editor 对话框，如图 10-18 所示。

图 10-18　Digital Camera Frame Editor 对话框

单击 Sensor 选项卡下 Sensor Name 右侧的 New Camera 按钮，打开 Camera Information 对话框，如图 10-19 所示。

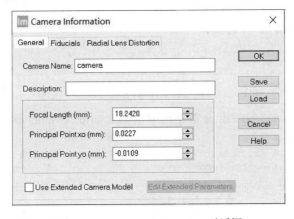

图 10-19　Camera Information 对话框

在 Camera Information 对话框中，需要设置相机焦距长（Focal Length）、相机像主点偏移 x_0（Principal Point xo）、相机像主点偏移 y_0（Principal Point yo）等参数。根据 10.3.1 节中计算的相机参数值。

（1）输入相机焦距长（Focal Length）：18.2420。

（2）输入相机像主点偏移 x_0（Principal Point xo）：0.0227。

（3）输入相机像主点偏移 y_0（Principal Point yo）：−0.0109。

若有相机检校参数，则在 Camera Information 对话框中勾选 Use Extended Camera Model 复选框，单击 Edit Extended Parameters 按钮，弹出 Extended Camera Parameters 对话框，如图 10-20 所示。在 Parameters Type 下拉列表中选择 Australis Parameters 选项，然后设置具体检校参数。

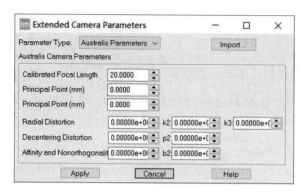

图 10-20　Extended Camera Parameters 对话框

单击 Apply 按钮，返回 Camera Information 对话框。单击 Save 按钮，将相机参数保存为*.cam 文件。单击 OK 按钮，完成相机信息设置，弹出 Digital Camera Frame Editor 对话框，如图 10-21 所示。

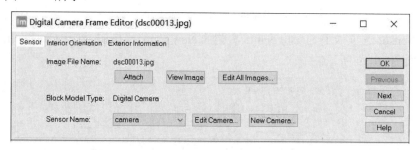

图 10-21　Digital Camera Frame Editor 对话框

在 Digital Camera Frame Editor 对话框中单击 Interior Orientation 选项卡，如图 10-22 所示。

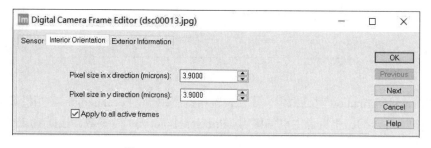

图 10-22　Interior Orientation 选项卡

设置像元大小：在本例中，CCD 尺寸为 3.9μm。

（1）在 Pixel size in x direction(microns)数值框中输入 CCD 尺寸。

（2）在 Pixel size in y direction(microns)数值框中输入 CCD 尺寸。

勾选 Apply to all active frames 复选框，应用到所有数据。

2．导入外方位元素

单击 Exterior Information 选项卡，如图 10-23 所示，导入无人机的 POS 数据。

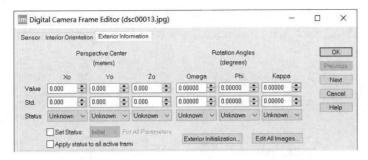

图 10-23　Exterior Information 选项卡

单击 Edit All Images 按钮，弹出 Fiducial Orientation and Exterior Orientation Parameter Editor 对话框，如图 10-24 所示。

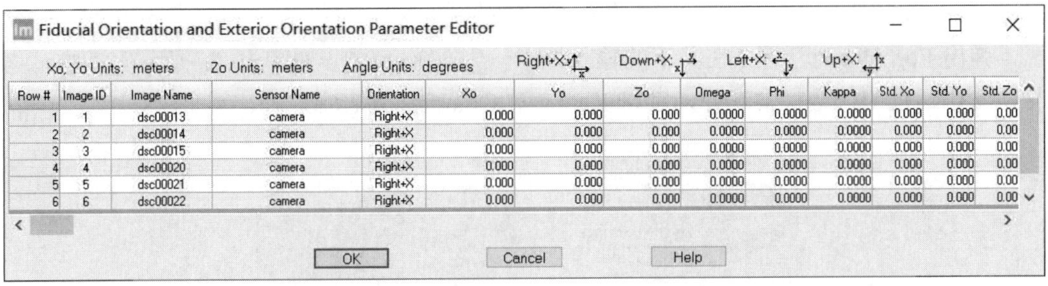

图 10-24　Fiducial Orientation and Exterior Orientation Parameter Editor 对话框

导入无人机的 POS 数据：可先在 Excel 中将所有数据的 6 个外方位元素复制到剪贴板中，然后在 Fiducial Orientation and Exterior Orientation Parameter Editor 对话框中选中并复制 Xo、Yo、Zo、Omega、Phi、Kappa 这 6 列 POS 数据，在对话框顶部右击，在弹出的快捷菜单中选择 Edit→Paste 选项，即可将这些数据导入，如图 10-25 所示。

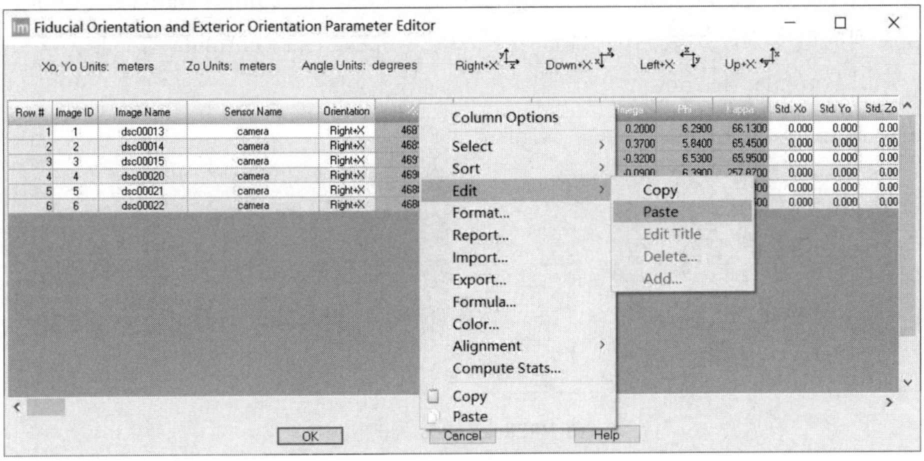

图 10-25　导入 POS 数据

由于 GPS 记录的 Kappa 角与 LPS 中定义的相反，因此这里需要对 Kappa 列数据添加负号，将 Kappa 值设为实测数据的负值。选中 Kappa 列并右击，在弹出的快捷菜单中选择 Formula 选项，如图 10-26 所示。

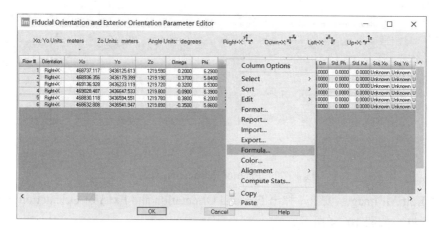

图 10-26　Kappa 值的设置

弹出 Formula 对话框，在其下的输入框中输入-$"Kappa"，如图 10-27 所示。其中，负号从此对话框的符号栏中选择，字符 Kappa 从 Columns 列表中选择。

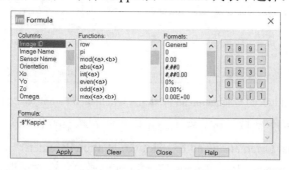

图 10-27　Formula 对话框

单击 Apply 按钮，Fiducial Orientation and Exterior Orientation Parameter Editor 对话框中 Kappa 列的值变为原始数据的负值，如图 10-28 所示。回到 Formula 对话框，单击 Close 按钮，关闭 Formula 对话框。

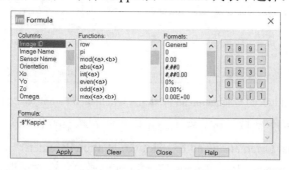

图 10-28　Kappa 列的值

因为无人机记录的外方位元素有很大误差，所以还需要将其设置为初始值，使其能在空中三角测量之后进行修正。单击 OK 按钮，回到 Digital Camera Frame Editor 对话框。勾选 Set Status 复选框并从其下拉列表中选择 Initial 选项；勾选 Apply status to all active frames 复选框。此时，所有图像的 Set Status 均为 Initial，如图 10-29 所示。

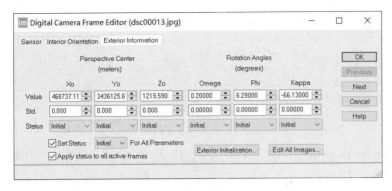

图 10-29　图像状态设置

单击 OK 按钮，整个测区的图像布局如图 10-30 所示，图像列表中的 Int.栏变为绿色，说明传感器内定向已定义完毕；Ext.栏变为黄色，说明数据已经有了初始外定向。

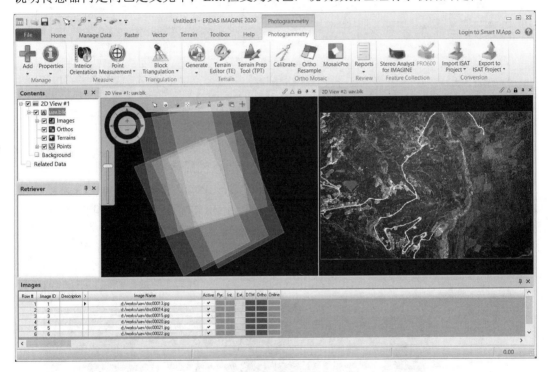

图 10-30　整个测区的图像布局

10.4.4　自动生成同名点与添加控制点

1．自动生成同名点

在 LPS 工程管理器窗口中的 Manage 菜单中选择 Properties→Automatic Point Measurement(APM)Properties 选项，弹出 Automatic Tie Point Generation Properties 对话框，如图 10-31 所示。General 选项卡下的参数一般保持默认设置即可。

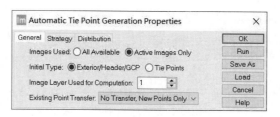

图 10-31　Automatic Tie Point Generation Properties 对话框

在 Strategy 和 Distribution 选项卡中定义生成同名点的搜索策略，一般采用默认设置。

参数设置完之后，单击 Run 按钮，LPS 开始自动提取连接点，并在状态栏中显示进度条，完毕后，弹出 Auto Tie Summary 对话框，如图 10-32 所示。

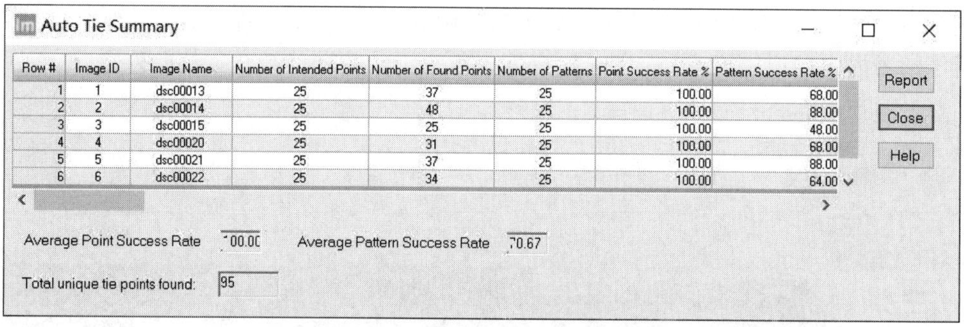

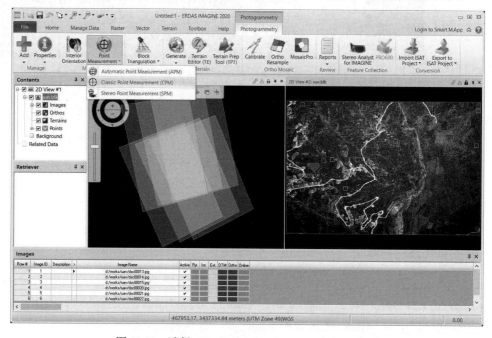

图 10-32　Auto Tie Summary 对话框

如果需要报告，那么可单击 Report 按钮生成报告，然后单击 Close 按钮。

在 LPS 工程管理器窗口中的 Measure 菜单中选择 Point Measurement→Classic Point Measurement(CPM)选项，如图 10-33 所示，然后单击 OK 按钮，启动点测量工具。

图 10-33　选择 Classic Point Measurement(CPM)选项

弹出 Point Measurement 窗口，如图 10-34 所示，该窗口中包括 6 个视窗、1 个工具面板、2 个列表（一个用于记录参考坐标，另一个用于记录文件坐标）。在右侧的 Left View 和 Right View 下拉列表中可以选择需要显示的两幅图像。生成的连接点将显示在 Point Measurement 窗口（见图 10-34）中。

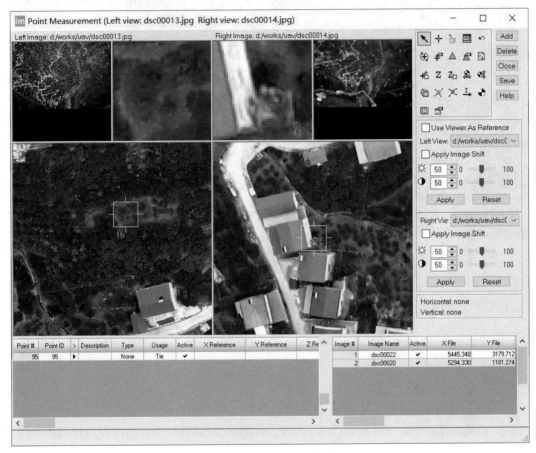

图 10-34　Point Measurement 窗口

目视检查连接点：无人机数据自动生成的连接点在航带内一般均是正确的，在航带间会出现错点情况。因此，在进行目视检查时，一般主要检查航带间图像上的连接点情况。

单击工具面板中的 图标，弹出 Viewing Properties 对话框，如图 10-35 所示。将 Point View Info 设置为 Selected Only。如果需要调整点颜色，那么还可将 Point Table Info 下的 Advanced 中的 Color 复选框勾选上，单击 OK 按钮返回。

单击工具面板中的 图标，将所选的两幅图像中的连接点筛选出来，如图 10-36 所示。

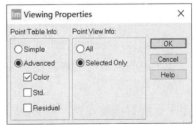

图 10-35　Viewing Properties 对话框

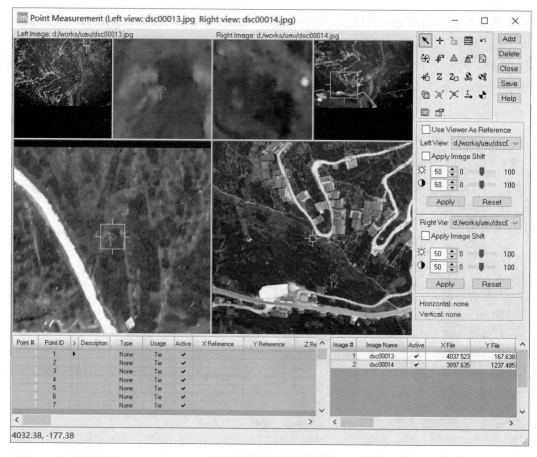

图 10-36 筛选连接点

在图 10-36 中，单击连接点的>栏，查看这些连接点的质量。

如果某个连接点的精度较差，那么可以通过鼠标左键调整该点的位置或将该点删除。另外，还可单击该点的 Active 栏取消该点的激活状态。

检查完连接点后，单击 Save 按钮。

2．添加控制点

在 Point Measurement 窗口中单击 Add 按钮，添加一个记录行，如图 10-37 所示，在 X Reference、Y Reference、Z Reference 列中输入控制点坐标。为提高效率，可一次添加多个记录行，将所有控制点坐标直接导入。

在控制点对应的多幅图像中，使用╋工具采集控制点相应的位置，用类似的方式将所有控制点加入。完成后，选中所有控制点将其 Type 列修改为 Full，Usage 列修改为 Control。添加完所有控制点后，在 Point Measurement 窗口中单击 Save 按钮。

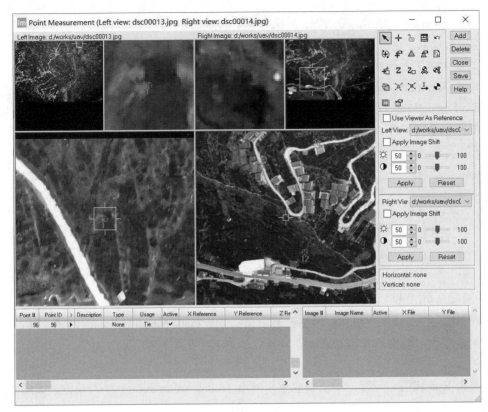

图 10-37　添加一个记录行

10.5　空中三角测量

在 Point Measurement 窗口中，在工具面板中单击圖图标，打开 Aerial Triangulation 对话框，如图 10-38 所示。在 General 选项卡下勾选 Compute Accuracy for Unknowns 复选框，在 Image Coordinate Units for Report 下拉列表中选择 Pixels 选项。

如果有控制点，那么单击 Point 选项卡，在 Type 下拉列表中设置控制点权重类型为 Same weighted values，根据采集情况设置控制点坐标权重，一般设置较小的值，如图 10-39 所示。

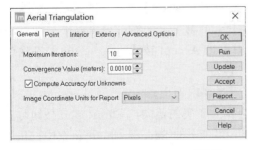

图 10-38　Aerial Triangulation 对话框

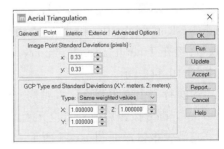

图 10-39　Point 选项卡

单击 Exterior 选项卡，在 Type 下拉列表中选择 Same weighted values 选项。设置 Xo、Yo、Zo 的权重。这里可以先设置一个较小的权重值，使其能够进行迭代，并检查出错误点，如图 10-40 所示。

单击 Advanced Options 选项卡，在 Additional Parameter Model 下拉列表中选择 Lens distortion model(2)选项，并勾选 Use Additional Parameters As Weighted Variables 复选框，以消除相机系统误差，如图 10-41 所示。

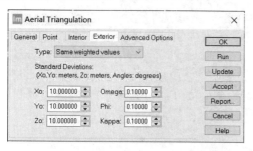

图 10-40　Exterior 选项卡

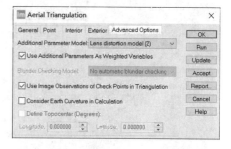

图 10-41　Advanced Options 选项卡

在 Blunder Checking Model 下拉列表中选择 Advanced robust checking 选项，使在空中三角测量过程中能检查并自动剔除误差较大的点（在设置了控制点权重后，这个选项是不可用的）。

单击 Run 按钮，运行空中三角测量，弹出 Triangulation Summary 对话框，如图 10-42 所示。

单击 Review 按钮，预览连接点坐标及误差（见图 10-43），并可手动剔除误差点。

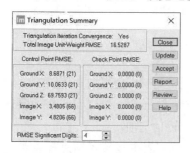

图 10-42　Triangulation Summary 对话框

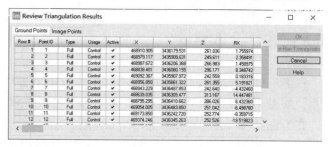

图 10-43　预览连接点坐标及误差情况

一般 Z 列较异常的点是错误的，可以去掉该点 Active 列中的对钩。另外可单击 Image Points 选项卡，查看误差较异常的点。这就是手动剔除误差点的方法，剔除后需要单击 Re-Run Triangulation 按钮重新执行空中三角测量。当然，也可以不手动剔除误差点，直接在 Triangulation Summary 对话框中单击 Accept 按钮，软件会自动剔除误差点，如图 10-44 所示。

再次执行空中三角测量，直到均方根误差满足要求为止。

单击 Update 按钮更新外方位元素，图像会得到正确的定向。单击 Report 按钮可查看空中三角测量报告，如图 10-45 所示，选择 File 菜单下的 Save 选项，可将空中三角测量报告保存为文本文件。

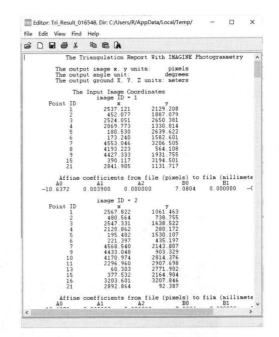

图 10-44　自动剔除误差点　　　　　　　　　图 10-45　空中三角测量报告

在 Triangulation Summary 对话框中单击 Close 按钮，返回 Aerial Triangulation 对话框，单击 OK 按钮，返回 LPS 工程管理器窗口。图像列表中的 Ext.栏变为绿色，表明外定向信息已确定，如图 10-46 所示。

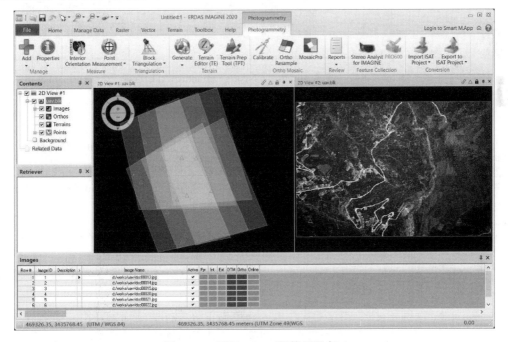

图 10-46　返回 LPS 工程管理器窗口

选择 File 菜单下的 Save 选项或单击工具栏中的 图标保存设置。

10.6 提取 DEM

在 LPS 工程管理器窗口中，在 Terrain 菜单中选择 Generate→Automatic Terrain Extraction(ATE)选项，如图 10-47 所示，弹出 DTM Extraction 对话框，如图 10-48 所示。

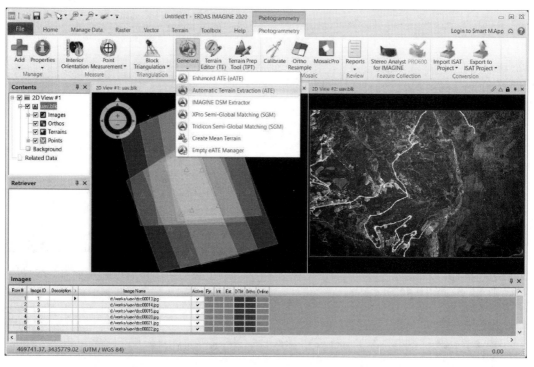

图 10-47 选择 Automatic Terrain Extraction(ATE)选项

在 DTM Extraction 对话框中进行如下设置。

（1）设置输出类型（Output Type）：DEM。

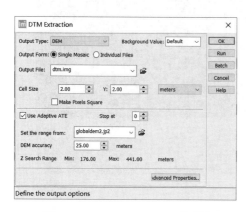

图 10-48 DTM Extraction 对话框

（2）设置背景值（Background Value）（一般选择默认项）：Default。

（3）设置输出形式（Output Form）：Single Mosaic。

（4）定义输出文件路径及名称（Output File）：dtm.img。

（5）定义 DEM 分辨率（Cell SiZe）：2.00（默认）。

单击 Run 按钮，提取 DEM，提取完毕后图像列表中的 DTM 栏变为绿色，如图 10-49 所示。

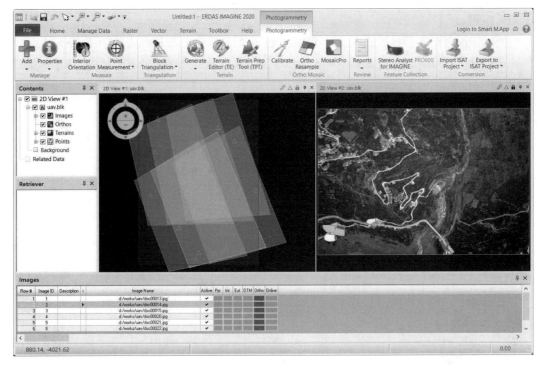

图 10-49　提取 DEM

提取的 DEM 结果可使用 TE 模块进行编辑。

10.7　正射校正

在 LPS 工程管理器窗口中，在 Ortho
Mosaic 菜单中选择 Ortho Resampe 选项，打开
Ortho Resampling 对话框，如图 10-50 所示。

在 Ortho Resampling 对话框中，在 General
选项卡中进行如下设置。

（1）在 DTM Source 下拉列表中选择 DEM
选项。

（2）在 DEM File Name 下拉列表中选择
dtm.img 选项（在 10.6 节中提取 DEM 后保存
的文件）。

（3）在 Output File Name 栏中选择文件输
出路径和文件名：orthodsc_00014.img。

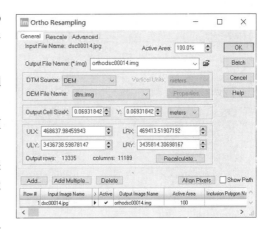

图 10-50　Ortho Resampling 对话框

（4）设置输出的像元大小（Output Cell Size）：X 和 Y 均为 0.06931842（meters）。

在 Advanced 选项卡中单击 Add Multiple 按钮，弹出 Add Multiple Outputs 对话框，如
图 10-51 所示，设置输出文件路径及文件前缀名，勾选 Use Current Cell Sizes 复选框，单

击 OK 按钮。

测区中所有图像都将被载入 Ortho Resampling 对话框中的图像列表，如图 10-52 所示。

在 Ortho Resampling 对话框中单击 Batch 按钮，打开批处理显示匹配结果，如图 10-53 所示。

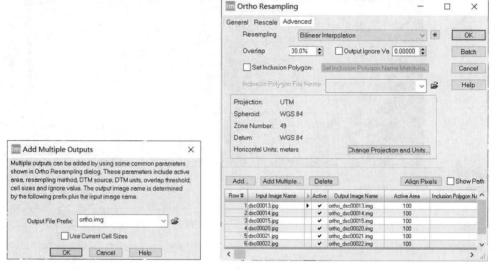

图 10-51　设置输出文件路径及文件前缀名　　　　图 10-52　图像列表

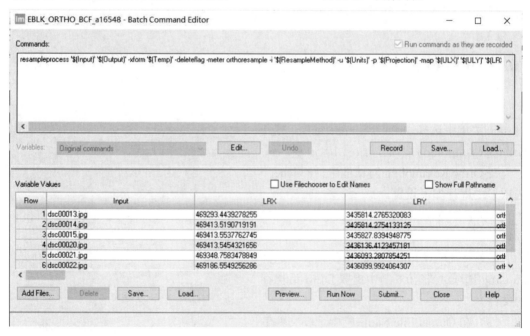

图 10-53　批处理显示匹配结果

单击 Run Now 按钮，开始进行重采样处理。重采样完毕，单击 Close 按钮，回到 EBLK_ORTHO_BCF_a16548-Batch Command Editor 窗口（见图 10-53）。单击 Close 按钮，回到 LPS 工程管理器窗口，这时所有的图像列表都变为绿色，如图 10-54 所示。

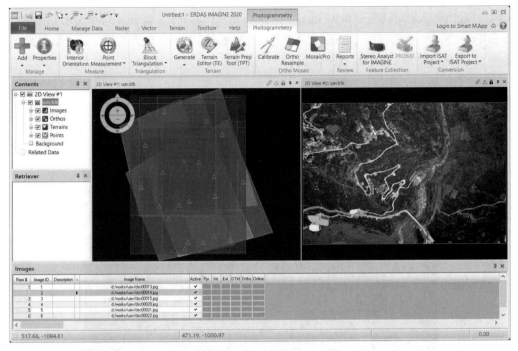

图 10-54 回到 LPS 工程管理器窗口

在 File 菜单下选择 Save 选项保存工程。

10.8 图像镶嵌

在 LPS 工程管理器窗口中，在 Ortho Mosaic 菜单中选择 MosaicPro 选项，弹出 Elevation Source 对话框，如图 10-55 所示。在 Elevation Source 对话框中单击 DTM File 单选按钮，选择提取的 DEM 文件，单击 OK 按钮，关闭该对话框，同时弹出 Add Images 对话框，如图 10-56 所示。

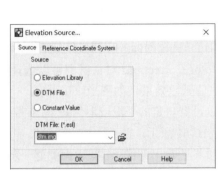

图 10-55 Elevation Source 对话框

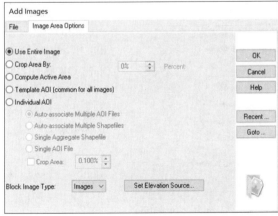

图 10-56 Add Images 对话框

在 Add Images 对话框中单击 Image Area Options 选项卡，如图 10-56 所示。在 Block Image Type 下拉列表中选择 Orthos 选项，单击 Use Entire Image 单选按钮（如果图像背景区域较大，那么可单击 Compute Active Area 单选按钮）。

单击 OK 按钮，关闭 Add Images 对话框，同时弹出 MosaicPro 窗口，数据被加载进去，如图 10-57 所示。

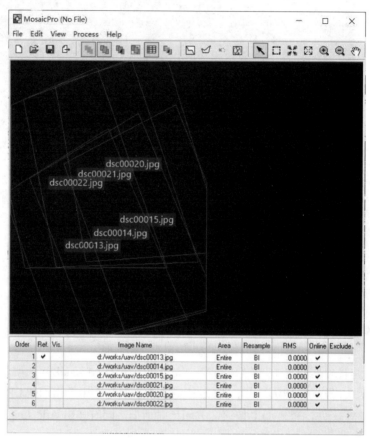

图 10-57　MosaicPro 窗口

单击█图标，打开 Seamline Generation Options 对话框，如图 10-58 所示。单击 Weighted Seamline 单选按钮，单击 OK 按钮，生成镶嵌线，如图 10-59 所示。

若需要编辑，则可单击█图标进行镶嵌线编辑。单击█图标，在弹出的 Color Corrections 对话框中可以选择颜色均衡算法、调整整体颜色效果，如图 10-60 所示。

单击█图标，可以设置一定的平滑或羽化效果，使接边处过渡更自然，如图 10-61 所示。

单击█图标，可以设置输出图像范围、数据类型、分辨率、波段信息，如图 10-62 所示。

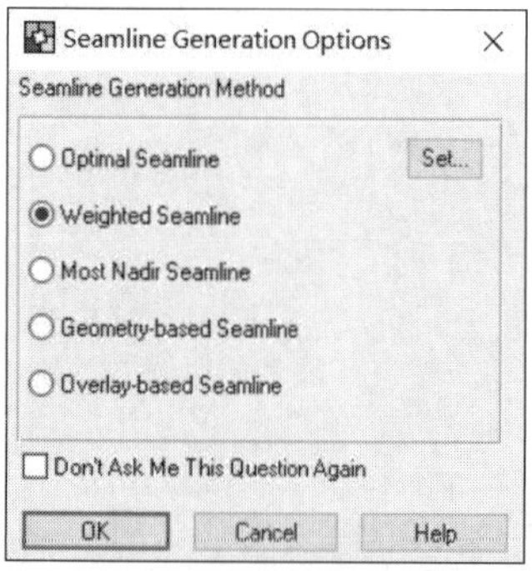

图 10-58　Seamline Generation
Options 对话框

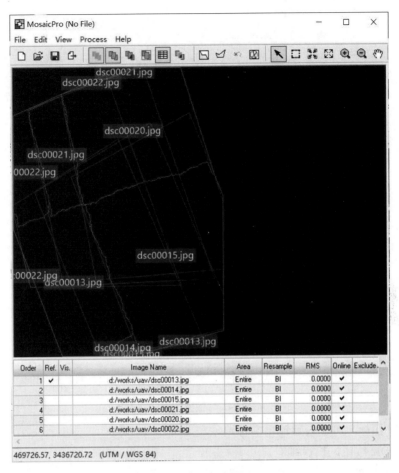

图 10-59　生成镶嵌线

图 10-60　Color Corrections 对话框

图 10-61　平滑处理

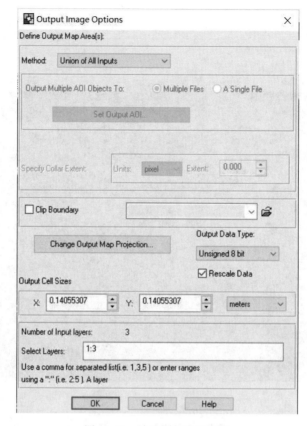

图 10-62　输出图像参数设置

单击 图标，可以设置输出文件路径和名称。

单击 OK 按钮，执行镶嵌，

进度条完成后，就可以在 Viewer 中查看最终 DOM 成果。

思考与练习

1．思考 POS 数据与相片数据对无人机图像处理的意义。

2．影响无人机遥感测量的因素有哪些？有哪些相应的参数？

3．练习并回顾无人机遥感测量的技术流程。

第 11 章

遥感图像分类

●●●●●●●●

本章的主要内容：

◆ 遥感图像分类简介

◆ 非监督分类

◆ 监督分类

◆ 面向对象的分类

◆ 分类后处理

遥感图像分类是指根据遥感图像中地物的光谱特征、空间特征、时相特征等，对地物目标进行识别。图像分类通常基于图像像元的灰度值，将像元归并成有限的几种类型、等级或数据集，通过图像分类可以得到地物类型及其空间分布信息。因此，遥感图像分类是图像数字处理的一项重要内容，监督分类和非监督分类是非常经典的两种遥感图像分类方法。

监督分类和非监督分类的功能模块均在 ERDAS 2020 的菜单栏中的 Raster→Classification 选项下，如图 11-1 所示。

监督分类和非监督分类的基本步骤是类似的，即先根据专题应用目的和图像数据特征确定计算机分类处理的类别或通过从训练数据中提取的图像数据特征确定分类类别；选择能够描述这些类别的特征量；提取各个类别的训练数据；测定总体的统计量，或对代表给定类别的部分进行采样测定其总体特征，或用聚类分析方法对特征相似的像元进行归类分析，从而确定其特征；使用给定的分类基准，对各个像元进行分类归并处理，包括对每个像元进行分类和对每个预先分割的均质区域进行分类；把已知的训练数据及分类类别与分类结果进行比较，检验结果，对分类的精度与可靠性进行分析。这两种分类的结果都产生专题栅格层。遥感图像的监督分类与非监督分类的操作流程图如图 11-2 所示。

遥感是以电磁波与物质相互作用为基础，探测、分析和研究地球资源与环境，揭示地面各要素的空间分布特征与时空变化规律的一门科学技术。通过遥感图像识别各种地面目标是遥感技术发展的一个重要环节，无论是专题信息提取、动态变化监测、专题制图，还是遥感数据库建设等都离不开遥感图像分类技术，可以说该技术是进行图像分析的基础。

图 11-1 Classification 菜单功能

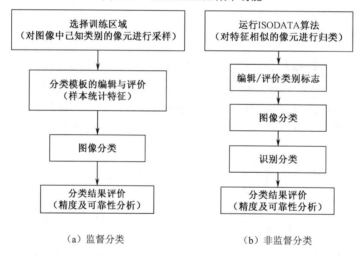

（a）监督分类　　　　　　　　　　　　（b）非监督分类

图 11-2 遥感图像的监督分类与非监督分类的操作流程图

11.1 遥感图像分类简介

　　遥感图像分类的过程就是模式识别的过程，遥感图像分类的任务是通过对各类地物的光谱特征进行分析来选择特征参数，将特征空间划分为互不重叠的子空间，然后将图像内各个像元划分到各个子空间中，从而实现图像分类。

　　在对遥感图像进行分类之前，需要进行特征参数选择和特征提取。特征参数选择是指从众多特征中挑选出可以参加分类运算的若干个特征，特征参数就是能够反映地物光谱特征信息并可用于遥感图像分类处理的变量，如对于 7 个波段的 TM 图像，由于第 6 波段图像记录的是地面目标的热辐射信息,而其他 6 个波段图像记录的是地面目标的反射光谱信息,因此在进行 TM 图像分类时通常只采用除第 6 波段图像以外的其他 6 个波段图像。多波段图像的每个波段都可作为特征参数,多波段图像的比值处理、对数变换、指数变换及线性变换结果也可以作为分类的特征参数。多波段、多时相是遥感对地观测的特征之一,一幅遥感图像中常常包含多个波段,周期性观测有时使得参加分类的遥感图像集中包含多个时相的图像。在进行遥感图像分类处理时,波段之间的运算也可产生一些新的变量(如比值图像)。因此,遥感图像分类是多变量图像分类,是一个把多维特征空间划分为几个互不重叠的子空间的过程。遥感图像分类不能仅依据个别波段的灰度值进行,而要考虑整个向量的特征,在多维空间中进行。

特征提取是指在完成特征参数选择之后,利用特征提取算法(如主成分分析算法)从原始特征中求出最能反映其类别特征的一组新特征。通过特征提取,既可达到数据压缩的目的,又可提高不同类别特征之间的可区分性。

监督分类和非监督分类是非常经典的两种遥感图像分类方法,本章将对这两种方法进行简要介绍。同时,由于监督分类和非监督分类之后都需要进行一些分类后处理才能得到最终相对理想的分类结果,因此本章还对分类后处理进行说明。

11.2 非监督分类

非监督分类是无人工干预的遥感图像分类方法,遥感图像上的同类地物在相同的表面结构特征、植被覆盖、光照条件下,一般具有相同或相近的光谱特征,从而表现出某种内在的相似性,归属于同一光谱空间区域;不同类地物的光谱特征不同,归属于不同的光谱空间区域。这就是非监督分类的理论依据。因此,可以这样定义非监督分类,即对分类过程不施加任何先验知识,仅根据遥感图像重点地物的光谱特征进行盲目的分类。非监督分类只对不同类别进行区分,不确定类别的属性,其属性需要事后对地物类别进行人工识别、对各类光谱响应曲线进行分析并与实地调查结果进行比较才可以确定。

在一幅复杂的图像中,训练区有时不能包括所有地物的光谱样式,这就导致一部分像元的归属类别不能确定。在实际工作中,为了进行监督分类而确定类别和训练区也是不易的。因此,在开始分析图像时,用非监督分类方法来研究数据的结构及其自然点群的分布情况是很有价值的。

非监督分类主要采用聚类分析方法。聚类是指把一组像元按照相似度归成若干类别。它的目的是使属于同一类别的像元之间的距离尽可能小,而不属于同一类别的像元之间的距离尽可能大。在进行聚类分析时,首先要确定基准类别参数。在非监督分类的情况下,可以利用无基准类别的先验知识,因此只能先假设初始类别参数,并通过预分类处理来进行集群。由再分类的统计参数来调整初始类别参数,接着再聚类、再调整。如此不断地迭代,直到有关参数到允许的范围内为止。所以,非监督分类算法的核心问题是初始类别参数的选择,以及它的迭代调整问题。

非监督分类的主要过程如下。

（1）确定初始类别参数，即确定最初类别数和类别中心。

（2）计算每个像元所对应的特征向量与各集群中心的距离。

（3）选取与中心距离最短的类别作为这个向量所属的类别。

（4）计算新的类别均值向量。

（5）比较新的类别均值与原中心位置。若位置发生明显变化，则执行第（6）步。

（6）以新的类别均值作为聚类中心，再从第（2）步开始，进行反复迭代操作。

若聚类中心不再变化，则计算停止。

11.2.1　非监督分类的过程

本节所用数据为 lidu.img。在 ERDAS 2020 中进行非监督分类的操作步骤如下。

图 11-3　Unsupervised Classification
对话框

（1）选择 Raster→Classification→Unsupervised→ Unsupervised Classification 选项。

（2）在弹出的 Unsupervised Classification 对话框中设置参数，如图 11-3 所示。

（3）确定输入文件（Input Raster File）：lidu.img（被分类的图像）。

（4）确定输出文件（Filename）：liduunsclass.img（分类后的图像）。

（5）选择生成分类模板文件：勾选 Output Signature Set 复选框（产生一个模板文件）。

（6）确定分类模板文件（Filename）：分类模板.sig。

（7）确定聚类参数（Clustering Options）：需要确定初始聚类方法与分类数，单击 Initialize from Statistics 单选按钮。系统提供的初始聚类方法有以下两种。

① Initialize from Statistics 方法是指按照图像的统计值产生自由聚类。

② Use Signature Means 方法是指按照选定的分类模板文件进行非监督分类。

（8）确定初始分类数（Number of Classes）：10（分出 10 个类别，实际工作中一般将初始分类数取为最终分类数的 2 倍以上）。

（9）单击 Initializing Options 按钮，打开 File Statistics Options 对话框。设置 ISODATA 的一些统计参数，选择 Diagonal Axis 选项，选中 Std. Deviations 并将其设为 1，关闭 File Statistics Options 对话框。

（10）单击 Color Scheme Options 按钮，打开 Output Color Scheme Options 对话框，可以设置输出的分类图像是彩色的或黑白的。在本例中，选择 Approximate True Color。

（11）设置处理参数（Processing Options）：需要设置最大循环次数与循环收敛阈值。

① 设置最大循环次数（Maximum Iterations）：24（ISODATA 重新聚类的最多次数，这是为了避免程序运行时间太长或由于没有达到聚类标准而导致死循环。一般在应用中循环次数取 6 次以上）。

② 设置循环收敛阈值（Convergence）：0.950（两次分类结果相比保持不变的像元所占最大百分比值，此值的设置可以避免 ISODATA 无限循环下去）。

（12）单击 OK 按钮，关闭 Unsupervised Classification 对话框，进行非监督分类，得到一个初始分类结果，如图 11-4 所示。

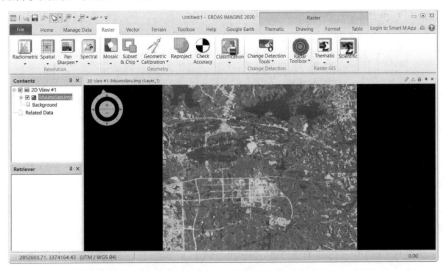

图 11-4　非监督分类的初始分类结果

11.2.2　非监督分类后的结果评价

获得一个初始分类结果之后，可以应用分类叠加（Classification Overlay）方法评价分类结果、检查分类精度、确定类别专题意义、定义分类色彩，以便获得最终的分类结果。具体操作步骤如下。

（1）显示原始图像与分类图像。

在 ERDAS 2020 的快捷访问工具栏中单击 📂（图标），打开 lidu.img 和 liduunsclass.img。注意：在打开 lidu.img 时，在 File 菜单中选择了图像之后，在 Raster Option 选项卡中的 Layers to Colors 设置显示方式为红（4）、绿（5）、蓝（3）。设置完成后在窗口中同时显示 lidu.img 和 liduunsclass.img，右击 liduunsclass.img，在弹出的快捷菜单中选择 Raise to Top 选项，将其叠加在 lidu.img 之上。

（2）调整属性字段显示顺序。

在 ERDAS 2020 主界面左侧的 Contents 栏中选中 liduunsclass 图层，然后在 Raster 扩展功能区中选择 Table→Show Attributes 选项，打开它的属性表。属性表中的记录分别对应生成的 10 类目标，每个记录都有一系列的字段，拖动浏览条可以看到所有字段。为了便于看到关注的重要字段，可以按照如下操作调整字段显示顺序。

① 选择 Table→Column Properties 选项，打开 Column Properties 对话框，如图 11-5 所示。在 Columns 选项栏中选择需要调整显示顺序的字段，单击 Up、Down、Top、Bottom 等几个按钮可调整其合适的位置，通过修改 Display Width 值可调整其显示宽度，通过选择 Alignment 下拉列表中的选项可调整其对齐方式。若勾选 Editable 复选框，则可以在 Title 文本框中修改各个字段的名称及其他内容。

② 在 Column Properties 对话框中调整字段显示顺序，最后使 Histogram、Opacity、Color、Class_Names 四个字段依次显示并排在前面，如图 11-5 所示。然后单击 OK 按钮，关闭 Column Properties 对话框。

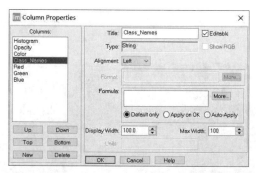

图 11-5　Column Properties 对话框

（3）给各个类别赋色。

因为之前在 Output Color Scheme Options 对话框中选择了 Approximate True Color，所以输出的图像是彩色的。故这一步可以省略。但是，如果分类的彩色不适合显示，那么可以单击一个类别的 Row 字段，然后右击该类别的 Color 字段，在弹出的快捷菜单中选择合适的颜色，如图 11-6 所示。

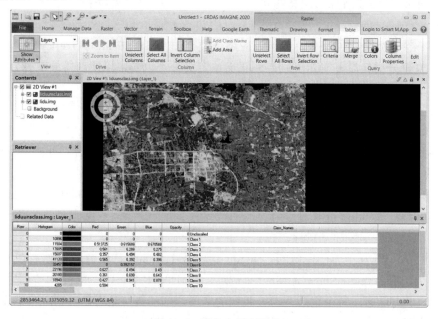

图 11-6　给各个类别赋色

（4）设置不透明度。

由于分类图像覆盖在原始图像之上，因此为了对单个类别的判别精度进行分析，首先要将其他所有类别的不透明度（Opacity）值设为 0，将要分析的类别的不透明度值设为 1。

在 ERDAS 2020 主界面底部的属性表中，右击某一类别属性的 Row 值，在弹出的快捷菜单中选择 Select All 选项，将所有属性选中。右击 Opacity 字段的名称，在弹出的快捷菜单中选择 Formula 选项，弹出 Formula 对话框，在 Formula 输入框中输入 0 并单击 Apply 按钮，如图 11-7 所示。

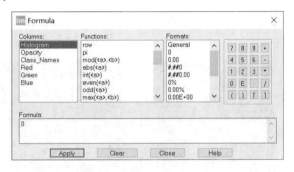

图 11-7　Formula 对话框

选择想要分析的单个类别属性的 Row 值，单击该类别的 Opacity 字段从而进入输入状态。在该类别的 Opacity 字段中输入 1 并应用。此时，在视窗中只有要分析的类别的颜色显示在原始图像的上面，其他类别都是透明的，如图 11-8 所示。

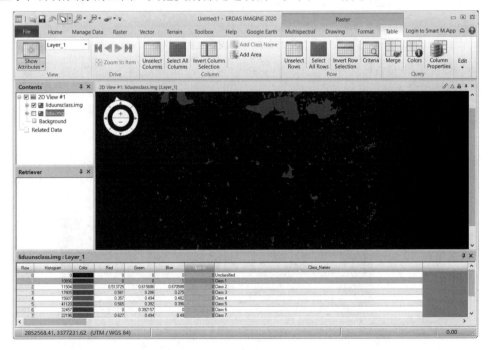

图 11-8　设置透明度之后的效果

（5）确定类别专题意义及其分类准确程度。

虽然已经得到了图像的分类结果，但是对于各类别的专题意义还没有确定，这一步就要通过设置分类图像在原始图像背景上闪烁（Flicker），来观察其与背景图像之间的关系，从而判断该类别的专题意义，并分析其分类准确程度。当然，也可以用卷帘显示（Swipe）、混合显示（Blend）等图像叠加显示工具进行判别分析。

选择 Home→Swipe→Flicker 选项，打开 Viewer Flicker 对话框，在 Transition Type 中单击任意检验方式控件，观察各类图像与原始图像之间的对应关系，如图 11-9 所示。

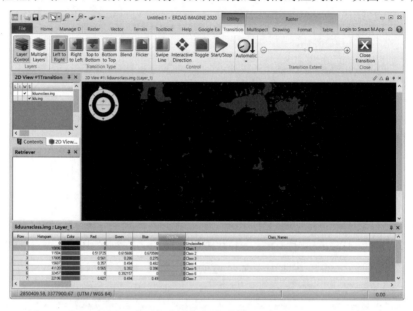

图 11-9　各类图像与原图像之间的关系

（6）标注类别的名称和相应颜色。

在属性表中赋予分类名称（英文或拼音），可以选择已经分析好的一类属性的 Row 值，单击该类别的 Class_Names 字段进入输入状态。在该类别的 Class_Names 字段中输入其专题意义（如河流），并按 Enter 键。右击该类别的 Color 字段，选择合适的颜色，如图 11-10 所示。

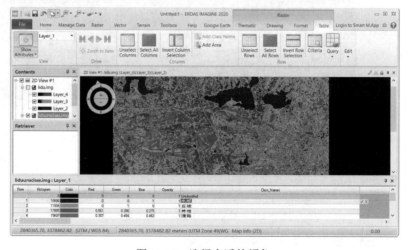

图 11-10　选择合适的颜色

重复第（3）～（6）步，直到对所有类别都进行了分析和处理。注意，在进行分类叠加分析时，可以一次选择一个类别，也可以一次选择多个类别。

11.3　监督分类

相对非监督分类，监督分类需要先验知识。从过程上来说，监督分类首先利用先验知识或样本来定义种子类别；然后利用样本对判决函数进行训练，使其符合定义的样本；最后利用训练好的判决函数对其他待分类的遥感图像进行分类。一旦分类结束，不但各类别得到区分，而且确定了类别的属性，即什么是地物。

在监督分类中，先验知识或样本的选择非常重要，其直接决定分类精度的高低。综合来说，对样本有如下几点要求。

（1）类别要求。选择的样本包含的类别在种类上应与研究区域要区分的类别一致。

（2）代表性要求。样本应在各类地物面积较大的中心部位选取，而不应在各类地物的混交地带和类别的边缘选取，以保证数据的单纯性（均一物质的亮度值）。

（3）分布要求。各类样本的分布应与采用的分类方法所要求的分布一致，如最大似然法假设各变量呈正态分布，样本应尽量满足这一要求。

（4）数量要求。若要求各类样本能够提供足够的各类别信息和克服各种偶然因素的影响，则样本应该有足够样本数。样本数与所采用的分类方法、特征空间的维数、各类别的大小和分布等有关。当采用最大似然法时，样本数至少应为 $M+1$ 个（其中 M 为特征空间的维数），因为少于这个数目，协方差矩阵将是奇异的，行列式为 0，也无逆矩阵。当采用建立在统计意义上的各种方法（如费歇准则法）时，更对样本数有所要求，因为从统计学的观点来看，只有基于一定数量的统计才有意义。但对样本数的要求也不是越大越好，因为大的数量除增加计算量以外还会带来寻找的困难。对于大的、分布规律性差的类别有时要多选一些样本，反之则少选一些样本。

监督分类一般分为以下几个步骤进行：定义分类模板（Define Signatures）、评价分类模板（Evaluate Signatures）、进行监督分类（Perform Supervised Classification）、评价分类结果（Evaluate Classification）。下面将结合实例介绍这个几个步骤。当然，在实际应用过程中可以根据需要进行其中的部分操作。

11.3.1　定义分类模板

ERDAS 2020 的监督分类是基于分类模板进行的，而分类模板的生成、管理、评价和编辑等功能是由分类模板编辑器负责的。毫无疑问，分类模板编辑器是进行监督分类的一个不可缺少的组件。

在分类模板编辑器中，生成分类模板的基础是原始图像和（或）其特征空间图像。因此，显示这两种图像的视窗也是进行监督分类的重要组件。本节所用数据为 lidu.img。在

ERDAS 2020 中定义分类模板的操作步骤如下。

（1）显示需要进行分类的图像。

在视窗中打开需要分类的图像：lidu.img。

（2）打开分类模板编辑器并调整显示字段。

选择 Raster→Classification→Supervised→Signature Editor 选项，打开 Signature Editor 对话框，如图 11-11 所示。由图 11-11 可以看出，分类模板编辑器由菜单栏、工具栏和分类模板属性表三大部分组成。Signature Editor 对话框中的分类模板属性表中有很多字段，不同字段对于建立分类模板的作用不同。为了突出作用较大的字段，可以进行必要的调整。

① 单击菜单栏中的 View→Columns，打开 View Signature Columns 对话框，如图 11-12 所示。

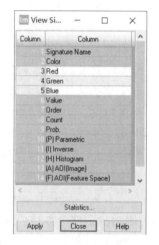

图 11-11　Signature Editor 对话框　　　　图 11-12　View Signature Columns 对话框

② 将鼠标指针置于左边属性的最上面一行，按住鼠标左键向下拖动鼠标指针直到最后一个字段，此时所有的字段都被选中，并且被用蓝色（默认颜色）标示出来。

③ 按住 Shift 键，同时单击 Red、Green、Blue 左边的数字字段，从而将这三个字段从选择集中清除。

④ 单击 Apply 按钮并关闭 View Signature Columns 对话框。可以看到，在 Signature Editor 对话框中，这三个字段不再显示。

（3）获取分类模板信息。

可以应用 AOI 绘图工具、AOI 扩展工具、查询光标这三种方法，在原始图像或特征空间图像中获取分类模板信息。无论是在待分类原始图像中，还是在随后介绍的特征空间图像中，都是通过绘制或产生 AOI 来获取分类模板信息的。下面分别介绍在遥感图像窗口中产生 AOI 的三种方法，即利用 AOI 工具收集分类模板信息的方法。在实际工作中可使用其中一种方法，也以将几种方法组合起来使用。

（4）应用 AOI 绘图工具在原始图像中获取分类模板信息。

① 在 Raster 扩展功能区中的 Drawing 菜单下单击 图标，在视窗中选择绘制一个暗红色 AOI（林地），双击完成绘制。

② 在 Signature Editor 对话框中，单击 ✛ 图标，将 AOI 加载到分类模板中。

③ 重复上述操作过程，多绘制几个暗红色 AOI，并将其作为新的模板加载到分类模板中，同时确定各类别的名称和颜色。

④ 选择 Class#字段，将上面加载的多个暗红色 AOI 模板全部选中并单击工具栏中的 ⧈ 图标，将其合并生成一个综合的新模板，其中包含合并前的所有模板属性。

⑤ 在 Signature Editor 对话框中选择 Edit→Delete 选项，删除合并之前的多个模板。

⑥ 在 Signature Editor 对话框中改变生成的分类模板的属性：将 Signature Name 改为 forest，将 Color 改为红色。

⑦ 重复上述过程，根据实地调查结果和已有结果，在图像窗口中选择绘制多个深蓝色 AOI（水域）、多个亮蓝色 AOI（建筑）、多个红色 AOI（农田）等。加载、合并、命名，建立新的模板，如图 11-13 所示。

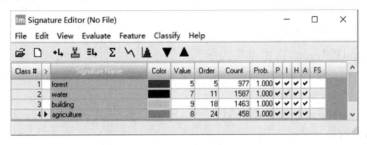

图 11-13　分类模板属性示意图

⑧ 当对所有的类型都建立了分类模板后，即可保存分类模板。保存的步骤为在 Signature Editor 对话框中选择 File→Save As 选项，输入路径和文件名（.sig 文件）并单击 OK 按钮。

（5）应用 AOI 扩展工具在原始图像中获取分类模板信息。

应用 AOI 扩展工具生成 AOI 的起点是一个种子像元，与该像元相邻的像元按照各种约束条件来考察，如空间距离、光谱距离等。如果像元被接收，那么该像元与原种子像元一起成为新的种子像元组，并重新计算新的种子像元平均值（当然也可以设置为一直沿用原种子像元的值），以后的相邻像元将以新的平均值来计算光谱距离。但空间距离一直是以最早的种子像元来计算的。

应用 AOI 扩展工具在原始图像中获取分类模板信息，首先必须设置种子像元特征，过程如下。

① 在显示 lidu.img 图像的视窗中，选择 Drawing→Grow→Growing Properties 选项，打开 Region Growing Properties 对话框，如图 11-14 所示。

② 选择相邻扩展方式（Neighborhood）：选择按 4 个相邻像元扩展。这里 ⊞ 表示将种子像元的上、下、左、右 4 个像元作为相邻像元进行扩展，⊞ 表示将种子像元周围的 9 个像元作为相邻像元进行扩展。

③ 选择区域扩展的地理约束条件（Geographic Constrains）：Area 确定每个 AOI 所包含的最多像元数（或者说面积），Distance 确定 AOI 所包含像元到种子像元的最大距离，这两个约束条件可以只设置一个，也可以设置两个或一个也不设置。在本例中，只设置面

积约束为 300.00 个像元。

④ 在 Spectral Euclidean Distance 栏中设置光谱欧氏距离。这个约束是指 AOI 可接受的像元值与种子像元平均值之间的最大光谱欧氏距离（两个像元在各个波段数值之差的平方之和的二次根），大于该距离将不被接受。此处设置距离为 10.00。

⑤ 切换到 Options 选项卡，该选项卡左侧有 3 个复选框，如图 11-15 所示。

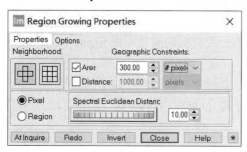

图 11-14　Region Growing Properties 对话框

图 11-15　Options 选项卡

Include Island Polygons 表示以岛的形式剔除不符合条件的像元。在种子像元扩展过程中，可能会有一些不符合条件的像元被符合条件的像元包围，此时勾选此复选框项将剔除这些像元。

Update Region Mean 表示重新计算种子平均值。若不勾选此复选框，则一直以原始种子像元的值为平均值。

Buffer Region Boundary 表示对 AOI 产生缓冲区。此设置在选择 AOI 编辑 DEM 数据时比较有用，可以避免高程的突然变化。

在此处勾选 Include Island Polygons 复选框和 Update Region Mean 复选框。Options 选项卡右侧的 3 个选项用于选择是否以 AOI 为约束条件进行增长，一般选择 None，即不以 AOI 为约束条件进行增长。

到此完成了种子像元扩展特性的设置，下面将使用 AOI 扩展工具产生一个 AOI。

① 在 AOI 扩展功能区选择 Drawing→Grow 选项，单击 lidu.img 上的暗红色区域。AOI 扩展工具将自动生成一个针对林地的 AOI。如果扩展的 AOI 不符合需求，即 AOI 不全是暗红色区域，则可以在 Region Growing Properties 对话框中进行修改，直到满足要求为止。注意：在 Region Growing Properties 对话框中进行修改之后，直接单击 Redo 按钮就可重新对刚才单击的像元生成新的扩展 AOI。

② 在 Signature Editor 对话框中，单击 图标，将 AOI 加载到分类模板中。

③ 重复上述操作过程，多选择几个暗红色 AOI，并将其作为新的模板加载到分类模板中，同时确定各类别的名称和颜色。

④ 选择 Class#字段，将上面加载的多个暗红色 AOI 模板全部选中并单击工具栏中的 图标，将其合并生成一个综合的新模板，其中包含合并前的所有模板属性。

⑤ 在 Signature Editor 对话框中选择 Edit→Delete 选项，删除合并之前的多个模板。

⑥ 在 Signature Editor 对话框中改变生成的分类模板的属性：将 Signature Name 改为 forest，将 Color 改为红色。

⑦ 重复上述过程，根据实地调查结果和已有结果，在图像窗口选择绘制多个深蓝色

AOI（水域）、多个亮蓝色 AOI（建筑）、多个红色 AOI（农田）等。加载、合并、命名，建立新的模板。

⑧ 对所有的类型都建立了分类模板后，保存分类模板。

（6）应用查询光标方法获取分类模板信息。

① 选择 Home→Inquire 选项，用十字光标确定一个种子像元的位置。

② 选择 Drawing→Grow→Growing Properties 选项，打开 Region Growing Properties 对话框，单击左下角的 At Inquire 按钮，根据用十字光标确定的种子像元产生一个 AOI。

③ 切换到 Options 选项卡，在 Set Constraint AOI 选项区中单击 None 单选按钮。

④ 在 Signature Editor 对话框中，单击 图标，将 AOI 加载到分类模板中，如图 11-16 所示，并重复上述步骤，按照"应用 AOI 扩展工具在原始图像中获取分类模板信息"的方法生成分类模板文件。

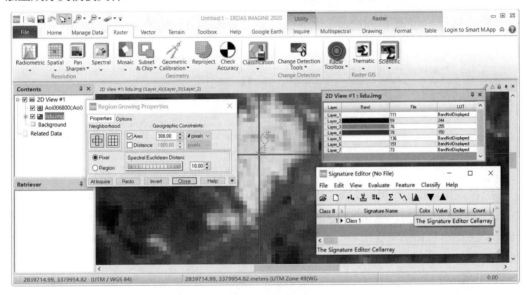

图 11-16　将 AOI 加载到分类模板中

11.3.2　评价分类模板

分类模板建立好之后，就可以对其进行评价、删除、更名、合并等操作。进行分类模板合并可使用户应用基于不同训练方法的分类模板进行综合复杂分类，其中训练方法包括监督方法、非监督方法、参数化方法和非参数化方法。

本节将要讨论的分类模板评价工具包括分类预警评价（Alarms）、可能性矩阵（Contingency Matrix）、由特征空间模板产生图像掩膜（Feature Space to Image Masking）、分类直方图（Histograms）、类别的分离性分析（Separability）等工具。当然，不同的评价工具有不同的应用范围。例如，不能用类别的分离性分析对非参数化的分类模板进行评价。分类模板中至少应具有 5 个以上的类别。

1. 分类预警评价

分类预警评价是根据平行六面体决策规则（Parallelepiped Division Rule）将原属于或估计属于某一类别的像元在图像窗口中高亮显示，以示预警的评价工具。一个预警可以针对一个类别或多个类别进行。如果没有在 Signature Editor 对话框中选择类别，那么当前活动类别就被用于进行预警。分类预警评价的具体过程如下。

（1）形成分类预警掩膜。

① 在 Signature Editor 对话框中选择 View→Image Alarm 选项，打开 Signature Alarm 对话框。

② 勾选 Indicate Overlap 复选框，使同时属于两个以上类别的像元叠加预警显示。在其后面的颜色框中设置像元叠加预警显示的颜色。

③ 单击 Edit Parallelepiped Limits 按钮，打开 Limits 对话框，如图 11-17 所示。单击 Set 按钮，打开 Set Parallelepiped Limits 对话框，如图 11-18 所示。

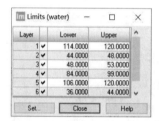

图 11-17　Limits 对话框

图 11-18　Set Parallelepiped Limits 对话框

④ 设置计算方法（Method）为 Minimum/Maximum，选择使用模板（Signatures）为 Current。

⑤ 单击 OK 按钮完成设置。关闭 Set Parallelepiped Limits 对话框和 Limits 对话框。在 Signature Alarm 对话框中单击 OK 按钮，执行分类预警评价，形成分类预警掩膜，如图 11-19 所示。

图 11-19　形成分类预警掩膜

（2）查看分类预警掩膜。

运用图像叠加显示功能，选择 Home→Swipe→Flicker 选项对掩膜进行闪烁显示，查
看分类预警掩膜，如图 11-20 所示。

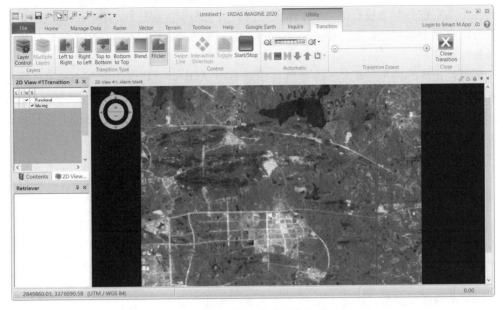

图 11-20　查看分类预警掩膜

（3）删除分类预警掩膜。

分类预警掩膜形成后，在 lidu.img 视窗中会多出一个 Alarm Mask 图层，选中该图层并
右击，在弹出的快捷菜单中选择 Remove Layer 选项，即可删除分类预警掩膜，如图 11-21
所示。

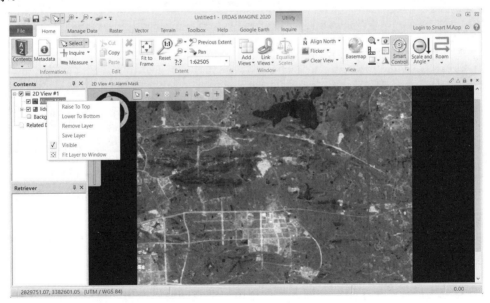

图 11-21　删除分类预警掩膜

2．可能性矩阵

可能性矩阵是根据分类模板分析 AOI 训练样区中的像元是否全部属于相应的类别的评价工具。通常期望 AOI 中的像元分到它们参与训练的类别当中。实际上，AOI 中的像元对各个类别都有一个权重值，AOI 训练样区只对类别模板起加权的作用。可能性矩阵可同时应用于多个类别，如果没有在 Signature Editor 对话框中选择类别，那么所有的模板类别都参与运算。

可能性矩阵的输出结果是一个矩阵，说明每个 AOI 训练样区中有多少个像元分别属于相应的类别。AOI 训练样区的分类可应用下列几种分类规则：平行六面体（Parallelepiped）、特征空间（Feature Space）、最大似然（Maximum Likelihood）、马氏距离（Mahalanobis Distance）。

可能性矩阵评价工具的使用方法如下。

（1）在 Signature Editor 对话框中选择所有类别，在菜单栏中选择 Evaluate→Contingency 选项，打开 Contingency Matrix 对话框，如图 11-22 所示。

（2）选择非参数规则（Non-parametric Rule）为特征空间（Feature Space）。

（3）选择叠加规则（Overlap Rule）为参数规则（Parametric Rule）。

（4）选择未分类规则（Unclassified Rule）为参数规则（Parametric Rule）。

（5）选择参数规则（Parametric Rule）为最大似然（Maximum Likelihood）。

（6）选择像元总数（Pixel Counts）作为评价输出统计。

（7）单击 OK 按钮，关闭 Contingency Matrix 对话框，开始计算分类误差矩阵。

（8）计算完成后，文本编辑器（Editor）被打开，分类误差矩阵将显示在文本编辑器中供查看统计，分类误差矩阵的局部（以像元数目形式表达部分）结果如图 11-23 所示。

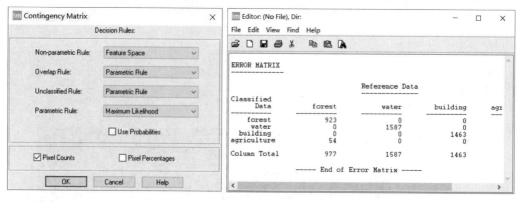

图 11-22　Contingency Matrix 对话框　　　图 11-23　分类误差矩阵的局部结果

从矩阵中可以看出，应属于 forest 的 977 个像元有 923 个依旧属于 forest，有 54 个属于 agriculture。因为像元数目较多，有少量划分错误是可以理解的，所以总体结果是令人满意的。从百分比上来说，如果误差矩阵值小于 85%，那么模板需要重新生成。

3．由特征空间模板产生图像掩膜

只有分类模板产生于特征空间才可使用由特征空间模板产生图像掩膜工具对其进行评价，在使用该工具时可以基于一个或多个特征空间模板。如果特征空间模板被定义为一个掩膜，那么图像文件会对该掩膜下的像元做标记，这些像元在视窗中也将被高亮显示。因此，可以直观地知道哪些像元将被分在特征空间模板所确定的类型之中。必须注意，在本工具的使用过程中，视窗中的图像必须与特征空间图像相对应。

本工具的使用过程如下。

（1）在 Signature Editor 对话框中选择要分析的特征空间模板。

（2）在菜单栏中选择 Feature→Masking→Feature Space to Image 选项。

（3）打开 FS to Image Masking 对话框，如图 11-24 所示。单击 Apply 按钮，产生分类掩膜。若勾选 Indicate Overlap 复选框，则意味着属于不止一个特征空间模板的像元将用该复选框后面的颜色显示。这里只做说明，并不勾选该复选框。

（4）分类掩膜产生之后，单击 Close 按钮，关闭 FS to Image Masking 对话框。

模板对象图示工具可以显示各个类别模板（包括参数型和非参数型）的统计图，以便比较不同的类别。统计图以椭圆形式显示在特征空间图像中，每个椭圆都是基于类别的平均值及其标准差的图形。可以同时产生一个或多个类别的图形显示。如果没有在模板编辑器中选择类别，那么当前处于活动状态的类别（位于"▶"符号旁边）就被应用，模板对象图示工具还可以同时显示两个波段类别均值、平行六面体和标识（Label）。因为是在特征空间图像中绘制椭圆的，所以特征空间图像必须处于打开状态。模板对象的图示操作步骤如下。

（1）在 Signature Editor 对话框中的菜单栏中选择 Feature→Objects 选项，打开 Signature Objects 对话框，如图 11-25 所示。

图 11-24 FS to Image Masking 对话框   图 11-25 Signature Objects 对话框

（2）确定特征空间图像视窗（Viewer）：2。

（3）确定绘制分类椭圆：勾选 Plot Ellipses 复选框。

（4）确定统计标准差（Std. Dev.）：4。

（5）单击 OK 按钮，执行模板对象图示，绘制分类椭圆，如图 11-26 所示。

Viewer#2 中显示特征空间及所选类别的分类椭圆，这些椭圆的重叠程度反映了类别的相似性。若两个椭圆不重叠，则说明它们代表相互独立的类型，这正是分类所需要的，如图 11-27 所示。然而，重叠是肯定有的，因为几乎没有完全不同的类别。若两个椭圆完全重叠或重叠较多，则这两个类别是相似的，对分类而言，这是不理想的。

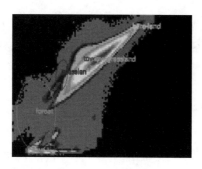

图 11-26　分类椭圆

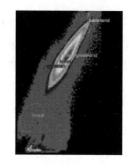

图 11-27　理想情况下的分类椭圆

4．分类直方图

通过分类直方图工具可对分类模板进行评价和比较。可以同时对一个或多个类别绘制分类直方图，处理对象如果是单个类别（Single Signature），则为当前活动类别（位于"▶"符号旁边）；处理对象如果是多个类别，则为处于选择集中的类别。绘制分类直方图的操作过程如下。

图 11-28　Histogram Plot Control Panel 对话框

（1）在 Signature Editor 对话框中选择一个或多个类别。

（2）在菜单栏中选择 View→Histogram 选项，打开 Histogram Plot Control Panel 对话框，如图 11-28 所示。

（3）确定分类模板数量（Signature）：All Selected Signatures。

（4）确定分类波段数量（Bands）：All Bands。

（5）单击 Plot 按钮，绘制分类直方图，如图 11-29 所示。

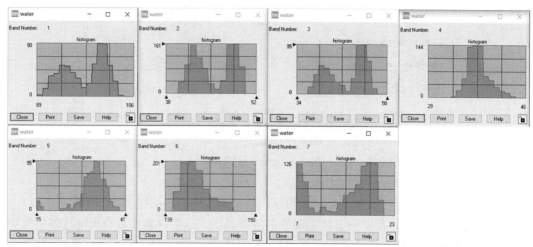

图 11-29　分类直方图

5．类别的分离性分析

类别的分离性分析工具用于计算任意类别间的统计距离，这个距离可用于确定两个类别间的差异程度，也可用于确定在分类中效果最好的数据层。类别间的统计距离是基于光谱欧氏距离、Jeffries-Matusta 距离、类别的分离度、散度计算的。类别的分离性分析工具可以同时对多个类别进行操作，若没有选择任何类别，则将对所有的类别进行操作。

（1）在 Signature Editor 对话框中选择一个或多个类别。

（2）在菜单栏中选择 Evaluate→Separability 选项，打开 Signature Separability 对话框，如图 11-30 所示。

（3）设置组合数据层数（Layers Per Combination）：3。Layers Per Combination 是指基于几个数据层来计算类别间的统计距离，如可以计算 2 个类别在综合考虑 6 个数据层时的距离，也可以计算它们在 1、2 个数据层上的距离。这里取一个适中值 3。

（4）设置计算距离的方法（Distance Measure）：Transformed Divergence。

（5）设置输出数据格式（Output Form）：ASCII。

（6）设置统计结果报告类型（Report Type）：Summary Report。Summary Report 表示计算结果只显示分离性最好的两个波段组合的情况，分别对应分离性最小和平均分离性最大；Complete Report 表示计算结果不仅要显示分离性最好的两个波段组合的情况，而且要显示所有波段组合的情况。

（7）单击 OK 按钮，执行类别的分离性计算，并将结果显示在文本编辑器（Editor）中。

（8）在文本编辑器中，可以对类别的分离性计算结果进行分析，如图 11-31 所示，可以将结果保存为文本文件。

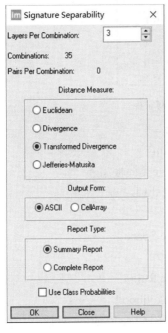

图 11-30　Signature Separability 对话框

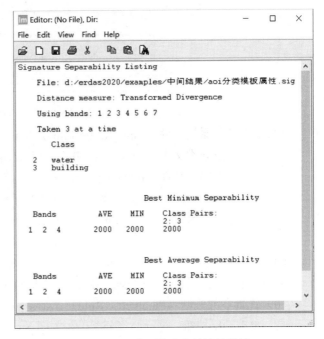

图 11-31　类别的分离性计算结果

11.3.3　进行监督分类

在监督分类过程中，用于分类决策的规则是多层次的，如对于非参数型模板有特征空间、平行六面体等规则，对于参数型模板有最大似然、马氏距离、最小距离等规则。当然，可以同时使用非参数规则与参数规则，但要注意应用范围，如非参数规则只能应用于非参数型模板，对于参数型模板要使用参数规则。另外，如果使用非参数型模板，那么还要确定叠加规则（Overlay Rule）和未分类规则（Unclassified Rule）。进行监督分类的操作过程如下。

（1）在 ERDAS 2020 的菜单栏中选择 Raster→Classification→Supervised→Supervised Classification 选项，弹出 Supervised Classification 对话框，如图 11-32 所示。

图 11-32　Supervised Classification 对话框

（2）设置输入原始文件（Input Raster File）：lidu.img。

（3）设置输出分类文件（Classified File）：lidusclass.img。

（4）设置分类模板文件（Input Signature File）：监督分类模板.sig。

（5）勾选 Distance File 复选框，对分类结果进行阈值处理。

（6）设置分类距离文件（Filename）：distance.img。

（7）设置非参数规则（Non-parametric Rule）：Feature Space。

（8）设置叠加规则（Overlay Rule）：Parametric Rule。

（9）设置未分类规则（Unclassified Rule）：Parametric Rule。

（10）设置参数规则（Parametric Rule）：Maximum Likelihood。

（11）单击 OK 按钮，进行监督分类，并关闭 Supervised Classification 对话框，监督分类结果如图 11-33 所示。

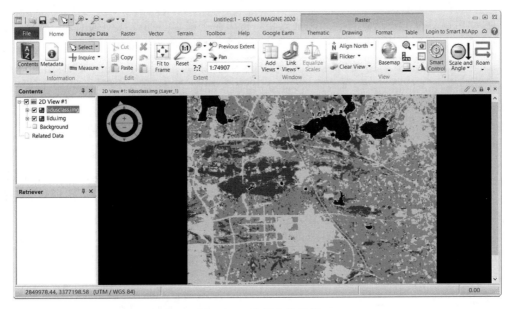

图 11-33　监督分类结果

注：在 Supervised Classification 对话框中，还可以定义分类图像的属性表项目。单击 Attribute Options 按钮，打开 Attribute Options 对话框，如图 11-34 所示。在 Attribute Options 对话框中，可以确定模板的哪些统计信息将被包括在输出的分类图像层中。这些统计信息是基于各个分类图像层中模板对应的数据计算出来的，而不是基于被分类的整幅图像的。在 Attribute Options 对话框中选择完需要统计的信息，单击 Close 按钮关闭该对话框。

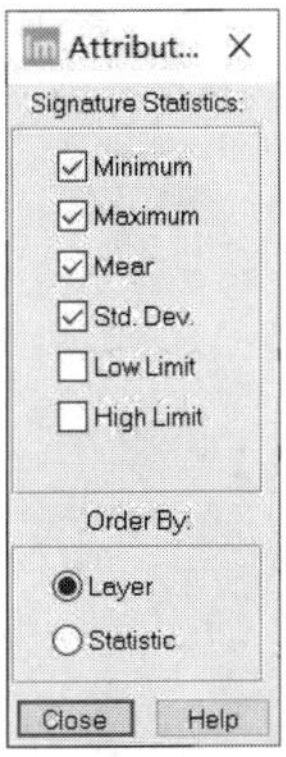

11.3.4　评价分类结果

图 11-34　Attribute
Options 对话框

在进行监督分类之后，需要对分类结果进行评价。ERDAS 2020 提供了多种分类结果评价方法，包括分类叠加（Classification Overlay）、阈值处理（Thresholding）、精度评估（Accuracy Assessment）、分类重编码（Recode Classes）等。

1．分类叠加

分类叠加是指将分类专题图像与原始图像同时在一个视窗中打开，将分类专题图像置于上层，通过改变分类专题图像的不透明度（Opacity）及颜色等属性，查看分类专题图像与原始图像之间的关系。对于非监督分类结果，可通过分类叠加方法来确定类别的专题特性，并评价分类结果；对于监督分类结果，该方法只用于查看分类结果的准确性。

2．阈值处理

阈值处理可以确定哪些像元可能没有被正确分类，从而对监督分类的初始结果进行优化。用户可以对每个类别设置一个距离阈值，将可能不属于它的像元筛选出去。筛选出去的像元在分类图像中将被赋予另一个分类值。阈值处理的具体步骤如下。

（1）在 ERDAS 2020 的视窗中打开分类专题图像，选择 Raster→Classification→Supervised→Threshold 选项，打开 Threshold 窗口，如图 11-35 所示。

（2）在 Threshold 窗口的菜单栏中选择 File→Open 选项，打开 Open File 对话框。分别输入监督分类的分类专题图像和分类距离图像，单击 OK 按钮完成加载。

（3）在 Threshold 窗口的菜单栏中选择 View→Select Viewer 选项，单击分类专题图像。

（4）在 Threshold 窗口的菜单栏中选择 Histogram→Compute 选项，计算各个类别的距离。计算之后，Histogram 菜单下的其他几个选项就可用了。可以选择 Save 选项将其保存为.sig 模板文件。

（5）移动"▶"符号到某个类别旁边，选择 Histogram→View 选项，则该类别的距离直方图被显示出来，如图 11-36 所示，拖动距离直方图横坐标上的箭头到合理的阈值，依次设置每个类别的阈值。

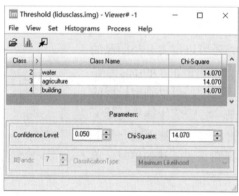

图 11-35　Threshold 视窗

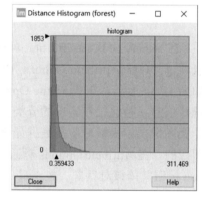

图 11-36　距离直方图

（6）选择 View→View Colors→Default Colors 选项，选择默认色彩将阈值以外的像元显示成黑色，将阈值以内的像元以该类别颜色显示。

（7）选择 Process→To Viewer 选项，阈值处理图像将显示在分类图像上。然后在 ERDAS 2020 主界面的视窗菜单栏中选择 Home→Flicker 选项，将阈值处理图像设置为闪烁状态，或者以混合方式、卷帘方式叠加显示，以直观查看处理前后图像的变化。

（8）在 Threshold 窗口的菜单栏中选择 Process→To File 选项，打开 Threshold to File 对话框，在 Output Image 文本框中输入文件名，单击 OK 按钮保存文件。

3．精度评估

精度评估是指将分类专题图像中的特定像元与已知类别的参考像元进行比较，实际工作中常将分类数据与地面真值、先前的试验地图、航空相片或其他数据进行对比。精度评估具体步骤如下。

（1）在 ERDAS 2020 的视窗中打开分类前的原始图像，以便进行精度评估。

（2）选择 Raster→Classification→Supervised→Accuracy Assessment 选项，打开 Accuracy

Assessment 对话框，如图 11-37 所示。

（3）将原始图像视窗与精度评估视窗相连接。矩阵数据保存在分类图像文件中。在 Accuracy Assessment 对话框的工具栏中单击 ⚐ 图标（或在菜单栏中选择 View→Select Viewer 选项），在显示原始图像的视窗中单击，即可完成原始图像视窗与精度评估视窗的连接。

（4）在 Accuracy Assessment 对话框中设置随机点的颜色。在 Accuracy Assessment 对话框中选择 View→Change Colors 选项，打开 Change colors 对话框，如图 11-38 所示。在 Points with no reference 中设置没有真实参考值的点的颜色，在 Points with reference 中设置有真实参考值的点的颜色，单击 OK 按钮，执行参数设置，返回 Accuracy Assessment 对话框。

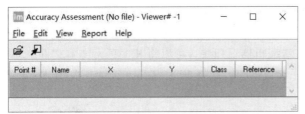
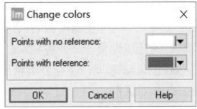

图 11-37　Accuracy Assessment 对话框　　图 11-38　Change colors 对话框

注：Accuracy Assessment 对话框中显示了一个精度评估矩阵（Accuracy Assessment Cell Array）。精度评估矩阵中将包含分类图像若干像元的几个参数和对应的参考像元的分类值。这个矩阵可以使用户对分类专题图像中的特定像元与作为参考的已知类别的像元进行比较。参考像元的分类值是用户自己输入的。

（5）产生随机点。本操作将在分类专题图像中产生一些随机点，随机点产生之后，需要用户给出随机点的实际类别。然后，对随机点的实际类别与在分类专题图像中的类别进行比较。

在 Accuracy Assessment 对话框中选择 File→Open 选项，加载分类专题图像。接着选择 Edit→Create/Add Random Points 选项，打开 Add Random Points 对话框，如图 11-39 所示。

在 Search Count 数值框中输入确定随机点过程中使用的最大分析像元数，这个数一般比 Number of Points 大很多；在 Number of Points 数值框中输入大于 250 的数。

在 Distribution Parameters 选项区中单击 Random 单选按钮，即可产生绝对随机的点，而不使用任何强制性规则。其余两个选项中，Equalized Random 是指每个类别将具有同等数目的比较点；Stratified Random 是指点数与类别涉及的像元数成比例，但选择该选项后可以确定一个最小点数。若勾选 Use Minimum points 复选框，则可保证小类别也有足够多的分析点。

图 11-39　Add Random Points 对话框

单击 OK 按钮，按照参数设置产生随机点，返回 Accuracy Assessment 对话框。

（6）显示随机点及其类别。在 Accuracy Assessment 对话框中，选择 View→Show All 选项，所有随机点均以第（4）步设置的颜色显示在视窗中；接着选择 Edit→Show Class Values 选项，各随机点的类别号出现在数据表的 Class 字段中。

（7）输入参考点的实际类别值。在 Accuracy Assessment 对话框中，在数据表的 Reference 字段中输入各个随机点的实际类别值。只输入参考点的实际分类值。如果实际分类值与 Class 字段的值不同，那么它在视窗中的颜色就变为第（4）步设置的 Point with reference 颜色。

（8）设置分类评价报告输出环境并输出分类评价报告。在 Accuracy Assessment 对话框中选择 Report→Options 选项，单击确定分类评价报告的参数。选择 Report→Accuracy Report 选项，产生分类精度报告。选择 Report→Cell Report 选项，进行报告有关产生随机点及窗口的环境设置。报告将显示在文本编辑器窗口中，可以将其保存为文本文件。选择 File→Save Table 选项，保存分类精度评价数据表。选择 File→Close 选项，关闭 Accuracy Assessment 对话框。

对分类结果进行评价，若达到分类精度，则保存结果；若对结果不满意，则可以进一步做相关修改，如修改分类模板等，或应用其他功能进行调整。

11.4　面向对象的分类

11.4.1　面向对象的分类原理

传统的基于像元的遥感图像处理方法对于光谱信息丰富、地物间光谱差异明显、中低空间分辨率的多光谱遥感图像有较好的分类效果，对于只含有较少波段的高空间分辨率遥感图像会导致分类精度降低、空间数据大量冗余，并且其分类结果常常是"椒盐"图像，不利于进行空间分析。对于图像分类来说，基于像元的信息提取是根据地表一个像元范围内的辐射平均值对每个像元进行分类的，但图像中地物类别特征不仅是由光谱信息来刻画的，在很多情况下（高空间分辨率或纹理图像数据）还通过纹理特征来表现。

面向对象技术强调，在软件开发过程中面向客观世界或问题域中的事物，采用人类在认识客观世界的过程中普遍运用的思维方法，通过对对象的多级认识，直观、自然地描述客观世界中的有关事物。面向对象技术的基本特征主要有抽象性、封装性、继承性和多态性。面向对象的分类原理如图 11-40 所示。

面向对象的分类技术可以综合利用图像中的光谱、几何、纹理、拓扑关系等信息，较好地解决上述问题，其流程如图 11-41 所示。要建立与现实世界真正相匹配的地表模型，面向对象的分类方法是目前为止较为理想的方法，该方法在遥感图像分析中具有巨大的潜力。面向对象的分类方法中最重要的一部分是图像分割。

本章以建筑物要素提取为例，介绍应用 ERDAS 2020 进行面向对象的分类步骤。本实例对建筑物模型进行识别提取，所用数据为 residential.img。

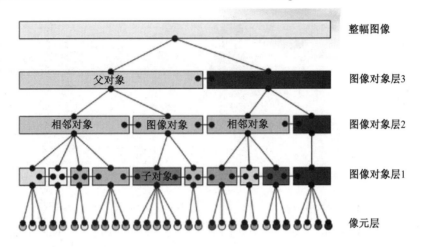

图 11-40　面向对象的分类原理

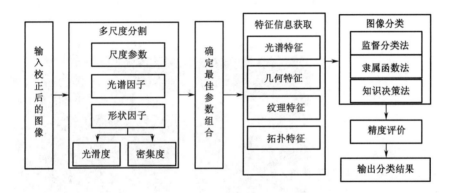

图 11-41　面向对象的分类技术流程

11.4.2　面向对象的分类实例

在运行这个过程之前,首先应建立工程文件。

在 ERDAS 2020 主界面视窗菜单栏中选择 Raster → Classification → IMAGE Objective 选项，打开 Objective Workstation Startup 对话框，如图 11-42 所示。

单击 Create a new project 单选按钮，单击 OK 按钮，打开 Create New Project 对话框，如图 11-43 所示。输入项目名称 residential.lfp，输入新的特征信息模型为

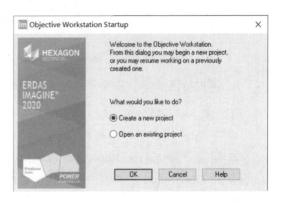

图 11-42　Objective Workstation Startup 对话框

217

roof.lfm。单击 OK 按钮，打开 Variable Properties 窗口，如图 11-44 所示。

图 11-43　Create New Project 对话框

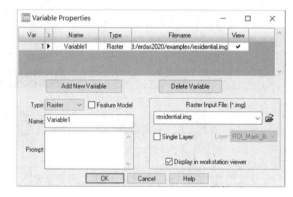

图 11-44　Variable Properties 窗口

　　单击 Add New Variable 按钮，将变量的 Name 改为 Spectral。单击 Raster Input File 输入框右侧的文件夹图标，选择 residential.img 为输入文件，单击 OK 按钮，关闭 Variable Properties 窗口，打开 residential.lfp-roof.lfm-Objective Workstation 窗口，如图 11-45 所示。

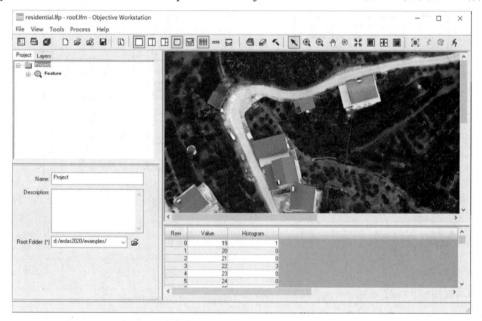

图 11-45　residential.lfp-roof.lfm-Objective Workstation 窗口

1. 建立特征模型、像素分类和设置训练样本

（1）建立特征模型。

① 在 Tree View 菜单中选择 Feature 选项。

② 用 Residential Rooftops 代替 Feature（或 Feature <number>），如图 11-46 所示。

③ 在 Description 文本框中输入模型目的的文本描述，如"在居民区找屋顶"。在 Model I/O Path 输入框中输入输入和输出文件的默认路径。输出文件在这个路径下通过模型自动产生。单击文件夹可改变路径。

218

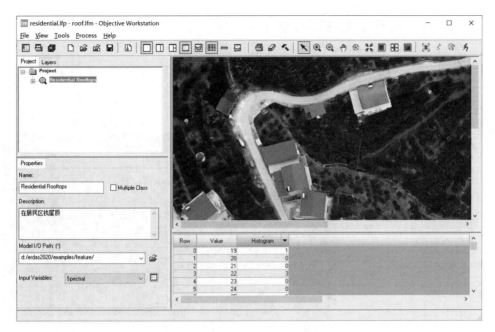

图 11-46　用 Residential Rooftops 代替 Feature

（2）像素分类（Pixel Classification）。

在 Tree View 菜单中，若过程的节点不可用，则可单击➕展开 Residential Rooftops，扩大这个路径。

① 在 Tree View 菜单中选择 Raster Pixel Processor 选项，RPP 属性（RPP Properties）在左下角显示，如图 11-47 所示。

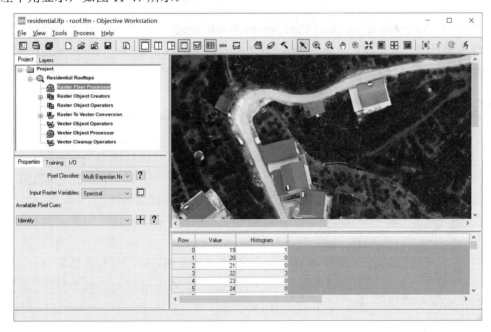

图 11-47　RPP 属性

② 选择 Spectral 作为输入栅格变量。

③ 在 Available Pixel Cues 下拉列表中选择 SFP 选项。

④ 单击 ± 加载 SFP 像素线索，显示 SFP Properties 标签，如图 11-48 所示。

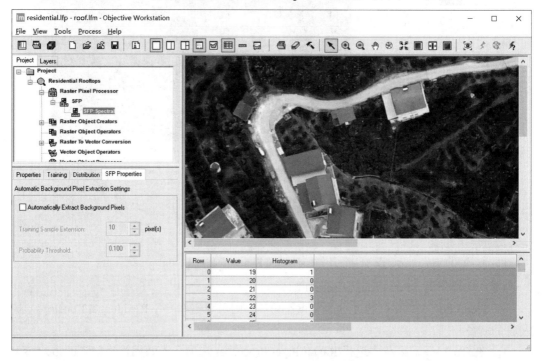

图 11-48　显示 SFP Properties 标签

⑤ 勾选 Automatically Extract Background Pixels 复选框，SFP 分类器将会自动尝试从训练样本之外提取背景样本。设置 Training Sample Extension 为 30，Probability Threshold 为 0.300。

图 11-49　AOI 工具面板

（3）设置训练样本。

① 单击 Training 标签，自动显示 AOI 工具面板，如图 11-49 所示。

② 在图像上数字化几个 AOI 代表居民的屋顶。为了得到较全的样本，提取不同灰色梯度的几个屋顶。数字化全部屋顶的形状（这些样本在形状训练中将再次被用到）。

③ 单击 Add 按钮，加载训练样本到这个训练样本 Cellarray 中，如图 11-50 所示。

④ 单击 Accept 按钮，加载训练样本到特征模型中。训练样本加载完成后，其颜色框变成绿色，表明这个训练样本已经被接收，如图 11-51 所示。

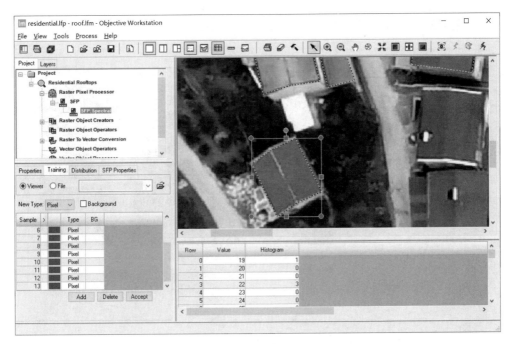

图 11-50　加载训练样本

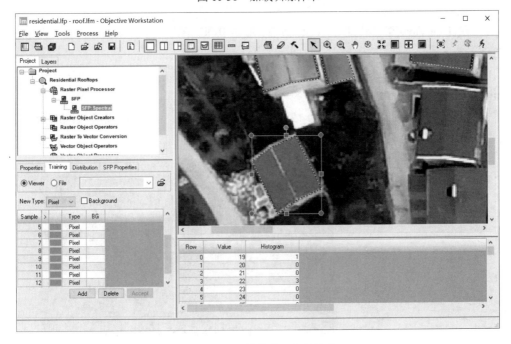

图 11-51　训练样本已经被接收

2．设置其他过程节点

（1）Raster Object Creators。

① 在 Tree View 菜单中选择 Raster Object Creators 选项。

② 单击 Properties 标签，在 Raster Object Creators 下拉列表中选择 Segmentation 选

项，如图 11-52 所示。

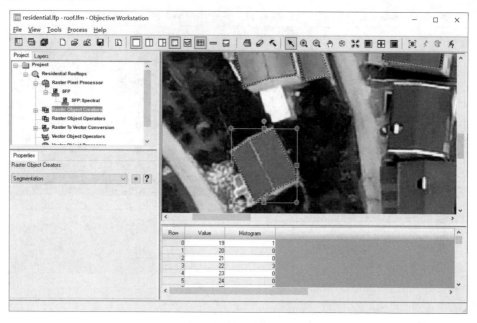

图 11-52　选择 Segmentation 选项

③ 在 Tree View 菜单中扩展 ROC 节点。单击 ROC 节点，显示 Segmentation Properties 标签。

④ 在 Input Variable 下拉列表中选择 Spectral 选项，单击 All Layers 单选按钮，勾选 Euclidean Dist 复选框。

⑤ 设置 Min Value Difference 为 12.00，Variation Factor 为 3.50，如图 11-53 所示。

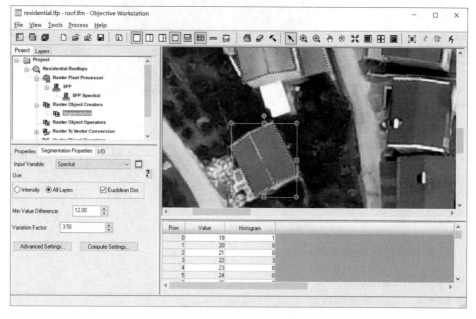

图 11-53　Segmentation Properties 属性设置

⑥ 单击 Advanced Settings 按钮，打开 Advanced Segmentation Settings 对话框，如图 11-54 所示。

⑦ 勾选 Apply Edge Detection 复选框，设置 Threshold 为 10.000，Minimal Length 为 3。

⑧ 单击 OK 按钮，完成设置。

（2）Raster Object Operations 加载 Probability Filter 算子。

① 在 Tree View 菜单中选择 Raster Object Operators 选项。

② 单击 Properties 标签，在 Raster Object Operators 下拉列表中选择 Probability Filter 选项。

③ 单击±加载 Probability Filter 算子到特征模型中。

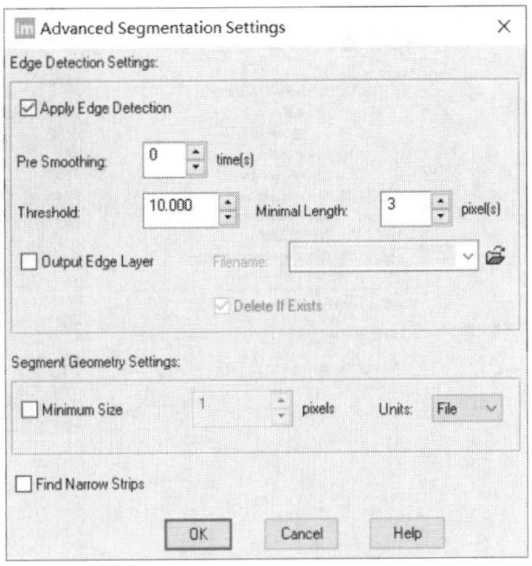

图 11-54　Advanced Segmentation Settings 对话框

④ 单击 Probability Filtering Properties 标签，设置 Minimum Probability 为 0.70，如图 11-55 所示。

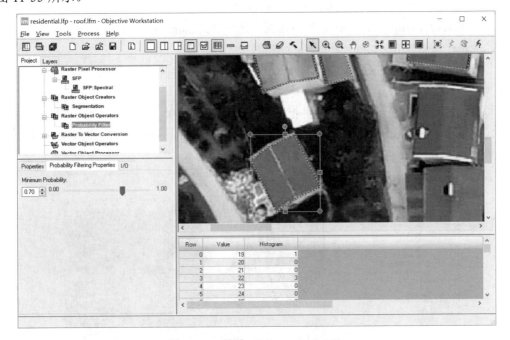

图 11-55　设置 Minimum Probability

⑤ 在 Tree View 菜单中选择 Raster Object Operators 选项。

⑥ 单击 Properties 标签，在 Raster Object Operators 下拉列表中选择 Size Filter 选项。

⑦ 单击±加载 Size Filter 算子到特征模型中。

⑧ 勾选 Maximum Object Size 复选框，如图 11-56 所示，设置 Maximum Object Size 为 2000，在 Units 下拉列表中选择 File 选项。

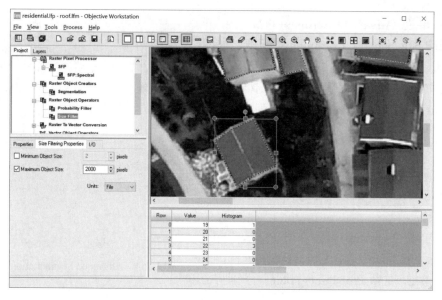

图 11-56　勾选 Maximum Object Size 复选框

（3）Raster Object Operations 加载 ReClump 算子。

① 在 Tree View 菜单中选择 Raster Object Operators 选项。

② 在 Raster Object Operators 下拉列表中选择 ReClump 选项。

③ 单击➕加载 ReClump 算子到特征模型中。

④ 单击 Properties 标签，选择 Dilate 算子并把它加载到特征模型中。

⑤ 选择 Erode 算子并把它加载到特征模型中。

⑥ 选择 Clump Size Filter 算子并把它加载到特征模型中。

⑦ 单击 Clump Size Filter Properties 标签，设置 Minimum Object Size 为 1000，在 Units 下拉列表中选择 File 选项，如图 11-57 所示。

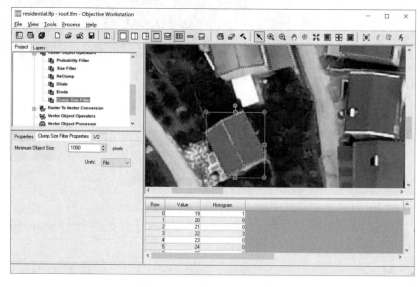

图 11-57　加载 ReClump 算子

（4）Raster To Vector Conversion。

① 在 Tree View 菜单中选择 Raster To Vector Conversion 选项。

② 在 Raster to Vector Converters 下拉列表中选择 Polygon Trace 选项，如图 11-58 所示。

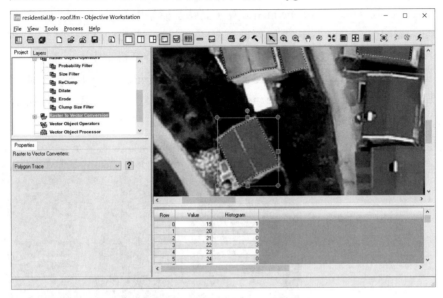

图 11-58　选择 Polygon Trace 选项

（5）Vector Object Operations。

① 在 Tree View 菜单中选择 Vector Object Operators 选项。

② 单击 Properties 标签，在 Vector Object Operators 下拉列表中选择 Generalize 选项。

③ 单击±加载 Generalize 算子到特征模型中。

④ 单击 Generalize Properties 标签，设置 Tolerance 为 1.50，如图 11-59 所示。

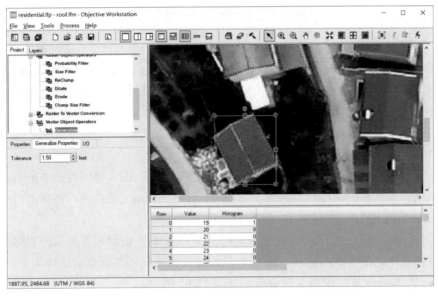

图 11-59　加载 Generalize 算子

225

（6）Object Classification。

① 在 Tree View 菜单中选择 Vector Object Processor 选项。

② 在 Available Object Cues 下拉列表中选择 Geometry:Area 选项。

③ 单击 ⊞ 加载 Area object cue metric 算子到特征模型中。

④ 在 Available Object Cues 下拉列表中选择 Geometry:Axis2/Axis1 选项。

⑤ 单击 ⊞ 加载 Axis2/Axis1 object cue metric 算子到特征模型中。

⑥ 在 Available Object Cues 下拉列表中选择 Geometry:Rectangularity 选项。

⑦ 加载 Rectangularity object cue metric 算子到特征模型中，如图 11-60 所示。

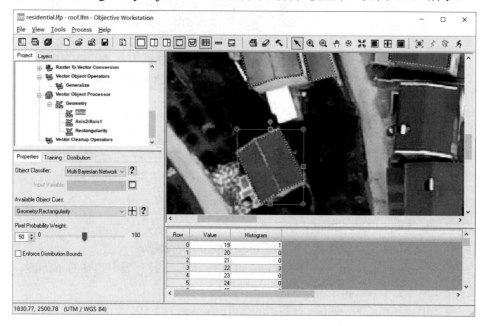

图 11-60　加载 Rectangularity object cue metric

3．屋顶训练样本

屋顶训练样本（Rooftop Training Samples）将为对象分类器的 4 个 Cue Metrics 的选择分布提供基础资料。在这一步中重要的是取得描述屋顶大小和形状的样本。因为被用在 Pixel Classification 中的训练样本代表全部屋顶，所以这一步可以重新使用它们。

（1）若早期的样本仅是屋顶的一部分，则需要新的样本。

① 单击 Training 标签。

② 在 Training Sample Cellarray 的 Sample 栏中，按住 Shift 键同时选中所有描述全部屋顶的 AOI。若所有的训练样本描述全部屋顶，则在 Sample 栏右击，在弹出的快捷菜单中选择 Select All 选项，如图 11-61 所示。

③ 在 Type 栏中，右击选择 Both（Pixels 和 Objects）识别所有选择的训练样本作为样本。现在数字化任何新的样本，都要单击 Add 按钮将它们加载到训练样本中。

④ 单击 Accept 按钮设置基础资料，如图 11-62 所示。

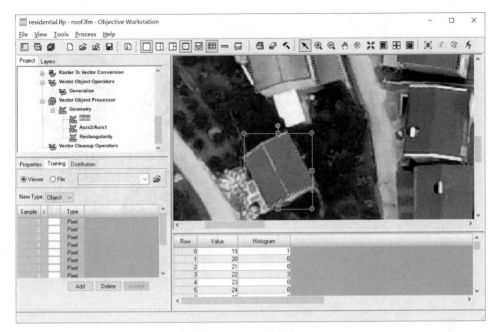

图 11-61　选中描述区

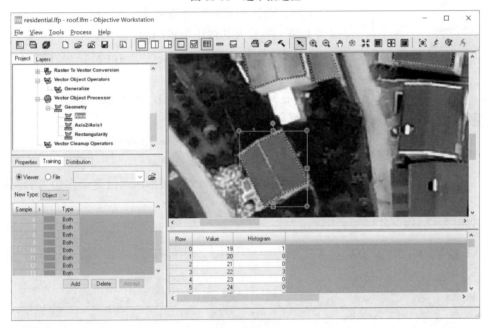

图 11-62　设置基础资料

⑤ 单击 Distribution 标签。

⑥ 在 Tree View 菜单中分别选择 3 个 Cue Metric Nodes，然后观察每个 Metric 的训练 Distribution。

⑦ 在 Tree View 菜单中选择 Area 选项。

⑧ 组成 Distribution Statistics 统计表，如图 11-63 所示。

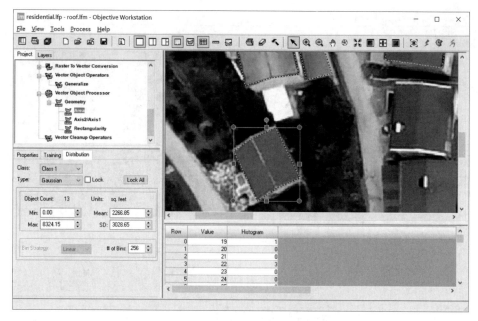

图 11-63 Distribution Statistics 统计表

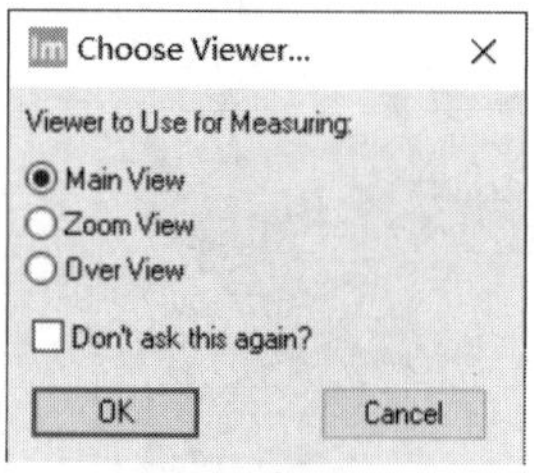

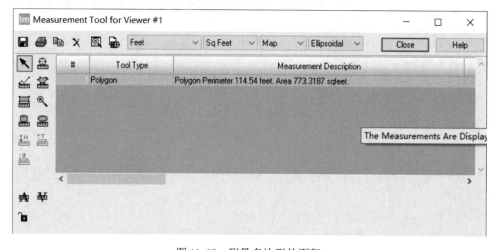

（2）为了确保屋顶面积分布合适，用 Measurement Tool 去发现图像上的一些最大和最小屋顶的面积。

① 单击▭图标，打开 Choose Viewer 对话框，如图 11-64 所示。

② 单击 Main View 单选按钮，单击 OK 按钮，在大的主要窗口执行测量。

③ 在第二个下拉列表中选择 Sq Feet 选项。

④ 单击▤图标，测量周长和面积。

⑤ 围绕屋顶数字化一个多边形，测量这个多边形的面积，

图 11-64 Choose Viewer 对话框

如图 11-65 所示。

图 11-65 测量多边形的面积

（3）重复上述过程几次，以测定这个屋顶面积的范围。得到屋顶面积的范围为479.64～8324.15 平方英尺。

① 关闭 Measurement Tool for Viewer 窗口。用这个训练和面积测量的结果去设置 Area Cue Metric 的 Distribution 参数。

② 单击 Distribution 标签，勾选 Lock 复选框，阻止软件自动更新 Distribution 参数。

③ 基于训练和面积测量，输入 Min、Max、Mean 和 SD 的值。对 Min 输入479.64，对 Mean 输入 2266.85，对 Max 输入 8324.15，对 SD 输入 800.00，如图 11-66 所示。

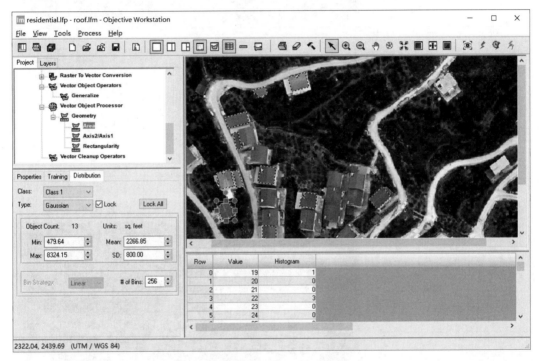

图 11-66　输入 Area 参数

④ 在 Tree View 菜单中选择 Axis2/Axis1 选项，勾选 Lock 复选框。

⑤ 基于训练，输入 Min、Max、Mean 和 SD 的值。对 Min 输入 0.40，对 Mean 输入0.70，对 Max 输入 1.00，对 SD 输入 0.30，如图 11-67 所示。

⑥ 在 Tree View 菜单中选择 Rectangularity 选项。这是一个 Probabilistic Metric，意味着这个 Metric 的结果在 0～1.0 范围内，勾选 Lock 复选框。

⑦ 基于训练，输入 Min 和 Max 的值。对 Min 输入 0.10，对 Max 输入 1.00，如图 11-68 所示。

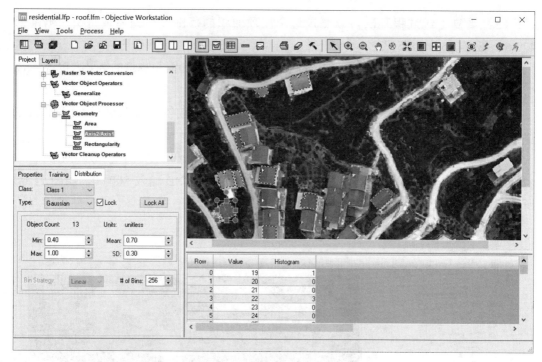

图 11-67　输入 Axis2/Axis1 参数

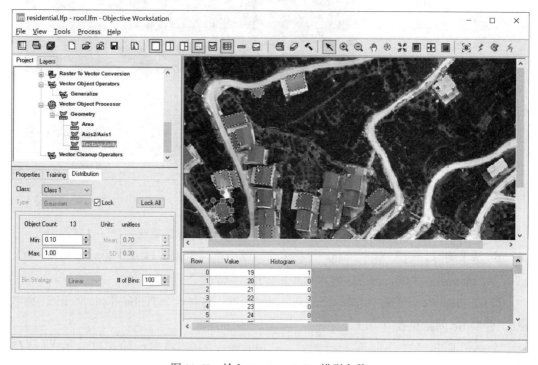

图 11-68　输入 Rectangularity 模型参数

（4）Vector Cleanup Operations。

① 在 Tree View 菜单中选择 Vector Cleanup Operators 选项。

② 在 Vector Cleanup Operators 选项下选择 Probability Filter 子选项。

③ 单击➕加载 Probability Filter 算子。Probability Filter Properties 自动被选择。

④ 对 Minimum Probability 输入 0.10，去除所有概率小于 10%的对象。

⑤ 在 Tree View 菜单中选择 Vector Cleanup Operators 选项。

⑥ 在 Vector Cleanup Operators 选项下选择 Island Filter 子选项。

⑦ 单击➕加载 Island Filter 算子到特征模型中。

⑧ 在 Vector Cleanup Operators 选项下选择 Smooth 子选项，并加载这个算子到特征模型中。

⑨ 单击 Smooth Properties 标签，设置 Smoothing Factor 为 0.20。

⑩ 在 Vector Cleanup Operators 选项下选择 Orthogonality 子选项，并加载这个算子到特征模型中。

⑪ 单击 Orthogonality Properties 标签，设置 Orthogonality Factor 为 0.35，如图 11-69 所示。

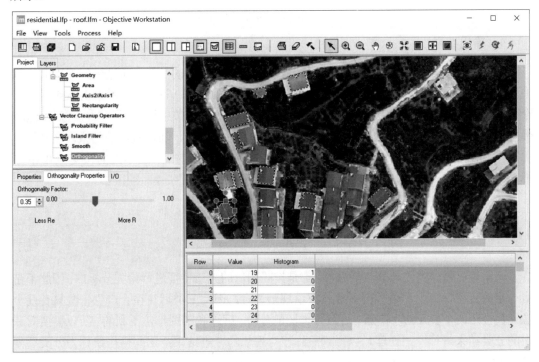

图 11-69　设置 Orthogonality Factor 为 0.35

（5）Set Final Output。

① 在 Tree View 菜单中右击 Orthogonality，在弹出的快捷菜单中选择 Stop Here 选项。

② 单击⚡图标（Run the Feature Model）。自动识别的结果如图 11-70 所示。

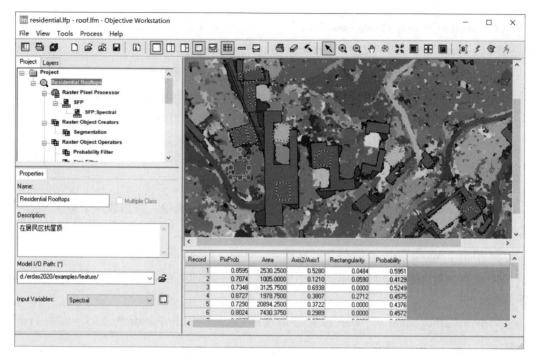

图 11-70　自动识别的结果

4．输出结果

在特征模型运行完之后，最后结果将显示在工作站窗口的上层。通过模型输出的所有中间结果作为层被显示在输入图像和最后结果之间。在 Tree View 菜单中单击节点，使每个临时的结果显示在最上层。打开和关闭不同的层，改变窗口中层的显示顺序，观察这个模型中不同操作的结果，然后看看模型的每个节点怎样进化，确定最后的结果。这些层也可以作为最上面的 2 层用来建立 2 个层进行比较。然后右击，在弹出的快捷菜单中选择 Swipe 选项，比较这 2 个层。

11.5　分类后处理

无论是监督分类还是非监督分类，都是按照图像的光谱特征进行聚类分析的，因此都带有一定的盲目性。由于分类严格按照数学规则进行，因此分类后往往会产生一些只有几个像元甚至一两个像元的小图斑，这对分类图的分析、解译和制图都是不利的。所以需要对获得的分类结果进行一些处理，以得到最终相对理想的分类结果，这些操作统称为分类后处理。ERDAS 2020 中的分类后处理方法有聚类统计、过滤分析、去除分析和分类重编码。

11.5.1　聚类统计

聚类统计（Clump）是指通过计算分类专题图像每个分类图斑的面积、记录相邻区域中最大图斑面积的分类值等操作，产生一个 Clump 类组输出图像，其中每个图斑都包含 Clump 类组属性。该图像是一个中间文件，用于进行下一步处理。本节所用数据为 lidusclass.img。在 ERDAS 2020 中进行聚类统计的操作步骤如下。

（1）选择 Raster→Thematic→Clump 选项，打开 Clump 对话框，如图 11-71 所示。

（2）设置处理图像文件（Input File）：lidusclass.img。

（3）设置输出文件（Output File）：clump.img。

（4）设置文件坐标类型（Coordinate Type）：Map。

（5）设置处理范围（Subset Definition）：UL X/Y、LR X/Y（默认状态为整幅图像范围，可以应用 Inquire Box 定义子区）。

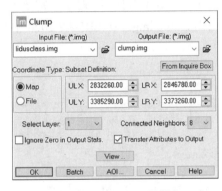

图 11-71　Clump 对话框

（6）设置聚类统计邻域大小（Connected Neighbors）：统计分析将对每个像元四周的 N 个相邻像元进行。可以选择 4 个或 8 个方向相邻的像元。这里选择 8。

（7）单击 OK 按钮，关闭 Clump 对话框，进行聚类统计。聚类统计的结果如图 11-72 所示。

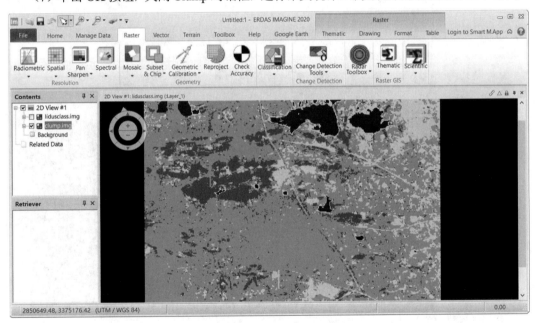

图 11-72　聚类统计的结果

11.5.2　过滤分析

过滤分析（Sieve）是指对经 Clump 处理后的 Clump 类组图像进行处理，按照定义的数值大小，删除 Clump 类组图像中较小的类组图斑，并给所有小图斑赋予新的属性值 0。显然，这里引出了一个新的问题，即小图斑的归属问题。可以与原分类图对比确定其新属性，也可以通过空间建模方法调用 Delerows 或 Zonel 工具进行处理。Sieve 命令经常与 Clump 命令配合使用，对于不需要考虑小图斑归属的应用问题有很好的作用。本节所用数据为 clump.img。在 ERDAS 2020 中进行聚类统计的操作步骤如下。

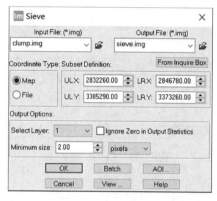

图 11-73　Sieve 对话框

（1）选择 Raster→Thematic→Sieve 选项，打开 Sieve 对话框，如图 11-73 所示。

（2）设置输入文件（Input File）：clump.img。

（3）设置输出文件（Output File）：sieve.img。

（4）设置文件坐标类型（Coordinate Type）：Map。

（5）设置处理范围（Subset Definition）：UL X/Y、LR X/Y（默认状态为整幅图像范围，可以应用 Inquire Box 定义子区）。

（6）设置最小图斑大小（Minimum Size）：2.00 pixels。

（7）单击 OK 按钮，关闭 Sieve 对话框，进行过滤分析。过滤分析的结果如图 11-74 所示。

图 11-74　过滤分析的结果

11.5.3　去除分析

去除分析（Eliminate）用于删除原始分类图像中的小图斑或 Clump 类组图像中的小

Clump 类组，与 Sieve 命令不同，Eliminate 命令将删除的小图斑合并到相邻的最大的分类中，而且如果输入图像是 Clump 类组图像，那么经过 Eliminate 处理后，将小图斑的属性值自动恢复为 Clump 处理前的原始分类编码。显然，Eliminate 处理后的输出图像是简化了的分类图像。本节所用数据为 clump.img。在 ERDAS 2020 中进行聚类统计的操作步骤如下。

（1）选择 Raster→Thematic→Eliminate 选项，打开 Eliminate 对话框，如图 11-75 所示。

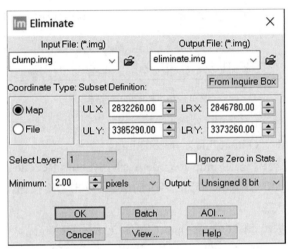

图 11-75　Eliminate 对话框

（2）设置输入文件（Input File）：clump.img。

（3）设置输出文件（Output File）：eliminate.img。

（4）设置文件坐标类型（Coordinate Type）：Map。

（5）设置处理范围（Subset Definition）：UL X/Y、LR X/Y（默认状态为整幅图像范围，可以应用 Inquire Box 定义子区）。

（6）设置最小图斑大小（Minimum）：2.00 pixels。

（7）设置输出数据类型（Output）：Unsigned 8 bit。

（8）单击 OK 按钮，关闭 Eliminate 对话框，进行去除分析。

11.5.4　分类重编码

作为分类后处理命令之一的分类重编码（Recode），主要是针对非监督分类而言的。由于在进行非监督分类之前，用户对分类地区没有什么了解，因此在非监督分类过程中，一般要定义比最终所需多一定数量的分类数。在完全按照像元灰度值通过 ISODATA 聚类获得分类方案后，首先将分类专题图像与原始图像做对照，判断每个分类的专题属性，然后对相近的分类通过重编码进行合并，并定义分类名称和颜色。当然，分类重编码还可以应用在很多其他场合，在不同场合作用有所不同。本节所用数据为 lidusclass.img。在

ERDAS 2020 中进行分类重编码的操作步骤如下。

（1）选择 Raster→Thematic→Recode 选项，打开 Recode 对话框，如图 11-76 所示。

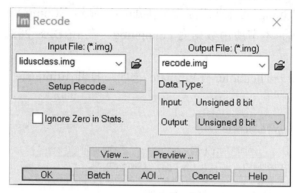

图 11-76 Recode 对话框

（2）设置输入文件（Input File）：lidusclass.img。

（3）设置输出文件（Output File）：recode.img。

（4）设置新的分类编码（Setup Recode）：单击 Setup Recode 按钮，打开 Thematic Recode 表格，根据需要改变 New Value 字段的取值。单击 OK 按钮，关闭 Thematic Recode 表格，完成新编码输入。

（5）设置输出数据类型（Output Data Type）：Unsigned 8 bit。

（6）单击 OK 按钮，关闭 Recode 对话框，进行分类重编码，输出图像将按照 New Value 变换专题分类图像属性，产生新的分类专题图像。

（7）可以在视窗中打开重编码后的分类专题图像，查看其分类属性表。

（8）选择 File→Open→Raster Layer→recode.img 选项。单击 OK 按钮完成加载。然后选择 Table→Show Attributes 选项，即可查看分类属性表。

思考与练习

1．简述遥感图像监督分类的基本原理和流程。

2．在监督分类中，训练样本选择应注意哪些问题？

3．比较监督分类和非监督分类的优缺点。

4．面向对象的分类的关键是什么？

5．如何分析评价遥感分类精度？

第 12 章

混合像元分类

● ● ● ● ● ● ● ●

本章的主要内容：

◆ 混合像元分类概述

◆ 混合像元分类方法

◆ 感兴趣像元分类实例

当具有不同波谱属性的物质出现在同一个像元内时，就会出现混合像元。混合像元不完全属于某一种地物，为了使分类更加精确，需要将混合像元分解成一种地物占像元的百分含量的形式。混合像元分解也叫子像元分解。混合像元会影响地物的分类精度。ERDAS 2020 的子像元分类模块可以探测地表小于一个像元的地物特征，从而提高地物的分类精度。

12.1 混合像元分类概述

混合像元分类是一种高级图像处理工具，使用多光谱图像来检测比像元更小或非 100%像元的专题信息，同时可检测那些范围较大但混合了其他成分的专题信息，从而提高地物的分类精度。混合像元分类通过识别包含多种成分的一个像元中的特定成分，可以在一定程度上解决混合像元问题，是遥感图像高效率、低成本应用的有力工具。

混合像元分类提供了较高水准的光谱识别和感兴趣物质检测方法，可以对像元中混合了其他物质的混合像元进行检测。采用不同于传统全像元分类的方法消除背景和增强特征，可以检测和分离那些与感兴趣物质隔离的成分，从而提高分类精度。本章主要介绍通过 ERDAS 2020 进行混合像元分类的方法和过程。

12.1.1 混合像元分类模块

ERDAS 2020 的子像元分类（Subpixel Classfier）模块是扩展模块，可用于 8bit 和 16bit 的航空图像和多光谱卫星图像的分类处理，也可用于超光谱图像的分类处理，但不适用于全色图像及雷达图像的分类处理。子像元分类模块能探测和识别小到 20%像元的物质，极大地提高了鉴别敏感物质的能力，能够识别混杂在其他物质中具有明显或不明显特性的物质，是图像分析领域的一大突破。

12.1.2　混合像元分类模块的组成

ERDAS 2020 的子像元分类模块可通过在 ERDAS 2020 主界面中单击 Raster 菜单按钮展开选项栏启动。

ERDAS 2020 的子像元分类模块主要由 4 个基本模块组成，分别是图像预处理模块（Preprocessing）、环境校正模块（Environmental Correction）、特征提取模块（Signature Derivation）、实用工具模块（Subpixel Utilities），如图 12-1 所示。其中，特征提取模块由 5 项工具组成，分别是手动特征提取（Manual Signature Derivation）、自动特征提取（Automatic Signature Derivation）、特征评价与优化（Signature Evaluation/Refinement）、特征组合（Signature Combiner）、感兴趣物质分类（MOI Classification）。实用工具模块由质量确认工具（Quality Assurance）及去除伪像工具（Artifact Removal）组成。

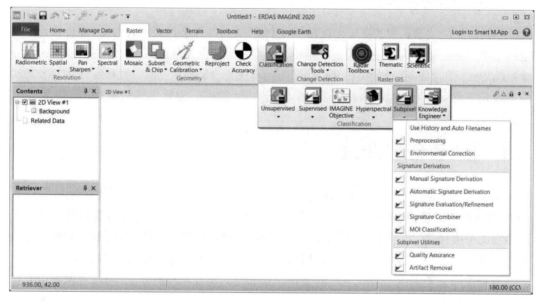

图 12-1　子像元分类模块

12.2　混合像元分类方法

本节主要按混合像元分类流程介绍常用的混合像元分类方法，包括图像质量确认（选做）、图像预处理（必做）、环境校正（必做）、分类特征提取（必做）、分类特征组合（选做）、分类特征评价与优化（选做）、感兴趣物质分类（必做）及分类后处理（选做）8 项基本流程。

12.2.1 图像检验与预处理

本节以 example 文件夹中的 lidu.img 文件为例。在 ERDAS 2020 中进行混合像元分类的图像检验与预处理操作步骤如下。

1. 图像质量确认

（1）在 ERDAS 2020 主界面中选择 Raster→Classification→Subpixel→Subpixel Utilities →Quality Assurance 选项，打开图像质量确认窗口，如图 12-2 所示。

（2）在图像质量确认窗口左侧选择输入图像文件 lidu.img，在右侧可自定义输出 QA 文件名称和输出路径。

（3）输出路径输入完成后单击 OK 按钮。

（4）等待进度条满后，关闭处理进度条窗口，在 ERDAS 2020 主界面中的 2D View 区域加载输出图像文件 lidu_qa.img，查看输出结果。

（5）可通过卷帘显示等窗口浏览工具查看不同波段的数据行分布。

2. 图像预处理

（1）在 ERDAS 2020 主界面中选择 Raster→Classification→Subpixel→Preprocessing 选项，打开图像预处理窗口，如图 12-3 所示。

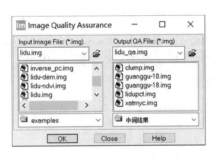

图 12-2　图像质量确认窗口

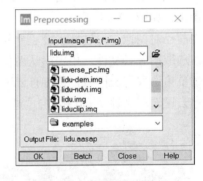

图 12-3　图像预处理窗口

（2）在图像预处理窗口内选择输入图像文件 lidu.img 后，输出文件会自动设置为 lidu.aasap，保存路径默认为输入图像文件所在文件夹。

（3）操作完成后单击 OK 按钮，执行图像预处理功能。

（4）待 ERDAS 2020 运行结束后，在指定路径下会输出 lidu.aasap 文件，图像预处理完成。

3. 环境校正

（1）在 ERDAS 2020 主界面中选择 Raster→Classification→Subpixel→Environmental Correction 选项，打开环境校正窗口，如图 12-4 所示。

（2）在环境校正窗口左上角选择输入图像文件 lidu.img 后，输出图像文件会自动设置为 lidu.corenv，保存路径默认为输入图像文件所在文件夹。

（3）在环境校正窗口右下角可选择校正类型，包括单幅图像校正和两幅图像间校正，这里单击 In Scene 单选按钮，进行单幅图像校正。若单击 Scene to Scene 单选按钮，则进行两幅图像间校正，需要在如图 12-5 所示的 Scene to Scene 对话框中输入由另一幅图像获取的特征文件（.asd 格式）或景间环境校正文件（.corenv 格式），以生成两幅图像间的环境校正因子，从而进行环境校正。

图 12-4　环境校正窗口　　　　　　　　图 12-5　Scene to Scene 对话框

（4）环境校正窗口左下角为图像云层处理区域，若图像无云，则可直接省略这步操作；若图像有云或云量未知，则单击 View Image 按钮，ERDAS 2020 会自动加载云检测窗口并导入图像，如图 12-6 所示。

若之前已对图像进行过环境校正并保存了云检测文件，则可直接勾选 Input Cloud File 复选框，选取图像云文件，单击确认图像窗口。利用窗口内的 Pick Cloud Pixel 按钮在图像内通过单击选取有云区域，所有有云区域选取完成后，单击 OK 按钮，如图 12-7 所示，选择保存云区选取文件（.cld 格式），进行环境校正。

图 12-6　云检测窗口　　　　　　　　图 12-7　无云处理

（5）待 ERDAS 2020 运行结束后，在指定路径下会输出 lidu.corenv 文件，图像环境校正完成。

12.2.2　分类特征处理

本节以 example 文件夹中的 lidu.img 文件为例。在 ERDAS 2020 中进行混合像元分类的分类特征处理操作步骤如下。

1．手动分类特征提取

（1）在 ERDAS 2020 主界面中选择 Raster→Classification→Subpixel→Signature Derivation→Manual Signature Derivation 选项，打开手动特征提取窗口，如图 12-8 所示。

（2）在手动特征提取窗口中需要分别输入图像文件（.img 格式）、环境校正文件（.corenv 格式）、训练集文件，训练集文件包括 AOI 文件（.aoi 格式）、整像元分类文件（.img 格式）及特征文件（.ats 格式）三种。这里分别选择 lidu.img、lidu.corenv 及 lidugrass.aoi 进行分类特征提取。

当在训练集文件输入区域选择.aoi 格式或.img 格式的文件时，须进行文件格式转换，将相应文件转换为.ats 格式的训练集文件，如图 12-9 所示。这里选择 lidugrass.aoi 文件后，输出文件默认名称为 lidugrass.ats，输出路径默认为输入文件存储路径。物质像元比例设定为 0.90，单击 OK 按钮，返回手动特征提取窗口。

图 12-8　手动特征提取窗口

图 12-9　AOI 文件转换为 ATS 文件

（3）在 Mean Material 选项区中，像元比例、训练像元数量不可手动更改，置信度级别设置为 0.80。

（4）勾选 DLA Filter 复选框，在训练集 DLA 滤波窗口中选择输入图像质量检测文件 lidu_qa.img，如图 12-10 所示。输出训练集文件命名为 lidugrassdla.ats，输出报告文件命名为 lidugrassdla.rpt，默认输出路径与输入文件相同。设置完成后单击 OK 按钮，执行训练集滤波操作，待运行完毕后返回手动特征提取窗口。

（5）在训练集选择区域更新训练集文件为输出的 lidugrassdla.ats，输出特征文件设置为 lidugrass.asd，勾选 Signature Report:lidugrass.asd.report 复选框，自动输出 lidugrass.asd.report。

（6）单击 OK 按钮，进行手动分类特征提取，待进度条满后运行完毕，关闭窗口，可在指定路径下检查输出的.asd 格式的分类特征文件和.sdd 格式的特征描述文件。

2. 自动分类特征提取

（1）在 ERDAS 2020 主界面中选择 Raster→Classification→Subpixel→Signature Derivation→Automatic Signature Derivation 选项，打开自动特征提取窗口，如图 12-11 所示。

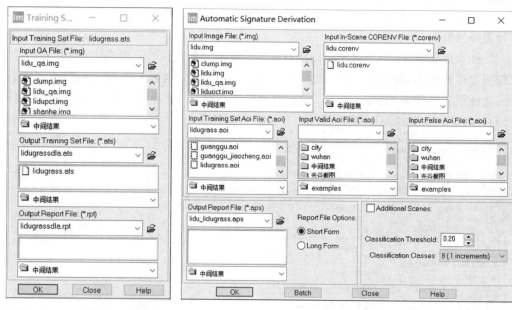

图 12-10　训练集 DLA 滤波窗口　　　　图 12-11　自动特征提取窗口

（2）在自动特征提取窗口中需要分别输入图像文件（.img 格式）、环境校正文件（.corenv 格式）、训练集文件（.aoi 格式）、有效 AOI 文件（.aoi 格式）及错误 AOI 文件（.aoi 格式）。这里分别选择 lidu.img 文件、lidu.corenv 文件、lidugrass.aoi 文件作为自动分类特征提取的输入图像文件、环境校正文件和包含被分类感兴趣物质的 AOI 文件。若存在有效 AOI 文件或错误 AOI 文件，则可在对应区域输入。

（3）在自动特征提取窗口左下方报告文件区域设置报告文件名及输出路径，报告文件可选择短表和长表，这里选择短表。

（4）在自动特征提取窗口右下方调整分类阈值，分类阈值区间为 0.2～1.0，这里默认设置为 0.2。分类类别设置为 8(.1 increments)，用于评价分类特征。

（5）若要使用附加图像的 AOI 评价分类特征，则勾选 Additional Scenes 复选框，在附加图像对话框中选择多景图像文件（.msf 格式），如图 12-12 所示。若没有多景图像文件，则可勾选 Create Multi-Scene File 复选框，生成多景图像文件。

（6）在自动分类特征提取多景图像输入对话框中选择作为附加图像的文件（.img 格式），在 STS CORENV 文件输入区域选择附加图像对应的环境校正文件（.corenv 格式），如图 12-13 所示。若附加图像存在有效 AOI 文件或错误 AOI 文件，则可在其对应区域进行输入。

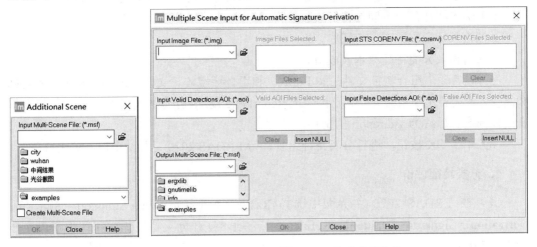

图 12-12　附加图像对话框　　　　　　　图 12-13　生成多景文件

（7）在输出多景图像文件区域设置文件名及输出路径，操作完成后单击 OK 按钮，返回自动分类特征提取窗口。

（8）单击 OK 按钮，进行自动分类特征提取，待 ERDAS 2020 运行结束后，关闭窗口。

3．分类特征组合

（1）在 ERDAS 2020 主界面中选择 Raster → Classification → Subpixel → Signature Derivation→Signature Combiner 选项，打开分类特征组合窗口，如图 12-14 所示。

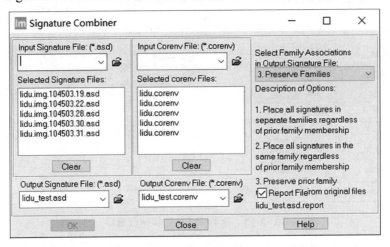

图 12-14　分类特征组合窗口

（2）在输入特征文件栏选择需要进行组合的分类特征文件（.asd 格式），选择的分类特征文件会显示在下方列表中。

（3）在输入环境校正文件栏选择需要进行组合的分类特征文件所对应的环境校正文件（.corenv 格式），选择顺序应与之前分类特征文件的输入顺序相同。

（4）在分类特征组合窗口右侧区域选择组合输入特征时特征族的类型，包括以下 3 种。

①把输入特征置于不同的特征族。

②把输入特征置于同一特征族。

③保留输入分类特征原本族成员。

（5）设置输出组合特征文件（.asd 格式）和组合环境校正文件（.corenv 格式）的名称和路径，若需要生成报告文件，则可勾选 Report File 复选框，运行结束后会输出与组合特征文件同名、后缀为.asd.report 的文件。

（6）单击 OK 按钮，进行分类特征组合，待 ERDAS 2020 运行结束后，关闭窗口。

4．分类特征评价

（1）在 ERDAS 2020 主界面中选择 Raster→Classification→Subpixel→Signature Derivation→Signature Evaluation/Refinement 选项，打开分类特征优化和评价窗口，如图 12-15 所示。

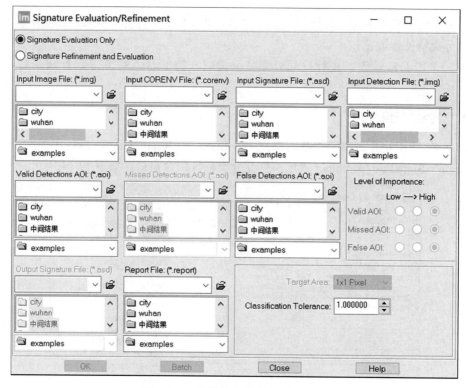

图 12-15　分类特征优化和评价窗口

（2）单击 Signature Evaluation Only 单选按钮，仅对分类特征进行评价。

（3）输入图像文件（.img 格式）、环境校正文件（.corenv 格式）、分类特征文件（.asd

格式）、由分类特征文件生成的分类输出文件（.img 格式），按照顺序选择对应文件进行输入。

（4）若存在有效 AOI 文件或错误 AOI 文件，则可在对应输入栏选择 AOI 文件以提高评价的精确性。文件选择完毕后在右侧选择 AOI 文件的重要性级别，从低到高分为三级。

（5）在 Target Area 下拉列表中选择目标区域核的大小，并在下方的 Classification Tolerance 数值框中调整分类容差大小。

（6）在 Report File 栏设置输出报告文件名称和输出路径。

（7）单击 OK 按钮，进行分类特征评价，待 ERDAS 2020 运行结束后，关闭窗口。

5．分类特征优化

（1）在 ERDAS 2020 主界面中选择 Raster→Classification→Subpixel→Signature Derivation→Signature Evaluation/Refinement 选项，打开分类特征优化和评价窗口。

（2）单击 Signature Refinement and Evaluation 单选按钮，对分类特征进行优化和评价，如图 12-16 所示。

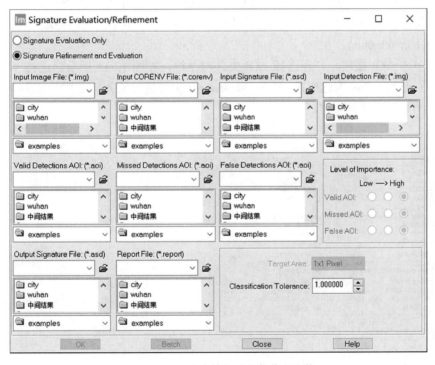

图 12-16　对分类特征进行优化和评价

（3）输入图像文件（.img 格式）、环境校正文件（.corenv 格式）、分类特征文件（.asd 格式）、由分类特征文件生成的分类输出文件（.img 格式），按照顺序选择对应文件进行输入。

（4）若存在有效 AOI 文件、遗漏 AOI 文件或错误 AOI 文件，则可在对应输入栏选择 AOI 文件以提高评价的精确性。文件选择完毕后在右侧选择 AOI 文件的重要性级别，从低到高分为三级。

（5）在 Target Area 下拉列表中选择目标区域核的大小，并在下方的 Classification Tolerance 数值框中调整分类容差大小。

（6）在 Output Signature File 栏设置输出优化后分类特征文件（.asd 格式）名称和输出路径，在 Report File 栏设置输出报告文件名称和输出路径。

（7）单击 OK 按钮，进行分类特征优化和评价，待 ERDAS 2020 运行结束后，关闭窗口。

12.2.3 混合像元分类

（1）在 ERDAS 2020 主界面中选择 Raster→Classification→Subpixel→Signature Derivation→MOI Classification 选项，打开感兴趣物质分类窗口，如图 12-17 所示。

（2）输入图像文件（.img 格式）、环境校正文件（.corenv 格式）、图像特征文件（.asd 格式）。这里按顺序分别选择 lidu.img、lidu.corenv、lidugrass.asd。

（3）设置存放输出分类结果的检测文件（.img 格式）名称和存放路径。

（4）在感兴趣物质分类窗口下方设置分类容差大小，应用默认值 1.00；分类输出类别设置为 8(.1 increments)。

（5）单击 AOI 按钮，打开选择 AOI 文件对话框，如图 12-18 所示，选择一个区域进行分类。单击 AOI File 单选按钮，选择 liduarea.aoi 文件进行输入，设置完成后单击 OK 按钮，返回感兴趣物质分类窗口。

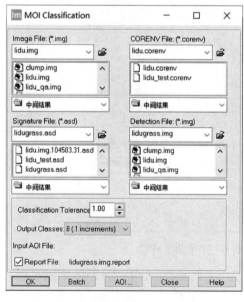

图 12-17　感兴趣物质分类窗口

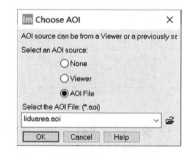

图 12-18　选择 AOI 文件对话框

（6）生成报告文件是可选项，勾选该复选框后会在分类完成时自动输出与检测文件名相同、后缀为.img.report 的报告文件。

（7）设置完成后单击 OK 按钮，进行感兴趣物质分类，待 ERDAS 2020 运行结束后，关闭窗口。

（8）在 ERDAS 2020 主界面加载检测结果至 2D Viewer，可通过栅格属性表查看检测结果的数量和物质的像元比例。如果勾选生成报告文件复选框，那么可在 MOI 分类报告文件中查阅分类结果的像元数量、物质像元比例等内容。

12.3　感兴趣像元分类实例

本节将通过一个简单的实例，介绍如何利用子像元分类模块处理一幅图像并检测其内部的感兴趣物质，具体流程包括图像预处理、环境校正、手动分类特征提取、感兴趣物质分类和查看分类结果。本实例是对一幅 485×402 像元的 SPOT 多光谱图像进行草地特征提取，并把分类特征用于整幅图像，对草地进行检测确定。本节以 example 文件夹内的 lidu.img 等相关文件为例。

1．图像预处理

（1）在 ERDAS 2020 主界面中选择 Raster→Classification→Subpixel→Preprocessing 选项，打开图像预处理窗口，如图 12-19 所示。

（2）在图像预处理窗口中选择输入图像文件 lidu.img 后，输出文件会自动设置为 lidu.aasap，保存路径默认为输入文件所在文件夹。

（3）操作完成后单击 OK 按钮，进行图像预处理。

（4）待 ERDAS 2020 运行结束后，在指定路径下会输出 lidu.aasap 文件，图像预处理完成，关闭窗口，返回 ERDAS 2020 主界面。

2．环境校正

（1）在 ERDAS 2020 主界面中选择 Raster→Classification→Subpixel→Environmental Correction 选项，打开环境校正窗口，如图 12-20 所示。

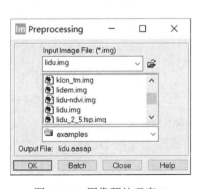

图 12-19　图像预处理窗口

图 12-20　环境校正窗口

（2）环境校正窗口左上方为输入图像文件选择区域，选择输入图像文件 lidu.img 后，输出文件会自动设置为 lidu.corenv，保存路径默认为输入文件所在文件夹，该预处理文件也应保存在相同路径下。

（3）单击 In Scene 单选按钮，进行单幅图像校正。

（4）本图像无云，无须进行云处理，单击 OK 按钮跳过云选取步骤。

（5）待 ERDAS 2020 运行结束后，在指定路径下会输出 lidu.corenv 文件，图像环境校正完成，关闭窗口，返回 ERDAS 2020 主界面。

3．手动分类特征提取

（1）在 ERDAS 2020 主界面中选择 Raster→Classification→Subpixel→Signature Derivation→Manual Signature Derivation 选择，打开手动分类特征提取窗口，如图 12-21 所示。

（2）在手动分类特征提取窗口输入图像文件 lidu.img、环境校正文件 lidu.corenv、训练集文件 lidugrass.aoi。输入训练集文件后，ERDAS 2020 自动执行将 AOI 文件转换为 ATS 文件的步骤，如图 12-22 所示，设置感兴趣物质像元比例为 0.90，单击 OK 按钮，在转换完成后返回手动分类特征提取窗口。操作完成后训练集文件被替换为 lidugrass.ats。

图 12-21　手动分类特征提取窗口

图 12-22　AOI 文件转换为 ATS 文件

（3）在 Mean Material 选项区中调整置信度级别为 0.80。

（4）取消勾选 DLA Filter 复选框，本图像不包含重复数据行 DLA。

（5）输出特征文件设置为 lidugrass.asd，勾选生成报告文件复选框，自动输出后缀为.report 的报告文件。

（6）单击 OK 按钮，进行手动分类特征提取，待 ERDAS 2020 运行结束后，关闭窗口，在指定输出路径下检查.asd 格式的分类特征文件和.sdd 格式的特征描述文件。

4．感兴趣物质分类

（1）在 ERDAS 2020 主界面中选择 Raster→Classification→Subpixel→Signature Derivation→MOI Classification 选项，打开感兴趣物质分类窗口，如图 12-23 所示。

（2）在感兴趣物质分类窗口中输入图像文件 lidu.img、环境校正文件 lidu.corenv、图像特征文件 lidugrass.asd。

（3）设置存放输出分类结果的检测文件为 lidugrass.img。

（4）在感兴趣物质分类窗口下方区域设置分类容差大小，应用默认值 1.00；分类输出类别设置为 8(.1 increments)。

（5）单击 AOI 按钮，打开选择 AOI 文件对话框，如图 12-24 所示，选择一个区域进行分类。单击 AOI File 单选按钮，选择 liduarea.aoi 文件进行输入，设置完成后单击 OK 按钮，返回感兴趣物质分类窗口。

图 12-23　感兴趣物质分类窗口

图 12-24　选择 AOI 文件对话框

（6）勾选生成报告文件复选框，输出与检测文件名相同、后缀为.img.report 的报告文件。

（7）设置完成后单击 OK 按钮，进行感兴趣物质分类，待 ERDAS 2020 运行结束后，关闭窗口。

5．查看分类结果

（1）在 ERDAS 2020 主界面加载原始图像文件 lidu.img 和检测结果文件 lidugrass.img 至 2D Viewer，如图 12-25 所示，在加载检测结果文件时不选中 Clear Display 选项。

图 12-25　分类结果

（2）右击目录栏中的 lidugrass.img 文件，在弹出的快捷菜单中选择 Display Attribute Table 选项，打开分类结果属性表，如图 12-26 所示，从该表中可以查看 8 种分类结果包含的感兴趣物质比例信息。

lidugrass.img : lidugrass.asd.sig0							
Row	Histogram	Class_Names	Opacity	Color	Red	Green	Blue
0	0		0		0	0	0
1	460	0.20 - 0.29	1		1	1	0
2	969	0.30 - 0.39	1		1	0.851	0
3	1472	0.40 - 0.49	1		1	0.71	0
4	2059	0.50 - 0.59	1		1	0.569	0
5	2604	0.60 - 0.69	1		1	0.431	0
6	3249	0.70 - 0.79	1		1	0.278	0
7	3469	0.80 - 0.89	1		1	0.141	0
8	8205	0.90 - 1.00	1		1	0	0

图 12-26　分类结果属性表

（3）在分类结果属性表中单击 Color 栏的分类色块，可通过色饼设置不同类型色块的颜色，如图 12-27 所示，变更后的结果会在视图中显示。

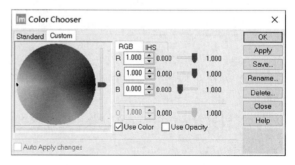

图 12-27　设置不同类型色块的颜色

思考与练习

1．混合像元分类的目的是什么？
2．简述混合像元分类的步骤。
3．手动特征提取和自动特征提取有什么区别？
4．尝试用某校区的图像数据练习选取感兴趣物质进行混合像元分类。

第 13 章

矢量数据编辑

● ● ● ● ● ● ● ●

本章的主要内容：

◆ 矢量数据与矢量模块概述

◆ 矢量图层基本操作

◆ 创建、编辑矢量图层

◆ 注记的创建与编辑

◆ 矢量图层管理

◆ Shapefile 文件操作

矢量数据（Vector Data）是在直角坐标系中，用 X、Y 坐标表示地图图形或地理实体位置的数据。矢量数据是计算机用来组织空间数据的一种数据模型，是计算机中以矢量结构存储的内部数据。矢量数据结构通过记录坐标的方式尽可能精确地表示点、线和多边形等地理实体，坐标空间设为连续的，允许任意位置、长度和面积的精确定义。在矢量数据结构中，点数据可直接用坐标值描述；线数据可用均匀或不均匀间隔的顺序坐标链描述；面状数据（或多边形数据）可用边界线描述。矢量数据的组织形式较为复杂，以弧段为基本逻辑单元，每个弧段受两个或两个以上相交节点限制，并用两个相邻多边形属性描述。矢量数据的优点是存储量小，数据项之间的拓扑关系可通过从点坐标链中提取某些特征而获得；其主要缺点是数据编辑、更新和处理软件较复杂。

本章主要介绍矢量数据的基本概念，在 ERDAS 2020 中可进行的矢量数据操作主要包括创建、编辑矢量图层，注记的创建与编辑，矢量图层管理，Shapefile 文件操作等。

13.1 矢量数据与矢量模块概述

13.1.1 矢量数据

1. 矢量数据结构

矢量是具有一定大小和方向的量，在数学和物理学中称为向量。矢量数据是用点、线、面的 X、Y 坐标来构建点、线、面等空间要素的数据模型，用于表示地图图形要素几何数据之间及其与属性数据之间的相互关系，通过记录坐标的方式尽可能精确地表现点、线、面等地理实体。将其坐标空间假定为连续空间，能更精确地确定地理实体的空间位置。

点实体：由单独一对 (x, y) 坐标定位的一切地理或制图实体。

线实体：由 (x, y) 坐标串组成的各种线性要素。

面实体：由 (x, y) 坐标串组成的封闭环，起点与终点重合。在记录面实体时，通常通过记录面状地物的边界来表现，因此面实体数据有时也称为多边形（Polygon）数据。多边形数据是描述地理空间信息最重要的一类数据。在区域实体中，具有名称属性和分类属性的，多用多边形表示，如行政区、土地类型、植被分布等；具有标量属性的，有时用等值线描述，如地形、降雨量等。

2．拓扑关系

在地图上仅用距离和方向参数描述要素之间的关系是不够的。因为地图上两点间的距离或方向（在实地上是不变的）会随地图投影的不同而发生变化，所以仅用距离和方向参数不可能确切地表示它们之间的空间关系。拓扑关系是指空间图形特征中节点、弧段、面域之间的空间关系，主要表现为拓扑邻接、拓扑关联、拓扑包含这三种关系。

空间数据拓扑关系对地理信息系统的数理和空间分析具有重要意义。反映拓扑关系的数据结构是拓扑数据结构，记录拓扑关系的空间数据结构不仅记录要素的空间位置，而且记录不同要素在空间上的相互关系。根据拓扑关系，不需要利用坐标或距离就可以确定一种地理实体相对于另一种地理实体的位置关系。在实际应用中，某些几何特征具有现实意义，如行政区是多边形的，不能有相互重叠的区域；线状道路之间不能有重叠线段；公共汽车站点必须在公共交通线路上；等等。拓扑关系所反映的几何特征可以检验数据质量，拓扑数据也有利于空间要素的查询。例如，查询某条铁路上有哪些车站，汇入某条河流的支流有哪些等。

3．矢量数据特点

矢量数据特点有定位明显、属性隐含，定位是根据坐标直接存储的，而属性一般存储于文件头或数据结构中某些特定的位置。这种特点使得其数据存储量小、结构紧凑、冗余度低，有利于空间测量、网络分析、拓扑分析、制图应用，图形显示质量好、精度高，但是数据结构复杂，数据获取慢，对于有些空间分析计算效率低，不容易实现。

13.1.2　矢量模块

ERDAS 2020 的主要作用是处理栅格数据结构的遥感图像。考虑到矢量数据应用范围日益广泛，以及矢量、栅格数据各有优缺点，ERDAS 2020 中也有矢量功能模块。通过将栅格数据与矢量数据集成在一个系统中，可以建立研究区域完整的数据库。在此数据库的基础上可以将矢量图层叠加到高精度的现势性遥感图像上，以对矢量数据进行几何形状和属性的更新，也可以用矢量图层在栅格图像上确定一个 AOI，以对该 AOI 进行分类、增强等操作。另外，在几何校正、地图生产等许多方面都可以体会到，由于可同时操作矢量、栅格数据，ERDAS 2020 表现出了更出色的能力。

内置矢量模块（Native Vector）功能是 IMAGINE Essentials 级的功能，即内置于 ERDAS 2020 的矢量功能，包括基于多种选择工具的矢量数据及属性数据的查询与显示、矢量数据的生成与编辑等。

矢量实用工具在 ERDAS 2020 主界面菜单栏中的 Vector 菜单下。另外，菜单栏中的 Drawing 菜单下的部分工具也可以在进行矢量编辑时使用。

13.1.3　矢量菜单

ERDAS 2020 中的矢量菜单中包含的工具允许使用者对栅格数据与矢量数据进行相互转换，对矢量图层进行 Build、Clean、复制、重命名、删除等操作。

矢量菜单中包括 Manage、Shapefile、Raster to Vector 等工具。

1．矢量工具

矢量工具介绍如表 13-1 所示。

表 13-1　矢量工具介绍

矢量工具	图标	名称	功能
Manage		Copy Vector Layer	复制一个矢量要素文件并赋予它新的名称、路径和相关的属性等
		Rename Vector Layer	重命名一个已经存在的矢量要素文件
		Delete Vector Layer	删除一个矢量图层及其属性信息
		Attributes to Annotations	矢量属性转换为注记图层
	EM	ER Mapper Vector to Shapefile	将 ER Mapper Vector(*.erv)转换为 Shapefile
Shapefile		Reproject Shapefile	打开一个重投影对话框以改变一个 Shapefile 的投影，在这个过程中会产生一个拥有操作者所需投影的 Shapefile
		Subset Shapefile	从一个已存在的 Shapefile 中裁剪要素来创建一个新的 Shapefile
		Recaculate Elevation	重新计算高程值
Raster to Vector		Raster to Shapefile	将栅格数据转换为矢量数据

2．定义要素编辑参数

在选择要素之前，首先要定义要素编辑参数。在 ERDAS 2020 主界面中的菜单栏中，单击 Drawing 菜单中 Modify 栏右下角的箭头，选择 Vector Options 选项，如图 13-1 所示，弹出 Options for:city_310100 对话框，如图 13-2 所示。

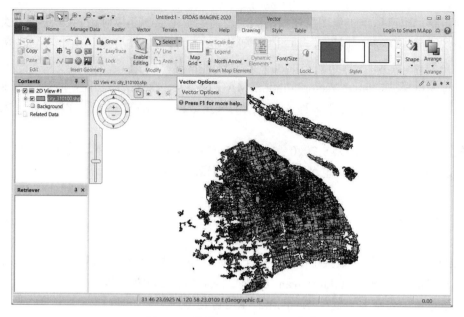

图 13-1　选择 Vector Options 选项

图 13-2　Options for:city_310100 对话框

（1）勾选 Node Snap 复选框，并设置距离（Dist）为 30.022600。

（2）勾选 Arc Snap 复选框，并设置距离（Dist）为 30.022600。

（3）勾选 Weed 复选框，并设置距离（Dist）为 30.022600。

（4）设置编辑误差（Grain tolerance）为 30.022600。

（5）单击 Contained In 单选按钮，如图 13-2 所示。

（6）单击 Apply 按钮，应用设置。

（7）单击 Close 按钮，关闭 Options for:city_310100 对话框。

Options for:city_310100 对话框设置项简介如表 13-2 所示。

表 13-2　Options for:city_310100 对话框设置项简介

设　置　项	功　能　简　介
Node Snap	ERDAS 2020 的数据模型要求弧段的结束必须是一个节点。当该复选框被勾选后，如果一个新产生或正被编辑的弧段没有结束于一个已经存在的节点，那么该弧段的终点将在设置的 Node Snap 距离内搜索节点，并连接到此距离内离它最近的节点。Node Snap 过程相当于为弧段的由于未与其他弧段相交（如露头或不到）而不成节点的终点找其他终点进行并入的过程

设　置　项	功能简介
Arc Snap	如果一个新产生或正被编辑的弧段没有结束于一个已经存在的节点，那么该弧段的终点将在设置的 Arc Snap 距离内搜索弧段并与距离它最近的弧段相连，一个新的节点将因此产生。Arc Snap 过程相当于一个弧段的由于未与其他弧段相交（如露头或不到）而不成节点的终点找另一个弧段形成新节点的过程
Weed	用于编辑弧段中间点。沿一个弧段的任何两个中间点的距离至少是 Weed 确定的距离。对已经生成的 Arc 进行 Weeding，该设置将使小于该距离的中间点基于 Douglas-Peucker 算法进行合并（一个综合的过程）。对正在生成的弧，与前一个中间点的距离小于 Weed 确定的距离的中间点将不被考虑
Grain tolerance	弧段中相邻中间点的距离。该值一般用于平滑弧段或加密弧段。它影响新产生的弧段，但在对已有弧段进行加密时不影响该弧段的形状。注意 Grain tolerance 与 Weed 在含义上相近，但应用的操作范围不同
Intersect	在用选取框选择要素时，所有与选取框相交及包含在选取框内的要素都被选中
Contained In	在用选取框选择要素时，只有包含在选取框内的要素被选中

3．矢量要素选择工具

矢量要素选择工具在 ERDAS 2020 主界面中的 Drawing 菜单中的 Select 选项下，如图 13-3 所示。可以通过多种不同方式进行要素选择。

图 13-3　矢量要素选择工具

其中，Select 选项一次只能选择一个要素，可以通过在按住 Shift 键的同时多次单击选择多个要素；Select by Box 选项用于框选要素，矩形框中的要素全被选中；Select by Line 选项通过画定一条多段线选择线段路径上所接触到的所有要素；Select by Ellipse 选项通过画椭圆来选择椭圆中包含的所有要素；Select by Polygon 选项通过画一个自定义的多边形来选择多边形中包含的所有要素。需要说明的是，所有被选择的要素均以黄色显示，其属性在属性表中也以黄色显示。

4．改变矢量要素形状

在启动编辑模式之后，ERDAS 2020 允许修改矢量要素形状，具体操作步骤为单击 Drawing 菜单下的 Enable Editing 按钮，开始对矢量图层进行编辑，如图 13-4 所示。选择需要更改形状的矢量要素，此时被选中的要素除会呈黄色高亮显示状态之外，其边角还会变得可移动，可以根据需要进行拉伸。

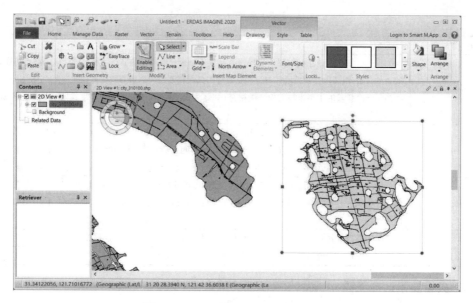

图 13-4　处于编辑状态下的矢量要素

5．改变矢量要素特征

一个矢量图层中包括很多要素，如点（Label 点、Tic 点、节点等）、线、面、属性、外边框等，矢量要素特征是指各种要素的显示特征。改变矢量要素特征就是要改变要素的显示方式（包括符号、颜色等）。

6．编辑矢量属性数据

单击 ERDAS 2020 主界面中 Table 菜单下的 Show Attributes 按钮可以打开图层的属性表。在单击 Drawing 菜单下的 Enable Editing 按钮之后，除可以对矢量图层的形状、特征进行改变之外，还可以改变其属性表中的数据。

13.2　矢量图层基本操作

矢量图层基本操作包括显示矢量图层（Display Vector Layers）、改变矢量特征（Change Vector Properties）、改变矢量符号（Change Vector Symbology）等。

13.2.1　显示矢量图层

显示矢量图层的操作比较简单。在 ERDAS 2020 主界面中选择 File→Open→Vector Layer 选项，打开 Select Layer To Add 对话框，如图 13-5 所示。

在 Select Layer To Add 对话框中，进行如下设置。

（1）确定输入文件类型（Files of type）：Shapefile。

（2）确定输入文件：city_310100.shp。

（3）单击 Vector Options 选项卡，对导入的矢量数据进行相关设置。

（4）单击 OK 按钮，关闭 Select Layer To Add 对话框，之后视窗中将会显示所选矢量图层 city_310100。

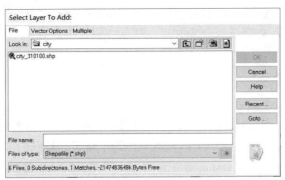

图 13-5　Select Layer To Add 对话框

13.2.2　改变矢量特征

矢量图层是由要素（Features）构成的。要素主要分为点要素、线要素与面要素。每种要素都有其对应的显示特征。ERDAS 2020 中的改变矢量特征其实就是指改变矢量图层中要素的显示特征，如符号形态、显示大小、颜色等。本节以 example 文件夹中的 city_310100.shp 文件为例，介绍在 ERDAS 2020 中改变矢量特征的操作步骤。

（1）打开 city_310100 矢量图层。

（2）在菜单栏中选择 Style→Viewing Properties 选项，打开矢量特征对话框，如图 13-6 所示。

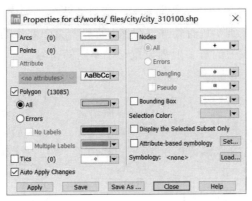

图 13-6　矢量特征对话框

在矢量特征对话框中，用户可以设置点要素、线要素、面要素、文字要素的颜色、填充方式等符号特征。另外，此对话框中还会统计矢量图层中各种要素的数量。在矢量图层中不存在的要素类型，在此对话框中显示为灰色，表示无法更改其符号特征。另外，为了方便用户重复使用其自定义的符号特征，ERDAS 2020 可以将设置好的符号特征保存为.evs 格式的文件。当需要对.evs 格式的文件进行加载时，单击对话框右侧的 Set 按钮即可。

对于矢量特征对话框中的设置，还需要注意以下两点。

（1）Bounding Box 后面的选项是指矢量图层中矢量最小外接矩形边界的线形。

（2）关于 Errors 选项，如果勾选了该选项下的复选框，则将显示错误的多边形或节点，正确的多边形将不会显示。

13.2.3 改变矢量符号

如果要根据矢量要素的属性值来显示不同的矢量特征，就需要使用矢量符号（Vector Symbology）功能来进行设置。在实际应用中，为了将某些特殊的要素突出显示，经常用到该功能。本节以 city_310100.shp 文件为例，介绍在 ERDAS 2020 中改变矢量符号的操作步骤。

（1）在菜单栏中选择 Style→Viewing Properties→Set 选项，打开矢量符号窗口，如图 13-7 所示。

（2）在矢量符号窗口中，在 File 菜单下可以对设置好的矢量符号进行保存或导入。在 Edit 菜单下可以快速选择特定的行、列，对其进行复制、粘贴及应用设置。在 View 菜单下可以选择不同类型的矢量符号进行显示，如点状符号、线状符号、面状符号等。在 Automatic 菜单下可以对矢量要素的属性值进行自动分类。本例中将使用 Automatic 菜单下的自动分类功能根据 F_AREA 字段值分类显示线状符号。

（3）在 View 菜单下选择 Point Symbology 选项，对点要素进行符号化设置。

（4）在 Automatic 菜单下选择 Equal Divisions 选项，弹出 Equal Divisions 对话框，如图 13-8 所示，根据字段的值域进行等距划分。在另外两个选项中，Equal Counts 的分类方式是将选定的字段值从大到小进行排序并分类，使每一类中要素的个数相等；Unique Value 的分类方式是对选定字段中的每个值都设置一个不同的符号。

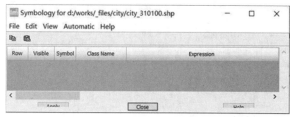

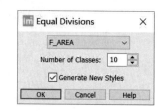

图 13-7　矢量符号窗口　　　　　　　　图 13-8　Equal Divisions 对话框

（5）在 Equal Divisions 对话框中，选择需要分类显示的字段名称为 F_AREA，分类的个数设置为 10，单击 OK 按钮，弹出分类后的矢量符号窗口，如图 13-9 所示。

（6）在分类后的矢量符号窗口中，Row 列显示行数，Visible 列显示对应类的可见性，Symbol 列为对应类的显示符号，Class Name 列默认为字段的值域，Expression 列是对该类分类依据的解释。

（7）右击 Symbol 列中需要更改的矢量符号，在弹出的快捷菜单中选择新符号，或者选择最下方的 Other 选项，弹出 Fill Style Chooser 窗口，如图 13-10 所示。

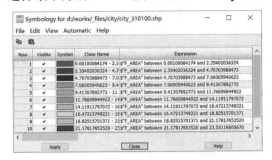

图 13-9　分类后的矢量符号窗口

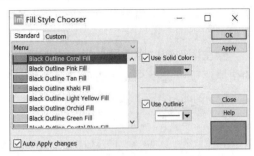

图 13-10　Fill Style Chooser 窗口

（8）在 Fill Style Chooser 窗口中包含 19 个符号库中的符号，用户可以在左侧列表中进行选择。另外，用户可以在该对话框右侧选择符号的颜色、大小等。单击 Use Solid Color 下拉按钮，打开 Color Chooser 对话框，如图 13-11 所示，可选择更多的颜色。

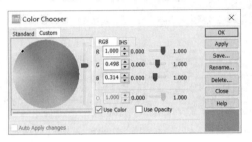

图 13-11　Color Chooser 对话框

（9）对其他类型的符号，如面状符号或线状符号，也有对应的线型选择对话框与填充对话框，可以进行各种设置。

13.2.4　查看要素属性

1．查看要素属性的基本操作过程

（1）选择要素（Select Feature）。

在打开 city_310100 矢量图层的窗口中进行如下操作。

单击 Home 菜单下的 图标，在窗口中单击选择对矢量图层中感兴趣的要素。如果想在矢量图层中选择多个多边形、线段及 Label 点和 Tic 点（Node 点是不可选的），只要在按住 Shift 键的同时单击要素即可。

如果想撤销对要素的选择，只需在选择要素之外的区域（如外多边形上）单击即可。

需要说明的是，在窗口中设置"不显示"的图形要素是不能选择的。

（2）查看属性（View Attributes）。

在打开 city_310100 矢量图层的窗口中完成要素选择之后，进行如下操作。

在菜单栏中选择 Table→Show Attributes 选项，打开矢量图层属性表。

在属性表中可以浏览任何要素的属性并进行选择。一般来说，属性表与窗口中的图层是关联的。如果在属性表中进行要素选择，那么窗口中的图层也会相应地发生变化。但如果某要素在窗口中由于 Properties 的设置是不可见的，那么属性表中要素的选择在窗口中将得不到表现。

除在图形窗口中通过单击选择要素之外，还可以通过在属性表中右击字段名并在弹出的快捷菜单中选择 Select 选项进行选择要素，如图 13-12 所示。

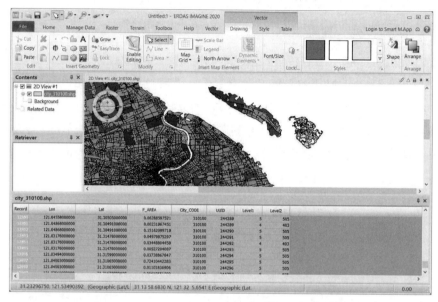

图 13-12　属性表示例

2. 判别函数选择要素

前面阐述了如何在窗口中应用选择工具选择要素，下面将结合实例讲述在矢量数据的属性窗口中用判别函数选择要素（Use Criteria Function to Select Feature）的方法与过程。

（1）打开 Selection Criteria（判别函数）对话框。

在打开 city_310100 矢量图层的窗口中，在菜单栏中选择 Table→Criteria 选项，打开 Selection Criteria 对话框。

选择属性表中 Level 1 字段值为 5 的区域，如图 13-13 所示。

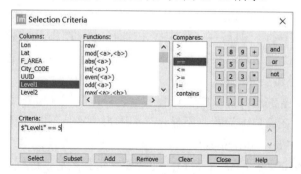

图 13-13　Selection Criteria 对话框

（2）构造判别函数表达式（Criteria Function）。

在 Selection Criteria 对话框中进行如下操作。

① 双击 Columns 列表框内的 Level1 属性。

② 双击 Compares 列表框内的 "==" 符号。

③ 通过 Selection Criteria 对话框右侧的数字键盘输入数字 "5"（也可以通过键盘手动输入）。

④ Selection Criteria 对话框中的 Criteria 文本区中将出现一个判别式（$" Level1"==5$）。

需要注意的是，这个判别式十分简单。在该对话框中可以构造更为复杂的判别函数。复杂判别函数的构造主要从以下几个方面来实现。

① 通过 Selection Criteria 对话框中的 and、or、not 按钮对判别式进行交、并、否操作。

② 函数功能的使用。例如，row 表示要素在属性表中的记录号，通过 row>25 可以选择记录号大于 25 的所有要素。convert(<a>,<from>,<to>)表示将第一个参数的单位由 from 变为 to，通过 convert($"F_AREA",meter,kilometer)>5000 可以选择所有面积大于 5 000 000 的多边形。format(<a>)表示将参数 a 由数字型变成字符串型，通过 format($"Level1")contains"1"可以选择所有 Level1 中包含 1 的要素。even(<a>)表示选择所有 a 为偶数的要素，通过 even($"Level1")可以选择所有 Level1 为偶数的要素。

③ 数字键盘功能的使用。通过数字键盘不仅可以输入数字，而且可以输入+、−、*、/等运算符号，以及小数点、小括号、中括号和 10 次幂符号，如 5E5 表示 500 000。

（3）进行要素选择（Select Features）。

在 Selection Criteria 对话框中进行如下操作。

① 单击 Select 按钮。

② 属性表中 Level 1 字段值为 5 的多边形将被选中，对应的记录用黄色显示。

③ 在图形窗口中，如果多边形要素被选中，则被中的择多边形同样用黄色显示。

需要注意的是，上述单击 Select 按钮的操作是基于目前的判别函数进行选择的，还有多种不同的选择方法。单击 Subset 按钮可以在目前的选择集中再进行选择。单击 Add 按钮可以基于目前的判别函数在目前的选择集的补集中选择新的要素并与当前选择集合并成新的选择集。单击 Remove 按钮可以基于目前的判别函数在目前的选择集中选择新的要素并将其从当前选择集中清除。单击 Clear 按钮可以将目前的选择函数清除，以输入新的选择函数。

13.2.5　显示图层信息

对应栅格图像的 ImageInfo 工具和 ArcGIS 的 Describe 命令，ERDAS 2020 用 Metadata 工具来显示图层信息、改变图层投影、定义新的图层投影信息，具体操作步骤如下。

（1）选择 Home→Metadata→View/Edit Vector Metadata 选项，打开 Vector Metadata 窗口，如图 13-14 所示。

图 13-14　Vector Metadata 窗口

（2）在 Vector Metadata 窗口中，有两个选项卡：General 选项卡和 Projection 选项卡。其中，General 选项卡中记录了当前图层的弧段数（Arcs），多边形数（Polygons），其他要素数（Other Features，包括节点数、Label 点数、Tics 点数等），容差大小（Tolerance），图层边界（Boundary），投影信息（Projection Info，包括坐标系名称、参考椭球体名称、大地水准面名称、投影分带号、地图单位等）。Projection 选项卡中列举了比较详细的投影参数，根据投影类型的不同，其参数不同。因为在匹配两种不同数据时其投影坐标系必须相同，所以这些投影信息十分重要。

13.3　创建、编辑矢量图层

本节主要介绍创建矢量图层的基本方法（Basic Method for Creating Vector Layer），编辑矢量图层的基本方法（Basic Method for Editing Vector Layer），以及创建矢量图层子集（Subset Vector Layer）等常用操作。

13.3.1　创建、编辑矢量图层的基本方法

1. 创建矢量图层的基本方法

下面通过一个例子介绍创建一个新的矢量图层的基本方法。具体思路是从已有矢量图层中复制一些要素到创建的新图层中。这个过程不仅包括空间位置数据的复制，还包括属性数据的复制。

（1）在 2D View #1 视窗中打开源图层，打开 2D View#2 视窗用于显示新图层。

首先，在 ERDAS 2020 菜单栏中选择 Home→Add Views→Create New 2D View 选项，使两个视窗平铺，如图 13-15 所示。然后，在 2D View #1 视窗中右击，在弹出的快

捷菜单中选择 Open Vector Layer 选项，打开参考图像文件 cityp.shp、city.shp，并选择 Fit to Frame 选项。

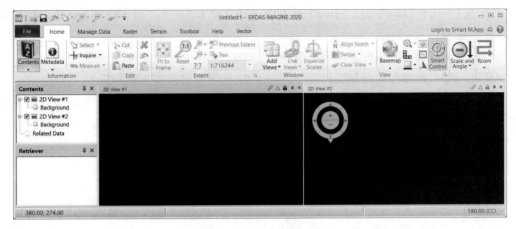

图 13-15　使两个视窗平铺

（2）在 2D View #2 视窗中创建新图层，确定其目录、文件及精度。

在仅显示参考图像的 2D View #2 视窗中进行如下操作。

① 选择 File→New→2D View→Vector Layer 选项，打开 Create a New Vector Layer 对话框。

② 将 Files of type 修改为 Arc Coverage 并确定新图层的存储路径及文件名，如图 13-16 所示。

③ 单击 OK 按钮，在弹出的 New Arc Coverage Layer Option 对话框中单击 Single Precision 单选按钮（设置为单精度），如图 13-17 所示。

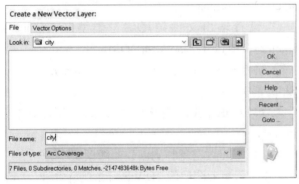

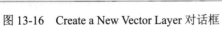

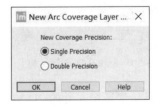

图 13-16　Create a New Vector Layer 对话框　　　图 13-17　New Arc Coverage Layer Option 对话框

④ 单击 OK 按钮，即创建了一个空的新图层。接着从源图层文件 cityp.shp 中向该图层中复制一些要素。

（3）在源图层文件中选择要素。

在显示参考图像与源图层文件 cityp.shp 的 2D View #1 视窗中进行如下操作。

① 选择 Style→Viewing Properties 选项，打开矢量特征对话框，如图 13-18 所示。

② 勾选 Points 复选框，以便在视窗中显示 Label 点。

③ 单击 Apply 按钮，应用设置并关闭对话框。

④ 按住 Shift 键，在 2D View #1 视窗中选择几个 Label 点，被选中的 Label 点在视窗中以黄色显示。

（4）将选中要素的属性输出到文件中。

在显示参考图像与源图层文件的 2D View #1 视窗中进行如下操作。

① 选择 Table→Show Attributes 选项。右击属性表中的 ids 字段，在弹出的快捷菜单中选择 Export 选项，弹出 Export To 对话框，如图 13-19 所示，设置输出路径。

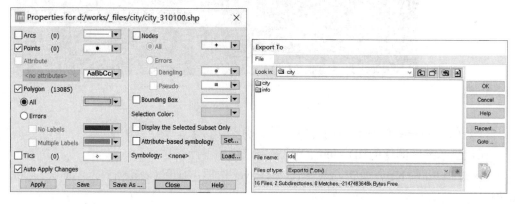

图 13-18　矢量特征对话框　　　　　　　图 13-19　Export To 对话框

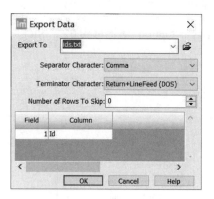

图 13-20　Export Data 对话框

②单击 OK 按钮，打开 Export Data 对话框，如图 13-20 所示。

③ 设置输出文件分隔字符类型（Separator Character）：Comma。

④ 设置输出文件结尾字符类型（Terminator Character）：Return+LineFeed(DOS)。

⑤ 确定输出文件记录跳过行数（Number of Rows To Skip）：0。

⑥ 单击 OK 按钮，输出选择 Label 点属性数据文件 ids.txt。

（5）将空间数据复制到创建的新图层中。

在显示源图层文件的 2D View #1 视窗和显示参考图像的 2D View #2 视窗中进行如下操作。

① 在 2D View #1 视窗中选择 Home→Copy 选项，复制之前选中的要素。

② 在 2D View #2 视窗中选择 Drawing→Enable Editing 选项，并选择 Home→Paste 选项，将在 2D View #1 视窗中选择的要素粘贴到 2D View #2 视窗中。

③ 在 2D View #2 视窗中选择 File→Save→Top Layer 选项，保存复制的要素。

这一步操作的目的是将源图层中所选的 Label 点复制到新图层中并保存。下面将以临时文件 ids.txt 为中介，为新图层的 Label 点增加 ids 字段及内容。

（6）查看新图层属性并增加属性字段。

在 2D View #2 视窗中进行如下操作。

① 选择 Table→Column Properties 选项，打开 Column Attributes 对话框，如图 13-21 所示。

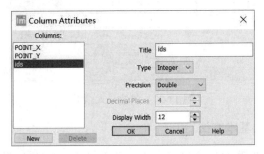

图 13-21　Column Attributes 对话框

② 单击 New 按钮，增加一个新属性字段。

③ 定义新属性字段的字段名（Title）为 ids，字段类型（Type）为 Integer，字段精度（Precision）为 Single，字段宽度（Display Width）为 12。

④ 单击 OK 按钮，关闭 Column Attributes 对话框。

（7）将文本文件内容设置为新图层的属性值。

下面把存放在源图层文件中的属性值读入新建矢量图层的 ids 字段。

在新建矢量图层属性表菜单栏中进行如下操作。

① 单击 ids 字段列头，使其处于选定状态。

② 右击该字段列，在弹出的快捷菜单中选择 Column Options 选项，打开 Column Options 对话框。

③ 单击 Import 命令，将 ids.dat 导入字段列，如图 13-22 所示。单击 OK 按钮，弹出 Import Data 对话框，设置输出文件分隔字符类型（Separator Character）为 Tab，输出行结尾字符类型（Row Terminator Character）为 NewLine(Unix)，输出文件记录跳过行数（Number of Rows To Skip）为 0，如图 13-23 所示。

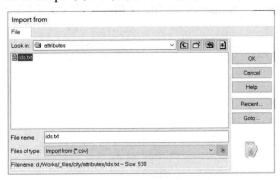
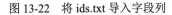

图 13-22　将 ids.txt 导入字段列

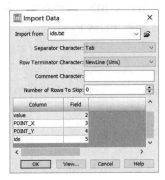

图 13-23　Import Data 对话框

④ 单击 OK 按钮，执行属性导入，关闭 Import Data 对话框。属性导入结果如图 13-24 所示。

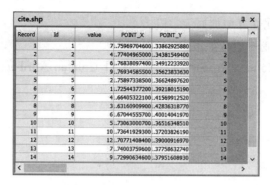

图 13-24　属性导入结果

2. 编辑矢量图层的基本方法

很多时候要在最新的高分辨率图像上叠加矢量图层，以对矢量图层的空间数据进行更新，下面结合具体例子介绍编辑矢量图层的基本方法。

（1）在窗口中打开矢量图层。

打开矢量图层 city.shp 并右击，在弹出的快捷菜单中选择 Fit to Frame 选项。

（2）使 AOI 充满窗口。

在窗口中可以看到矢量图层的范围只涉及图像范围的一部分。下面将把窗口范围缩小到矢量图层，以便更清楚地看到所关心的编辑区域。

在打开图形文件的窗口中进行如下操作：右击左侧的 Contents 矢量图层名，在弹出的快捷菜单中选择 Fit Layer To Window 选项，即可使 AOI 充满窗口。

13.3.2　创建矢量图层子集

创建矢量图层子集（Subset Vector Layer）功能是指使用一个 AOI 文件或用特定角点坐标定义的矩形从另一个已有矢量图层中裁剪出一个子集，形成一个新的矢量图层，类似于 ArcGIS 的 Clip 命令的功能，但没有 Clip 命令的参数多，也没有 Clip 命令的功能强大。

在 ERDAS 2020 主界面中选择 Vector→Subset Shapefile 选项，打开 Shape File Subset 对话框，如图 13-25 所示。

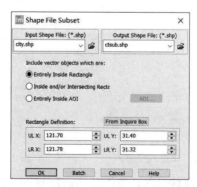

图 13-25　Shape File Subset 对话框

（1）确定要被裁剪的矢量图层（Input Shape File）为 city.shp。

（2）定义结果图层（Output Shape File）的名称和路径。

（3）选择裁剪方式，包括完全位于矩形内、位于矩形内或相交及完全位于 AOI 内三种。若裁剪方式点选矢量要素完全位于 AOI 内（Entirely Inside Rectangle），则需要输入用于裁剪的 AOI 文件。用于裁剪的 AOI 文件必须符合以下两个条件：一是多边形图层；二是拓扑关系必须已经被正确建立。该图层的外多边形将用于确定裁剪区域的大小与形状。点选 AOI 后无法再设置裁剪矩形角点坐标。

（4）在矩形定义区域设置裁剪矩形区域的左下角、右上角点坐标。

（5）单击 OK 按钮，执行裁剪功能。

13.4　注记的创建与编辑

注记数据层（Annotation Layer）是 ERDAS 2020 继栅格数据层（Raster Layer）、矢量数据层（Vector Layer）、AOI 数据层（AOI Layer）之后的第四种数据层，往往作为栅格数据层和矢量数据层的附加数据层叠加在上面，用于标识和说明主要特征或重点区域。注记数据层是注记要素的集合，注记要素不仅包括说明文字，而且包括多种图形（矩形、椭圆形、弧段、多边形、网格线、控制线）和地图符号，甚至包括制图输出功能所支持的比例尺和图例。注记数据层可以显示在视窗中，也可以显示在制图输出窗口中。

打开栅格图，ERDAS 2020 主界面中的 Drawing 和 Format 菜单下都有部分基本的注记工具，如表 13-3 所示。打开矢量图，ERDAS 2020 主界面中的 Drawing 和 Style 菜单下都有部分基本的注记工具。

表 13-3　Drawing 和 Format 菜单下的注记工具

图　标	名　称	功　能
	Cut	剪切注记要素
	Copy	复制注记要素
	Paste	粘贴注记要素
	Group	建立注记要素组合
	Ungroup	解除注记要素组合
	Reshape	改变注记要素形状
	Create Rectangle Annotation	绘制矩形注记要素
	Create Ellipse Annotation	绘制圆形注记要素
	Create Concentric Rings	绘制同心圆注记要素
	Create Polygon Annotation	绘制多边形注记要素
	Create Polyline Annotation	绘制曲线注记要素
	Create Freehand Polyline	绘制自由曲线注记要素

图 标	名 称	功 能
⌒	Create Arc Annotation	绘制圆弧注记要素
	Bring to Front	移到最上层
	Bring Forward	往上移一层
	Send to Back	移到最下层
	Send Backward	往下移一层
	Distribute Horizontally	水平移动到左右要素半距处
	Distribute Vertically	垂直移动到上下要素半距处
	Align Vertically Top	垂直移动到顶端在同一水平线上排序
	Align Vertically Bottom	垂直移动到底端在同一水平线上排序
	Lock	锁住

需要注意的是，注记的创建与打开操作必须借助视窗菜单栏中的文件操作命令完成。注记数据层虽然可以独立于栅格数据层、矢量数据层而操作，但是如果不用具有地理参考的图像（栅格数据层）或图层（矢量数据层）作为背景，或者背景图像或图形没有地理参考，那么所创建的注记数据层是没有地理参考的，注记菜单中的部分编辑命令是无法使用的。因此，下面首先以具有地理参考的数据层为背景创建注记，然后设置注记要素的类型，并对注记要素属性进行编辑。

13.4.1 创建注记

首先在视窗中打开一幅具有地理参考的图像或图形（city.shp），然后进行如下操作。

（1）在 ERDAS 2020 主界面中选择 File→New→2D View→Annotation Layer 选项，打开 Annotation Layer 对话框，如图 13-26 所示。

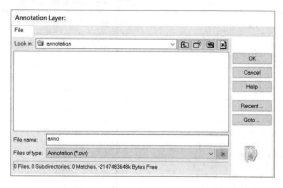

图 13-26　Annotation Layer 对话框

（2）在 Annotation Layer 对话框中确定路径与文件名（*.ovr）。

（3）单击 OK 按钮，创建一个新的注记文件并打开，进入编辑状态。

若要打开一个已经存在的注记文件，则无须先打开图像或图形，可直接进行如下操作。

（4）选择 File→Open→Annotation Layer 命令，打开 Select Layer to Add 对话框，如图 13-27 所示。

图 13-27　Select Layer To Add 对话框

（5）在 Select Layer To Add 对话框中选择路径与文件名（*.ovr）。

（6）单击 OK 按钮，打开一个注记文件，进入编辑状态。

13.4.2　设置注记要素的类型

注记要素的类型可以在 ERDAS 2020 主界面中的 Drawing 菜单下的 Style 栏中设置，如图 13-28 所示。

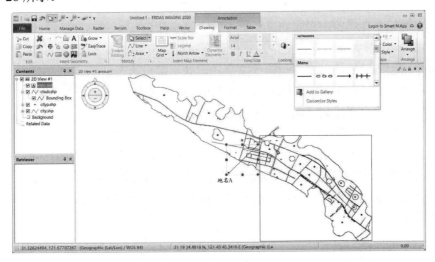

图 13-28　Style 栏

其中，线状符号、面状符号的颜色和类型在 Style 栏中设置。

Area Fill：填充区域的颜色。

Line Color：线状符号的颜色。

Line Style：线状符号的类型。

另外，文字注记的字体与颜色可以在 Format 菜单下的 Text、Font 栏中设置，点状符号的类型与颜色可以在 Format 菜单下的 Symbol 栏下设置。

13.4.3 注记要素的放置

在各种注记要素中，点、线、面等图形要素的放置相对简单。下面以文字注记要素的放置为例，说明其放置过程和变形编辑（Reshape）过程。

（1）在 ERDAS 2020 主界面中单击 Drawing 或 Format 菜单下的 **A** 图标，如图 13-29 所示。

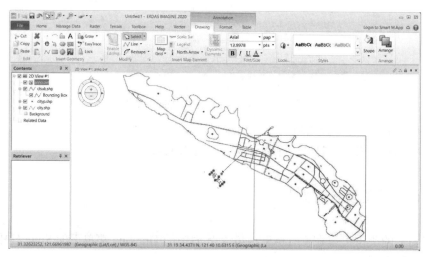

图 13-29　放置文字注记要素

（2）在注记文件视窗中单击定义位置并输入文字注记。

（3）按 Enter 键完成放置，文字注记出现在指定的位置。

（4）单击刚刚放置的文字注记，使文字注记处于编辑状态。

（5）选择 Drawing→Line 选项或 Area→Reshape 选项。

（6）视窗中的文字注记下面出现下画线（Polygon）。

（7）按住鼠标左键移动下画线的节点或端点，改变文字注记的走向。

（8）在下画线上单击鼠标中键，增加下画线节点，改变文字注记形状。

（9）按住 Shift 键并单击鼠标中键，删除下画线节点，改变文字注记形状。

若要恢复文字注记形状，则可多次单击 图标。在当前编辑文字之外的区域单击，可退出编辑状态。

13.4.4 注记要素属性编辑

与矢量文件类似，每个注记文件都有一个相应的属性表，其中记录着每个注记要素的标识码（ID）、类型（Type）、名称（Name）、说明（Description）、坐标范围（UL X、UL Y、LR X、LR Y）等信息。用户可以随时查阅相关信息，并可以对部分信息进行编辑（Editing Annotation Attributes）。

在 ERDAS 主界面中选择 Table→Show Attributes 选项，打开 Attributes 对话框，如

图 13-30 所示。

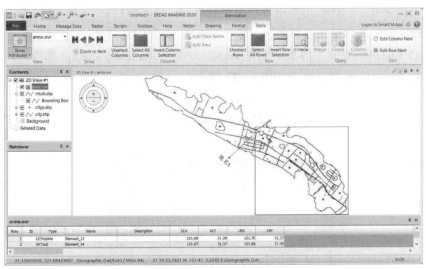

图 13-30 Attributes 对话框

　　Attributes 对话框由菜单栏和属性表两部分组成，属性表中的 Name 和 Description 两个属性字段是允许用户编辑修改的，而其他属性字段是自动生成的，并与注记文字中的注记要素动态链接，随注记要素的编辑修改而变化。同时，系统还提供条件选择、排序等属性操作功能。

　　此外，每个注记要素的特征属性表可以通过双击该要素而直接调出，不同的要素类型对应不同的特征属性表，图 13-31 对应一个点状符号的特征属性表，该表中显示该符号的名称（Name）、说明（Description）、中心点坐标（Center X、Center Y）及坐标类型（Type）与单位（Units），其中符号名称与描述是可以随时修改的，修改结果将同时保存在特征属性表中。

图 13-31 Symbol Properties 对话框

13.4.5 属性转换为注记

　　属性转换为注记（Attributes to Annotation）功能可以使矢量数据的每一项属性产生一

个相应的注记文件（*.ovr）。通过属性转换为注记功能，将所选属性转换为注记数据层叠加在 3D 表面上显示，如在虚拟地理信息系统（Virtual GIS）中，可直接将注记层数据叠加在 3D 表面上，具体操作步骤如下。

（1）在 ERDAS 2020 主界面中选择 Vector→Attributes to Annotation 选项，打开 Vector Attribute To Annotation 对话框，如图 13-32 所示。

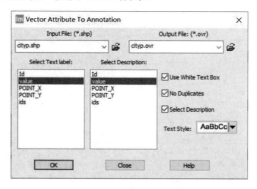

图 13-32　Vector Attribute To Annotation 对话框

（2）勾选 Select Description 复选框，使 Select Description 列表可用。

（3）勾选 Use White Text Box 复选框，将文本放置在一个白色背景的框中；文本格式和位置的设置通过调整 Text Style Chooser 窗口（见图 13-33）中的参数来实现。如果大小（Size）用图纸单位（Paper Units）来表示，那么只有当 Alignment 设置为 Center Center 时，注记的放置才是正确的；如果需要 Corner 放置，那么字体大小必须用地图单位（Map Units）表示。

（4）勾选 No Duplicates 复选框，确定只有一个属性字段转换为注记文本。

（5）单击 Text Style 字段右侧的▼图标，打开 Text Style Chooser 窗口，如图 13-33 所示，可改变默认的文本样式。

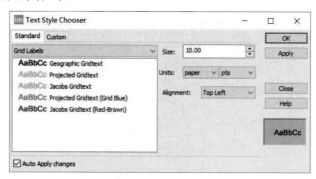

图 13-33　Text Style Chooser 窗口

（6）在 Vector Attribute To Annotation 对话框中单击 OK 按钮，执行转换。

Text Style Chooser 窗口中有两个选项卡：Standard 选项卡与 Custom 选项卡。在 Standard 选项卡和 Custom 选项卡中可以分别进行各种设置。

Text Style Chooser 窗口中 Standard 选项卡的功能简介如表 13-4 所示。

表 13-4 Text Style Chooser 窗口中 Standard 选项卡的功能简介

设 置 项	功 能 简 介
下拉选择框 Menu/Grid Labels	用以选择文本模式和该模式的各种文本样式，单击一种样式可将其应用到注记中
Size	设置文本大小
Units	Map，应用地图单位（地面上的距离）。 Paper，应用图纸单位（地图上的尺寸）。 m，米。 ft，英尺。 in，英寸。 cm，厘米。 pts，points。 dev，设计单位（300dev/in，默认）。 other，其他单位。 dd，十进制——此选项对于地理（经度/纬度）图层有效
Alignment	注记放置的位置，仅适用于矢量属性。其下拉列表选项有 Top Left（左上）、Top Center（中上）、Top Right（右上）、Center Left（左中）、Center Center（中中）、Center Right（右中）、Bottom Left（左下）、Bottom Center（中下）、Bottom Right（右下）
Auto Apply Changes	将使本窗口中的设置效果立即反映到视窗中

Text Style Chooser 窗中 Custom 选项卡的功能简介如表 13-5 所示。

表 13-5 Text Style Chooser 窗口中 Custom 选项卡的功能简介

设 置 项	功 能 简 介
Weight	Normal（常规）、Bold（粗体），由窗口左侧所选的字体决定
Italic（斜体）	选中后文本有斜体效果。 Angle：输入斜体文本的倾斜角度，角度值为-45°～45°。输入正值文本，顺时针倾斜；输入负值文本，逆时针倾斜
Underline（下画线）	Offset：输入下画线的偏移量。 Width：输入下画线的宽度
Shadow（阴影）	Offset X：输入阴影的 X 偏移量，负值阴影左倾。 Offset Y：输入阴影的 Y 偏移量，负值阴影下倾。 单击🖼图标，选择阴影的颜色
Auto Apply changes	将使本窗口中的设置效果立即反映到视窗中

13.4.6 添加网格

地图中的坐标系是地图数学基础的重要内容。地图中的地图网格是重要的地图图面要素，是地图坐标系和投影信息的反映。地图坐标有地理坐标和投影坐标两种。简单地说，地理坐标是直接建立在球体上的坐标，用经度和纬度表达地理对象的位置；投影坐标是建立在平面直角坐标系上的坐标，用(x,y)表达地理对象的位置。

在 ERDAS 中可以用注记工具方便地添加投影网格和地理坐标网格。

在 ERDAS 2020 主界面中选择 Drawing→Map Grid→Grid Preferences 选项，打开 Grid Preferences（网格参数设置）对话框，如图 13-34 所示。在 UTM/MGRS Grid 选项卡下可以对 UTM 坐标网格进行设置。在 Line 选项区中可以对网格的线型进行设置；

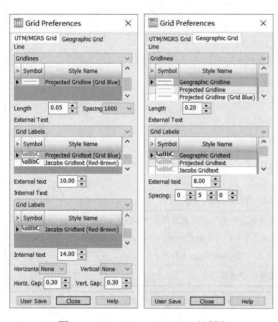

图 13-34　Grid Preferences 对话框

在 Length 数值框中按照图面空间单位设置地图图廓外标注网格的距离；在 Spacing 下拉列表中设置 UTM 网格的距离；在 External Text 选项区中设置地图图廓外标注文字的格式和大小；在 Internal Text 选项区中设置地图图廓内标注文字的格式和大小；在 Horizontal 和 Vertical 下拉列表中设置内部水平和垂直的标注数值；在 Horiz．Gap 和 Vert．Gap 数值框中设置水平和垂直标注间隔。单击 Geographic Grid 选项卡，进行地理坐标网格设置，在 Spacing 数值框中以度、分、秒的单位设置网格间隔。单击 User Save 按钮，可对上述设置的参数进行保存，但设置结果不反映在当前视窗中，只有下一次应用网格工具时才有所体现。

13.5　矢量图层管理

矢量图层管理（Manage Vector Layers）操作涉及矢量图层的复制、删除、重命名、输出等。本节主要介绍重命名矢量图层（Rename Vector Layer）、复制矢量图层（Copy Vector Layer）、删除矢量图层（Delete Vector Layer）的操作过程与应用方法。

13.5.1　重命名矢量图层

由于矢量图层的特殊结构，只有使用 ArcGIS 命令或重命名矢量图层工具，才能正确地对矢量图层进行重命名。需要注意的是，ERDAS 2020 要求重命名在需要重命名的矢量图层所在的目录下进行，如果使用了不同的目录，那么其操作结果其实还是在需要重命名的矢量图层所在的目录之下。

在 ERDAS 2020 主界面中选择 Vector→Rename Vector Layer 选项，打开 Rename Vector Layer 对话框，如图 13-35 所示。

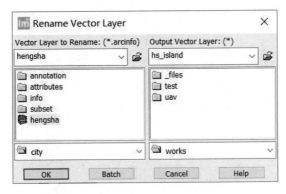

图 13-35　Rename Vector Layer 对话框

（1）确定需要重命名的矢量图层（Vector Layer to Rename）：hengsha。

（2）确定重命名以后的矢量图层（Output Vector Layer）的路径及名称。

（3）单击 OK 按钮，执行重命名矢量图层操作。

13.5.2　复制矢量图层

由于一个矢量图层不是由一个文件而是由多个文件共同组成的，因此利用操作系统（Windows 或 UNIX）中的复制命令无法对矢量图层数据进行正确复制，而必须使用 ERDAS 2020 提供的复制矢量图层工具进行操作。

在 ERDAS 2020 主界面中选择 Vector→Copy Vector Layer 选项，打开 Copy Vector Layer 对话框，如图 13-36 所示。

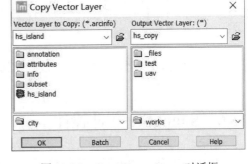

图 13-36　Copy Vector Layer 对话框

（1）确定将被复制的矢量图层（Vector Layer to Copy）：hengsha。

（2）确定复制的矢量图层（Output Vector Layer）的路径及名称。

（3）单击 OK 按钮，执行复制矢量图层操作。

13.5.3　删除矢量图层

由于一个矢量图层不是由一个文件而是由多个文件共同组成的，因此利用操作系统（Windows 或 UNIX）中的删除命令无法对矢量图层数据进行正确删除，而必须使用 ERDAS 2020 提供的删除矢量图层工具进行操作。

在 ERDAS 2020 主界面中选择 Vector→Delete Vector Layer 选项，打开 Delete Vector Layer 对话框，如图 13-37 所示。

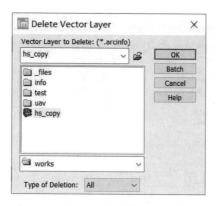

图 13-37　Delete Vector Layer 对话框

（1）确定需要删除的矢量图层（Vector Layer to Delete）：hengsha。

（2）确定需要删除的图层内容（Type of Deletion）：All。Type of Deletion 选项含义如表 13-6 所示。

表 13-6　Type of Deletion 选项含义

选　　项	说　　明
All	删除矢量图层中的空间数据、属性表和所有以图层名称为前缀的 INFO 文件
ARC	删除矢量图层中的空间数据和属性表
INFO	删除矢量图层所处工作空间 INFO 目录下的所有以矢量图层名称为前缀的 INFO 文件，矢量图层中的空间数据将被保留

（3）单击 OK 按钮，执行删除矢量图层操作。

13.6　Shapefile 文件操作

Shapefile 是一种重要的交换格式，它能在 ERDAS 与 ESRI 的产品之间进行数据互操作。因此，ERDAS 也可以对 Shapefile 文件进行处理。然而，ERDAS 的示例数据中并没有 Shapefile 文件。因此，本节主要对 ERDAS 2020 的 Shapefile 文件中的重新计算高程工具与投影变换工具的操作步骤与界面进行简单介绍。

13.6.1　重新计算高程

重新计算高程（Recalculate Elevation Values）是指利用各个坐标系的高程信息参数的转换，重新计算 3D Shapefiles 数据的 Z 值。在 ERDAS 2020 中，用户可先利用其 Stereo Analyst（立体分析）模块提取出 3D Shapefiles（不同于 ESRI 的 Shapefiles）数据，并利用 Virtual GIS（虚拟 GIS）模块来对 3D Shapefiles 进行显示。重新计算高程工具可以在需要转换投影时，对 3D Shapefiles 的高程信息进行转换，其操作过程如下。

（1）在 ERDAS 2020 主界面中选择 Vector→Recalculate Elevation 选项，打开 Recalculate Elevation for 3D Shapefiles 对话框，如图 13-38 所示。

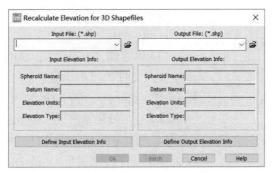

图 13-38　Recalculate Elevation for 3D Shapefiles 对话框

（2）选择要重新计算高程的 Shapefile 文件（必须是 3D Shapefiles 文件，否则无法执行该操作）。

（3）由于 3D Shapefiles 文件中不会储存垂直基准面与椭球体信息，因此用户还需要输入高程信息。单击 Define Input Elevation Info 按钮，打开 Elevation Info Chooser 对话框，如图 13-39 所示。

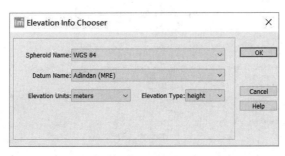

图 13-39　Elevation Info Chooser 对话框

（4）确定计算高程的椭球体名称（Spheroid Name）：WGS 84。

（5）确定高程基准面的名称（Datum Name）：Adindan(MRE)。

（6）确定高程值的单位（Elevation Units）：meters。

（7）确定高程值的类型（Elevation Type）：height。其中，height 的正值表示在椭球面以上，负值表示在椭球面以下；depth 通常用于水下测量。

（8）在设定输出高程文件时也需要设定高程信息。

13.6.2　投影变换

投影变换（Reproject Shapefile）是指将 Shapefile 重新投影到一个新的坐标系中。此功能被使用的频率非常高。当将 Shapefile 与其他 Shapefile 或栅格数据叠加时，如果投影系统不一致，那么两者便无法完全匹配。此时，便可使用投影变换的方式统一两者的投影系统。

在 ERDAS 2020 中进行投影变换的操作过程如下。

（1）在 ERDAS 2020 主界面中选择 Vector→Reproject Shapefile 选项，打开 Reproject Shapefile 对话框，如图 13-40 所示。

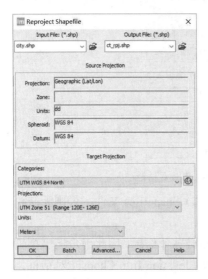

图 13-40　Reproject Shapefile 对话框

（2）确定需要变换投影坐标的输入文件（Imput File）：city.shp。

（3）确定输入文件之后，Source Projection 选项区会显示输入文件的投影信息，包括投影类型（Projection）、投影带（Zone）、投影单位（Units）、投影椭球体（Spheroid）、投影基准面（Datum）。

（4）确定输出文件的投影系统，包括投影种类（Categories）、投影类型（Projection）和投影单位（Units）等。

（5）单击 ⓞ 图标，打开 Projection Chooser 对话框，如图 13-41 所示，可以定义新的投影，也可以在更多的投影系统中进行选择。根据选择的投影系统不同，需要设置的参数不同。

（6）单击 OK 按钮，关闭 Reproject Shapefile 对话框，执行投影转换操作。

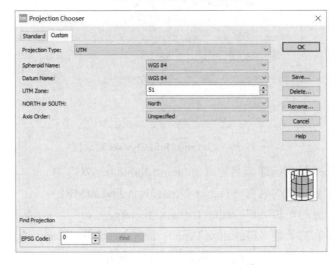

图 13-41　Projection Chooser 对话框

思考与练习

1．比较不同分辨率的遥感图像，简述其在应用中的意义。

2．对遥感图像进行矢量化对地图制图的意义是什么？

3．应如何合理地设计图层？

4．要素属性设置对矢量图层的意义是什么？

第 14 章

遥感解译与制图

• • • • • • • •

本章的主要内容：

◆ 遥感解译的方法与步骤

◆ 地图编制

遥感解译（Imagery Interpretation）也称为遥感图像解译，是指从遥感图像上获取目标地物信息的过程。遥感解译分为两种：第一种是目视解译，又称目视判读，是指专业人员通过直接观察或借助辅助判读仪器从遥感图像上获取特定目标地物信息的过程。第二种是计算机解译，又称遥感图像理解（Remote Sensing Imagery Understanding），它以计算机系统为支撑环境，利用模式识别技术与人工智能技术，根据遥感图像中目标地物的各种图像特征（颜色、形状、纹理与空间位置），结合专家知识库中地物的解译经验和成像规律等知识进行分析和推理，实现对遥感图像的理解，完成对遥感图像的解译。

遥感解译与制图操作流程如图 14-1 所示。

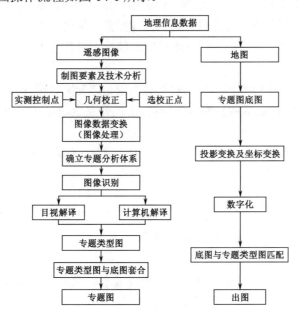

图 14-1　遥感解译与制图操作流程

14.1 遥感解译的方法与步骤

14.1.1 目视解译

由于遥感信息的模糊性、综合性和不确定性，目视解译要采取由整体到局部、由易到难、由此及彼、由表及里、去伪存真的方法。要多对照地形图、实地或熟悉地物的观测，增强立体感和景深印象，以校正视觉误差、积累经验。为了提高目视解译结果的正确性、可靠性，需要结合辅助数据、专业知识进行遥感与地学的综合分析。目视解译不仅要求解译者掌握、分析研究对象的波谱特征、空间特征、时间特征等，了解遥感图像的成像机理和影响特征，而且要求解译者对地学规律有一定的认识，并对地表实况有一定的了解。事实上，从遥感图像上所获得的信息的类型和数量，除与研究对象的性质、图像质量密切相关之外，还与解译者的专业知识、经验、使用的方法及对干扰因素的了解程度等直接相关。

目视解译所采取的方法主要有以下几种。

（1）直接判识。

（2）对比解译。

（3）与已知遥感图像比较。

（4）与相邻遥感图像比较。

（5）逻辑推理法。

（6）历史对比法。

目视解译的基本过程如下。

（1）准备工作。

收集和分析相关资料，根据遥感图像的遥感平台、成像方式、成像日期、季节，以及遥感图像比例尺、空间分辨率等选择合适的图像数据，从而有利于目视解译，提高解译的可行性和成功率。此外，还须掌握解译地区实地情况，将其与图像进行对应分析，以确认二者之间的关系。

相关资料包括：收集近期各类型卫星遥感图像、详查原始相片与土地利用现状图、新增建设土地报批资料、耕地后备资源调查资料、土地开发整理补充调查和潜力调查资料等。

（2）建立解译标志。

根据图像特征，即形状、大小、阴影、色调、颜色、纹理、图案、位置和布局建立图像和地物之间的对应关系。

（3）室内预解译。

根据解译标志运用直接解译法、相关分析方法和地理相关分析法等对图像进行解译，勾绘类型界线，标注地物类别，形成预解译图。

（4）野外实地调查。

在室内预解译过程中不可避免地会存在错误或难以确定的类型，因此需要进行野外实地调查，包括勘察地面路线、采集样品（如岩石标本、植被样方）、土壤剖面、水质分析等，着重确定未知区域的解译结果是否正确。

（5）内外业综合解译。

根据野外实地调查结果，修正预解译图中的错误，确定未知类型，细化预解译图，形成正式的解译原图。

（6）解译结果的类型转绘与制图。

将解译原图上的类型界线转绘到地理底图上，根据需要可以对各种类型着色，进行图面整饰，形成正式的专题地图。

14.1.2 计算机解译

计算机解译的依据是遥感图像像素的相似度。一般常采用距离和相关系数来衡量该相似度。当采用距离衡量相似度时，距离越小，相似度越大；当采用相关系数来衡量相似度时，相关系数越大，相似度越大。计算机解译的分类方法主要分为监督分类和非监督分类。

监督分类是指选择具有代表性的实验区或训练区，用训练区中已知地面各类地物样本的光谱特征来"训练"计算机，以获得识别各类地物的判别函数或模式，并以此对未知地区的像元进行分类处理，将其分别归到已知的类别中。非监督分类是指在没有先验类别作为样本的条件下，即事先不知道类别特征，主要根据像元间相似度的大小进行归类合并。这两种解译方法均在第 11 章做过详细的介绍。

计算机解译的基本过程如下。

（1）根据图像分类目的选取特定区域的遥感图像，须考虑遥感图像空间分辨率、光谱分辨率、成像时间、图像质量等。

（2）根据研究区域收集、分析地面参考信息与有关数据。

（3）根据分类要求和图像数据的特征选择合适的图像分类方法和算法。

（4）制定分类系统，确定分类类别。

（5）找出代表这些类别的统计特征。

（6）为了测定总体特征，在监督分类中可选择具有代表性的训练区进行采样，测定其特征；在非监督分类中，可用聚类等方法对特征相似的像素进行归类，测定其特征。

（7）对遥感图像中的各像素进行分类。

（8）分类精度检查。

（9）对判别分析的结果进行统计检验。

14.2 地图编制

ERDAS 2020 的地图编制模块可用于制作各种专题地图或演示图，此类地图或演示图可以包括单个或多个栅格图像层、GIS 专题图层、矢量图形层和注记层。同时，地图编辑器允许用户自动生成图名、图例、比例尺、网格线、标尺点、图廓线、符号及其他制图要素，用户可以选择 1600 万种以上的颜色、多种线画类型和 60 种以上的字体。

ERDAS 2020 的地图编制过程一般包括以下几个步骤。

（1）根据工作需要和制图区域的地理特点进行地图图面的整体设计，设计内容包括图幅尺寸、图面布置方式、地图比例尺、图名及图例等。

（2）需要准备地图编制输出的数据层，即在视窗中打开有关的图像或图形文件。

（3）启动地图编制模块，正式开始制作专题地图。

（4）在此基础之上确定地图的内图框，同时确定输出地图所包含的实际区域范围，生成基本的输出图面内容。

（5）在主要图面内容周围放置图廓线、网格线、坐标注记，以及图名、图例、比例尺、指北针等图廓外要素。

（6）设置打印机，打印输出地图。

思考与练习

1．目视解译的原则是什么？
2．目视解译的方法有哪些？
3．什么是遥感解译标志？主要包括哪些方面的特征？
4．简述遥感解译的步骤。
5．简述专题地图编制的步骤。
6．请以某校区的图像为输入数据，进行遥感解译和矢量化，并编制专题地图。

第 15 章

空间建模

● ● ● ● ● ● ● ●

本章的主要内容：

◆ 空间建模模块概述

◆ 空间建模过程

空间建模编辑器（Spatial Model Editor）是新一代、基于对象的图形化地理空间数据建模工具。通过该工具，用户可以方便、快速地创建用于影像处理和 GIS 分析的定制模型，实现复杂工作流的创建和软件定制。该工具具有以下功能：①全新、现代的界面，简单易用；②支持实时预览；③支持一键式并行批处理；④提供 200 多种丰富的算子，包括栅格算子、GeoMedia 矢量和网格算子、Python 脚本、命令行算子；⑤支持为模型添加注释；⑥支持将模型发送到 Word/PPT/JPEG；⑦支持以 WPS 服务的方式发布模型到 ERDAS APOLLO；⑧支持上传模型到 Smart M.apps。

15.1 空间建模模块概述

15.1.1 基本概念

Modeler 是 ERDAS 2020 的一个模块，由空间建模语言（SML）、模型生成器（Model Maker）和空间模型库（Model Library）组成，是一个面向目标的图形模型语言环境，即用直观的图形语言将一个具体的过程用模型表达出来。在这个模型中，分别定义不同的图形代表输入数据、输出数据、空间处理工具，它们以流程图的形式组合，并且可以执行空间分析操作功能。用户可据此设计出高级的空间分析模型，实现复杂的分析和处理功能。Modeler 模块由模型、算子、端口三大部分构成。

（1）模型：一组相互连接的算子的集合。模型的主要用途是创建一个自包含的功能部件，可以在其他的解决方案，如另一个空间模型中重用，或者发布到 ERDAS APOLLO 或网络服务中。它类似编程语言中的函数。在默认情况下模型使用.gmdx 扩展名保存，也可以保存为 JSON 格式（.json）或编译后的格式（.gmd）。

（2）算子：空间模型的主要组成部分。算子是对默写数据执行任务的自描述对象，由输入、输出端口连接，这些端口允许数据流经算子。算子按类别分组，放置在算子列表中。

（3）端口：算子之间的连接点，包含输入、输出端口。当需要将一个算子的输出端口连接到下一个算子的输入端口时，单击输出端口，拖动连接线至输入端口即可。

15.1.2　用户界面

图 15-1　空间建模窗口

空间建模模块提供了一个空白面板和一系列用于建模的工具，如图 15-1 所示。

空间建模模块用户界面包含以下几个部分。

（1）菜单栏：在空间建模窗口中，菜单栏显示在顶端，提供编辑空间模型及控制用户界面的工具。

（2）模型窗口：创建及编辑空间模型的区域。

（3）预览窗口：当模型中包含预览算子时，可在该窗口中实时查看输出的预览效果。

（4）算子列表：包含所有用于空间建模的算子，以分组方式进行显示。

工具栏中的图标及其功能如表 15-1 所示。

表 15-1　工具栏中的图标及其功能

图　标	名　　称	功　　能
	Select	选择和定义对象图形
	Raster	放置栅格对象图形
	Vector	放置矢量对象图形
	Matris	放置矩阵对象图形
	Table	放置表格对象图形
	Scalar	放置等级参数对象图形
	Function	放置函数操作对象图形
	Criteria	放置条件函数对象图形
	Connect	连接对象图形与函数操作
A	Text	放置模型文字描述
?	Help	模型操作联机帮助
	Unlock/Lock	释放/锁定选择工具

（5）算子属性面板：显示当前选中的算子的所有输入、输出端口信息。用户可以在此面板中显示或隐藏端口，以及输入端口值。

15.2　空间建模过程

15.2.1　创建图形模型

本节所用数据为 shore.img。在 ERDAS 2020 中创建图形模型的操作步骤如下。

（1）选择 Toolbox→Model Maker→Model Maker 选项，打开空间建模窗口。

（2）单击右侧工具栏中的 Raster 按钮，在空间建模窗口空白区域单击，放置 Raster 1 图形。按同样操作步骤放置 Matrix 图形、Function 图形、Raster 2 图形。

（3）单击右侧工具栏中的 Connect 按钮，连接 Matrix 图形、Function 图形、Raster 图形，如图 15-2 所示。

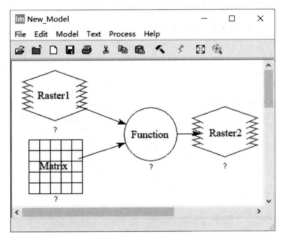

图 15-2　连接图形

（4）双击 Raster 1 图形，选择输入栅格文件 shore.img，如图 15-3 所示。

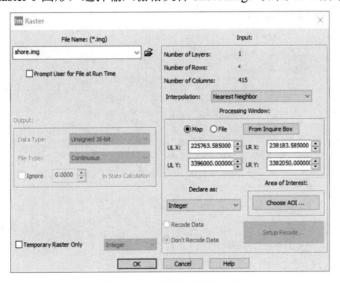

图 15-3　选择输入栅格文件

（5）双击 Matrix 图形，打开矩阵定义对话框和卷积核矩阵表格窗口，分别如图 15-4、图 15-5 所示，选择矩阵 Build_In，卷积核为 Summary，尺寸为 7×7。

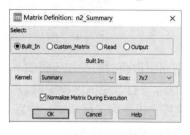

图 15-4 定义矩阵

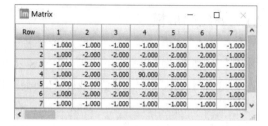

图 15-5 卷积核矩阵

（6）双击 Function 图形，选择功能类型为 Analysis，单击 CONVOLVE[<raster>, <kernel>]将其添加至函数区域，如图 15-6 所示。单击函数区域<raster>，再在可用输入栏中单击$n1_shore，将其选为 CONVOLVE 函数输入参数。用相同的方式将$n2_Summary 输入函数。

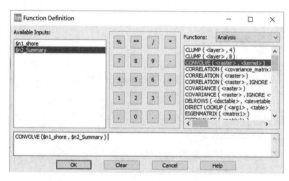

图 15-6 定义 Function 图形

（7）双击 Raster 2 图形，设置输出栅格文件为 shore_sum.img，如图 15-7 所示。

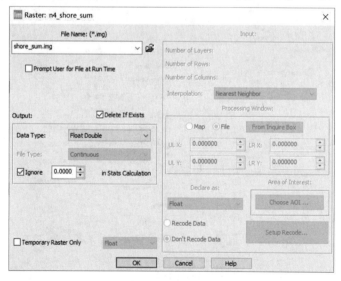

图 15-7 设置输出栅格文件

（8）模型建立完成后，在空间建模窗口菜单栏中单击 Save As 按钮，打开模型保存对话框，如图 15-8 所示，将图形模型保存为 Geographical Model（*.gmd），这里将模型文件保存为 shore_sum.gmd。

（9）单击空间建模窗口中的 Process→run，运行模型，待运行结束后关闭窗口。

（10）右击 ERDAS 2020 主界面中的 Viewer 面板，添加栅格选项，找到输出栅格，查看运行结果，如图 15-9 所示。

若需要对模型进行注释，则可单击空间建模窗口右侧工具栏中的 Text 按钮，在空间建模窗口空白区域单击，输入字符并放置，单击空间建模窗口中的 Text 菜单按钮可修改字体、尺寸等。若需要将模型保存为文本程序，则可单击空间建模窗口中的 Process→Generate Script，输出.mdl 格式的文本程序，如图 15-10 所示。

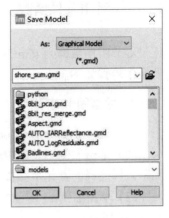

图 15-8 模型保存对话框

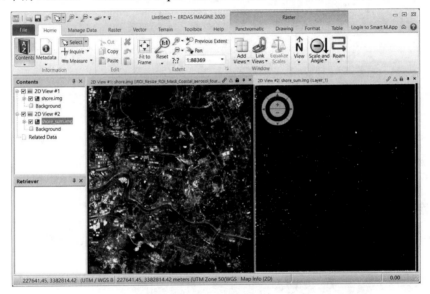

图 15-9 运行结果

图 15-10 输出文本程序

15.2.2　运用条件函数

本节所用数据为 fdtm.img、slope.img。在 ERDAS 2020 中运用条件函数创建空间模型的操作步骤如下。

1．放置图形对象

（1）选择 Toolbox→Model Maker→Model Maker 选项，打开空间建模窗口。

（2）单击右侧工具栏中的 Raster 按钮，在空间建模窗口空白区域单击，放置 Raster 1 图形。按同样的操作步骤放置 Raster 2 图形、Criteria Function 图形、Raster 3 图形。

（3）单击右侧工具栏中的 Connect 按钮，连接 Raster 图形、Criteria Function 图形，如图 15-11 所示。

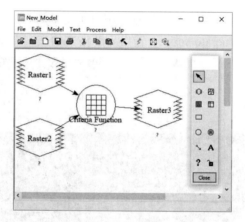

图 15-11　连接图形

2．定义图形对象

（1）双击 Raster 1 图形，选择输入栅格文件 fdtm.img，如图 15-12 所示。

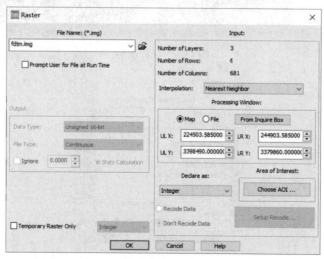

图 15-12　选择输入栅格文件 fdtm.img

（2）双击 Raster 2 图形，选择输入栅格文件 slope.img，如图 15-13 所示。

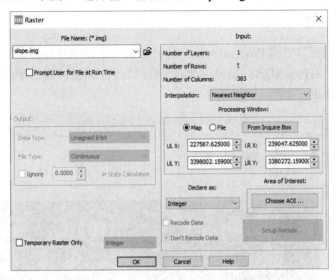

图 15-13　选择输入栅格文件 slope.img

（3）双击 Criteria Function 图形，在可选图层区域选择$n2_slope，描述参数选择 Value，单击 Add Column 按钮，将坡度属性加入表格，如图 15-14 所示。在可选图层区域选择$n1_fdtm(1)，描述参数选择 Cell Value，单击 Add Column 按钮两次，将波段数据全部加入表格。按相同的步骤操作两次$n1_fdtm(2)、$n1_fdtm(3)，将波段 2、波段 3 加入表格。

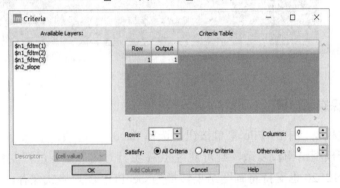

图 15-14　定义 Criteria Function 图形

（4）修改 Criteria 表格行数为 4，即输出 4 个类，修改表格参数，如图 15-15 所示。

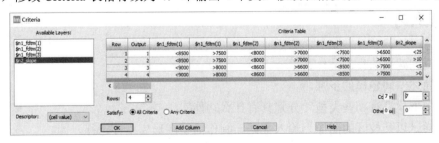

图 15-15　修改表格参数

（5）双击 Raster 3 图形，设置输出栅格文件为 slpclass.img。

3. 运行图形模型

单击空间建模窗口中的 Process→run，运行模型，运行成功后会在指定文件夹输出所定义的栅格文件。右击 ERDAS 2020 主界面中的 Viewer 面板，添加栅格选项，找到输出栅格，查看运行结果，如图 15-16 所示。

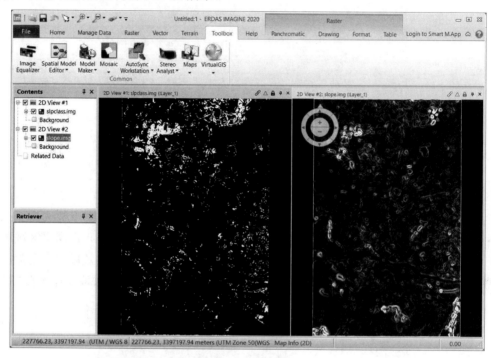

图 15-16　运行结果

4. 注释、保存图形模型

单击空间建模窗口中的 File 菜单按钮，选择 Save As 选项，以.gmd 格式保存图形模型至模型库。若模型结构较复杂，则可通过 Text 工具对图形模型进行注释。

注：ERDAS 2020 也支持将制图结果转换为 GeoPDF 图片格式保存，以方便用户随时打印制图结果。

习题与练习

1. 空间建模的目的是什么？
2. 简述空间建模的步骤。
3. 图形模型有哪些类型？分别具有什么功能？
4. 尝试以某校区的图像为输入数据，制作简易图形模型并运行。

参考文献

[1] 蔡丽娜. 多光谱遥感影像近自然彩色模拟的研究[D]. 哈尔滨：东北林业大学，2005.

[2] 邓磊，孙晨. ERDAS 图像处理基础实验教程[M]. 北京：测绘出版社，2014.

[3] 邓书斌，陈秋锦. 基于 MTMF 的混合像元分解方法研究[C]. 中国遥感应用协会年会暨区域遥感发展与产业高层论坛. 2010.

[4] 冯伍法. 遥感图像判绘[M]. 北京：科学出版社，2014.

[5] 高隽，谢昭. 图像理解理论与方法[M]. 北京：科学出版社，2009.

[6] 高书鹏，和萍. 常用遥感影像大气校正辐射传输模型对比研究[J]. 地球科学前沿（汉斯），2018，8（1）：1-8

[7] 贺辉，彭望琭，刘琨. 基于自适应滤波和灰度变换的遥感影像薄云雾去除研究[C]. 2011 International Conference on Ecological protection of Lacks-Wetlands-watershed and Application of 3S technology Proceeding. 2011：13-18.

[8] 赫晓慧，贺添，郭恒亮，等. ERDAS 遥感影像处理基础实验教程[M]. 郑州：黄河水利出版社，2014.

[9] 胡德勇，赵文吉，邓磊，等. 遥感图像处理原理和方法实习教程[M]. 北京：首都师范大学出版社，2014.

[10] 梁伟，杨勤科. 色彩空间变换在 DEM 与遥感影像复合中的应用研究[J]. 水土保持通报，2006，26（6）：59-62.

[11] 李小文，刘素红. 遥感原理与应用[M]. 北京：科学出版社，2008.

[12] 刘慧平，秦其明，彭望琭，等. 遥感实习教程[M]. 北京：高等教育出版社，2001.

[13] ALPARON L, AIAZZI B, BARONTI S, et al. 遥感图像融合技术[M]. 江碧涛，马雷，蔡琳，译. 北京：科学出版社，2019.

[14] 倪金生，李琦，曹学军. 遥感与地理信息系统基本理论和实践[M]. 北京：电子工业出版社，2004.

[15] MYINT S W, GOBER D, BRAZEL A, et al. Object-based classification of urban land cover extraction using high spatial resolution imagery[J]. Remote Sensing of Environment，2011，115（5）：1145-1161.

[16] 苏娟. 遥感图像获取与处理[M]. 北京：清华大学出版社，2014.

[17] 孙显，付琨，王宏琦. 高分辨率图像理解[M]. 北京：清华大学出版社，2011.

[18] 汤国安，张友顺，刘咏梅. 遥感数字图像处理[M]. 北京：科学出版社，2004.

[19] 薛丽霞，王佐成，李永树. 基于多维云空间的多光谱遥感影像边缘检测研究[J]. 测绘科学，2008，33（1）：188-190，217.

[20] 王斌，杨斌．高光谱遥感图像解混理论与方法：从线性到非线性[M]．北京：科学出版社，2019.

[21] 王朋伟,牛瑞卿.基于灰度形态学与小波相位滤波的高分辨率遥感影像边缘检测[J].计算机应用，2011，31（9）：2481-2484.

[22] 王晓飞．遥感图像信息融合与分辨率增强技术[M]．北京：人民邮电出版社，2019.

[23] 杨昕，汤国安，邓凤东，等．ERDAS 数字图像处理实验教程[M]．北京：科学出版社，2009.

[24] 韦玉春．遥感数字图像处理实验教程[M]．北京：科学出版社，2011.

[25] 韦玉春，汤国安，杨昕，等．遥感数字图像处理教程[M]．北京：科学出版社，2007.

[26] 闫利．遥感图像处理实验教程[M]．武汉：武汉大学出版，2010.

[27] 张良培，杜博，张乐飞．高光谱遥感影像处理[M]．北京：科学出版社，2014

[28] 张永生．遥感图像信息系统[M]．北京：科学出版社，2000.

[29] 章毓晋．图像工程[M]．北京：清华大学出版社，2006.

[30] 赵忠明，孟瑜，汪承义，等．遥感图像处理[M]．北京：科学出版社，2014.

[31] 周军其，叶勤，邵永社，等．遥感原理与应用[M]．武汉：武汉大学出版社，2014.